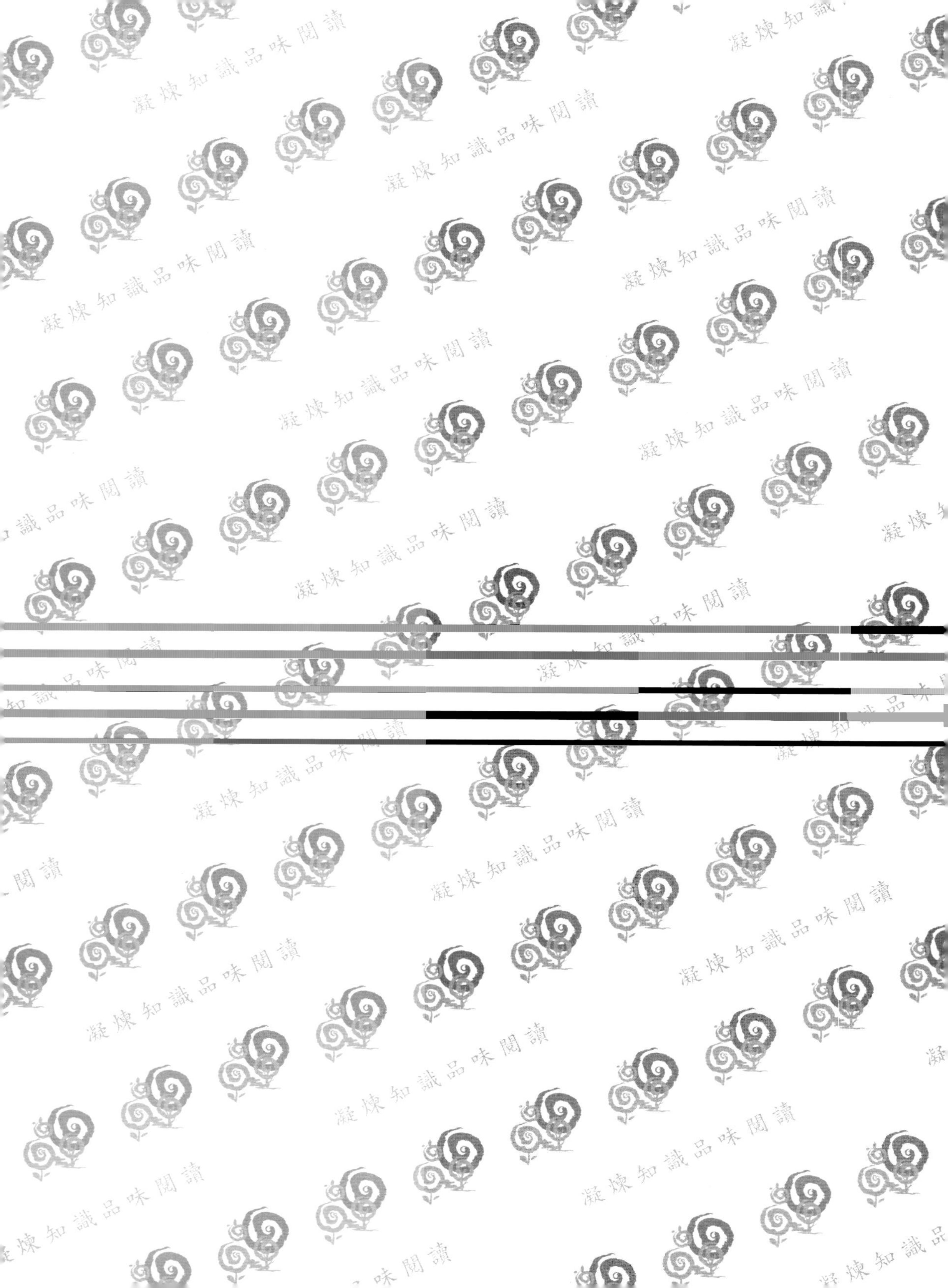
凝煉知識品味閱讀

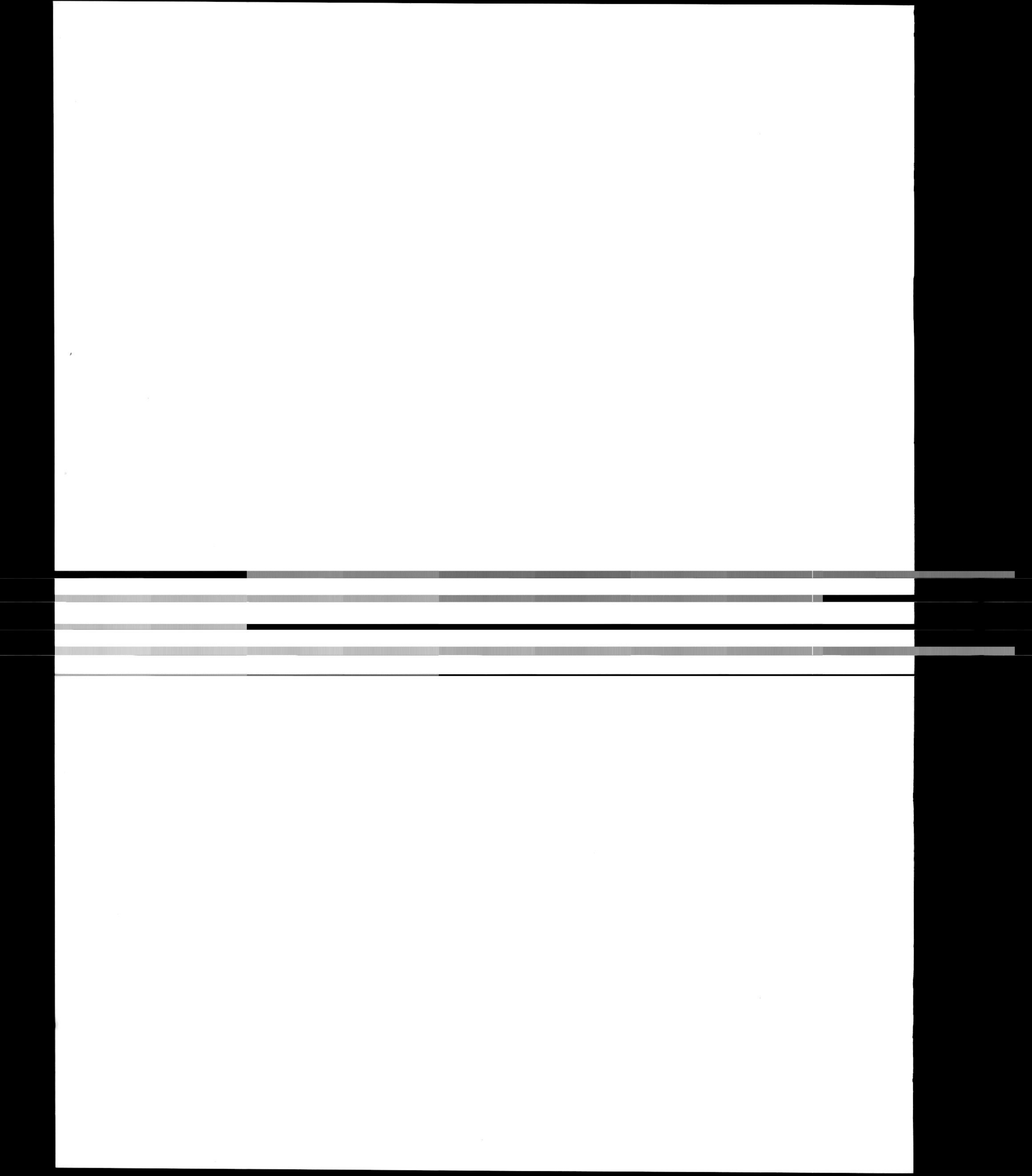

戰略解碼：
美國國家安全戰略的佈局

曹雄源◆著

曾序

依照《美軍軍語辭典》對於「國家安全戰略」的定義，即為美國的大戰略，此從柯林頓及小布希兩任政府所發布的「國家安全戰略」報告中可得到驗證。易言之，美國「國家安全戰略」係其推動國家安全、經濟繁榮與全球民主化大戰略的具體實踐，也是其政府對國家政策的宣示、思維及大戰略的指導方針。作為國際強權的美國，其國家安全戰略思維與政策作為，舉世動見觀瞻。歷任總統為達成各項戰略目標皆有其各自的手段與方法，此舉正說明美國政府的國家目標及核心價值有其連貫性，不因總統的改選或政黨的輪替，而做大幅度的調整與改變。

坊間書籍中論述國際關係的專書汗牛充棟，但從「國關與戰略」的視角，檢視美國柯、布兩任政府的「國家安全戰略」的著作則如鳳毛麟角，相當罕見。本書引用資料豐富，論證詳實，具有三大特色，首先，以國際關係理論的觀點，檢證美國柯、希兩任總統的國家安全戰略思維與佈局，使「理論」與「實況」能夠相互印證，更凸顯其研究的價值；其次，透過國際關係理論及美國「國家安全戰略」報告書，將其聚焦於「國家安全」、「經濟繁榮」及「政治民主」的三大核心課題，使讀者在爾後研究與剖析美國國家安全戰略相關課題中，更能掌握其戰略佈局的真貌及精義。最後，本書從宏觀的角度，論述美國在面對挑戰時，如何建構「全球性組織」與「區域性組織」兩大面向的戰略佈局，對於明瞭與掌握美國往後的政策作為，能提供重要的借鏡。

曹博士一向治學嚴謹，引證有據，在國際關係理論上鑽研深入著墨甚廣，曾先後與東海大學廖舜右博士及陸軍司令部黃文啟上校翻譯《柯林頓政府時期接觸與擴大的國家安全戰略》、《柯林頓政府時期新世紀的國家安全戰略》、《柯林頓政府時期全球時代的國家安全戰略》、《布希政府時期國家安全戰略》、《布希政府時期反恐國家戰略》、《美國國防暨軍事戰略》與《美國國安會簡史》、等七本專書，並曾在《國防雜誌》、《警學叢刊》、《全球政治評論》各項期刊發表專論，其獨特見解與流暢文筆，深受學術界的讚許與肯定，對提昇國際關係理論知識的深度與廣度多所助益。今日曹博士將其教學研究心得彙集成書出版，一饗讀者同好，書名為《戰略密碼：美國國家安全戰略的佈局》，值此出版之際，個人樂意為之序。

國防大學前校長

曾金陵 上將

王序

身處21世紀的開端，人類正面臨著許多重大的挑戰，包括上一世紀末冷戰的結束，形成美國的獨霸與各強國的權力競逐；全球化的持續發展，造成各國互賴與競爭的同時深化；2001年911事件的發生，標示著恐怖主義的興起，形成各國安全的新威脅；反恐戰爭的進行，又引發了西方與回教文明衝突的加劇；中國迅速的崛起，也對東亞地區帶來了新的挑戰與機會；全球能源需求的日益增加，也導致各國能源競爭的日益激烈；各種重大疾病與傳染病的蔓延、走私、跨國犯罪與環境污染的惡化等，又形成了人類的新安全威脅。面對這些新的威脅與挑戰，各國皆須審慎思考與應對，建構最佳的國家戰略，以謀求國家最大的利益。戰略是一國在總目標下總體而長遠的規劃，其範疇包括了政治、經濟、軍事、文化、心理及科技等層面，對於國家的生存與發展影響至巨。近來美國次級房貸危機所引發的全球金融風暴，再次證明美國除了是軍事超強外，經濟的消長也足以撼動全球的經濟秩序，凡此問題皆須進一步之研究。

就在學界想進一步瞭解美國國家戰略的當下，國防大學戰略研究所所長曹雄源博士提出其大作《戰略解碼：美國國家安全戰略的佈局》，真是應機乘勢有如及時雨，以解學術同好求知之渴。曹博士以其美國研究專長同時兼具軍事專業與正統國際關係學術訓練背景，將美國柯林頓及小布希總統所頒布之國家安全報告完成梳理，使其脈絡一貫，並歸納出提升安全、增進繁榮與促進民主為美國國家安全戰略的核心；極具創見與參考價值。個人對此內容豐富之作品能順利付梓感到高興，並願積極向各方推薦。

淡江大學國際事務與戰略研究所所長

王高成　謹識

宋序

對於全球的各個國家來說，美國無疑是國際上最重要的國家。雖然從歷史的角度來看，美國是一個後起的大國，直到進入20世紀以後才全面躍上國際舞台，但在冷戰結束後一躍成為全球唯一的超級大國。儘管就歷史言，美國為後起之秀，然而美國在「國家安全戰略」思想的發展和實踐方面卻走在世界各國的前端；因此，遂成為國際關係學者研究和關注的主要對象。想要瞭解目前這個所謂「美國領導下的和平」的世界究竟以何邏輯運作，就必須瞭解美國，欲瞭解美國，就必須瞭解美國的國家價值與國家利益是如何界定？

美國白宮所正式發行的「國家安全戰略」文件對美國國家價值與國家利益之相關戰略提供了相當明確且深入之研究方向。正因如此，國防大學戰略研究所所長曹博士，兩年前從美國丹佛大學國際關係學院獲得博士學位後，即著手研究美國官方正式發行的「國家安全戰略」文件，本書即為其部分研究成果。曹博士採用國際關係主流理論來解碼柯林頓與小布希政府時期「美國國家安全戰略」，剖析出美國既以推展民主、自由、人權、法治和市場經濟的「普世價值」為其國家大政方針之基礎。在此基礎上，其國家安全之戰略目標為：一方面保持美國為世界唯一超級的地位和能力；另一方面運用國際制度（聯合國與區域組織）和國際行為規範的支持，建立一個以美國為主導的多邊國際政治體系，以彈性、多樣的國際組合，處理錯綜複雜之國際事務，以符合美國家利益與價值。本書以國際關係為理論基礎，解碼與我國安全至關重要的美國「國家安全戰略」，既是研究國際關係佳作，也是可供研究美國戰略的一本教科書。

國立中正大學

戰略暨國際事務研究所所長

宋學文　謹識

鄭 序

長久以來，眾多學者透過各種不同的面向，以解析「戰略」的精義。然「戰略」其實就是「目標」、「手段」、「方法」的綜合運用，換言之，戰略即依據國家利益適切地設定目標，透過各種手段的綜合運用，妥善地使用既有的資源，並使其發揮最大的效益。孫子曰：「兵者，詭道也。」故吾人對「戰略」的觀點，未能分清楚何者為「目標」，何者為「手段」、「方法」，則有一般戰略觀察者「見樹不見林」的迷思。然而透過「理論」的探討，有助於吾人釐清其基本概念，透視「戰略」核心思維。

自冷戰結束後，「一超多強」的世界格局於焉成形，美國成為世界超強的地位莫之能撼。詳究美國在國際的主導地位，「美國國家安全戰略」實為其幕後之推手。晚近，國內對於「國際關係與戰略」之研究如雨後春筍，然學界對於「美國國家安全戰略」的觀點，仍莫衷一是、各家說法不一，欣見國防大學戰略研究所所長曹博士，從國際關係理論的面向梳理「美國國家安全戰略」的脈絡，殊為罕見。

本書為國家戰略研究開闢一條新的研究途徑，其表現的特點有三：首先是釐清國家安全戰略與國家其他階層戰略之關係，國家安全戰略係基於國家利益策定其國家目標，並向下指導其他各階層的戰略，各階層戰略則向上支持國家目標之達成；其次是用「新現實主義」、「新自由主義」「民主和平論」諸理論的觀點，分別探討美國國家安全戰略之安全、繁榮、民主三個國家目標；三是釐清美國國家安全戰略的目標、手段與整合區域的方法等。本書引證美國政府官方出版的文件，諸如：柯林頓與小布希政府出版的「國家安全戰略」、「國情咨文」、「四年期國防總檢」、「國家軍事戰略」等，內容豐富且具有參考價值，本書實構建美國國家安全戰略體系研究。此研究成果之付梓，實創立美國「國家安全戰略」研究之先河，殊為可貴。

本書總共十章，區分為第一章前言；第二章論述美國「國家安全戰略」的意涵；第三章從國際關係新現實主義、新自由主義等理論，檢驗美國「國家安全戰略」的真義；第四章論述冷戰後的國際情勢；第五章對國家利益進行比較；第六、七、八章對美國「國家安全戰略」所揭櫫之「提升美國的安全」、「增進美國經濟繁榮」、「推動全世界的民主」進行分析；第九章討論美國整合區域的方法；第十章為美國「國家安全戰略」未來發展。本書清晰的脈絡，為國內針對國際關係理論與美國「國家安全戰略」實務，作整體分析與探討之優良專書。

「他山之石，可以攻錯」，我國在詭譎多變的國際社會中，實有必要掌握當前局勢變化之脈絡，方能掌握國家最大利益之所在。尤其從美國「國家安全戰略」所揭櫫安全、繁榮、民主三項國家目標而言，我國身為美國東亞區域穩定的盟友、美台的經貿利益以及民主最佳典範等，足以說明我國的存在與繁榮，符合美國的國家利益。簡言之，如果我國能掌握美中關係的平衡槓桿，亦可爭取最大的國家利益。另一方面，此書的研究，不僅可以提供學界參考研究，亦可提供政府領導階層、戰略規劃者新的戰略思維，以構思我國的「國家安全戰略」體系。本書立論完整、層次分明，若能仔細研讀必可窺其堂奧，時值本書付梓之際，余樂之為序。

政治大學
國際關係研究中心主任
鄭端耀 謹識

蔡序

長期以來，戰略研究既是攸關國家安全與國際政治發展的關鍵環節，其內涵演進也直接影響著國際關係與世界格局的變化方向，因此，對於當前主要戰略方向與特別是領袖國家戰略佈局之研究，更成為瞭解當前世局變遷的重要指標。事實上，無論是在冷戰期間，抑或是自後冷戰時期以來，儘管學術界對於美國霸權地位的未來多有辯論，甚至包括美國學者在內，許多人更直言該國的國力日衰乃無可避免的發展，但無可諱言地，至少在可預見的未來一段時日，美國仍將是世界政治舞台上最動見觀瞻的主導角色。正因如此，對於冷戰結束以來美國「國家安全戰略」之研究，便成為觀察新世紀初國際關係的焦點所在。對此，國防大學戰略研究所所長曹博士不僅是國內罕見同時兼具軍事專業，與正統國際關係理論學術訓練的專家，本書選擇從國際關係理論面向來梳理自柯林頓時期以來，美國「國家安全戰略」的演進脈絡，也具有高度的思考價值。本書一方面結合現實（冷戰後的國際情勢）與政策（主要以柯林頓與小布希政府為主）兩個層面，然後在由國家利益角度切入後，然後層次井然地分別針對安全、經濟、政治，乃至於區域整合發展等議題，清晰且完整地呈現出美國「國家安全戰略」的主要內涵，非但相當有助於學術同好進行瞭解，特別是由於美國乃台灣在國際上最主要的政治與經濟支撐力量來源，本書也可為政府高層與相關戰略規劃者提供極其珍貴的思維。時值此大作付梓之際，個人非常高興有此榮幸予以高度推薦。

中興大學社會科學暨管理學院副院長
國際政治研究所所長
蔡東杰 謹識

作者序

筆者自2007年2月調任國防大學戰略研究所助理教授乙職後，即擔任「美國國家安全戰略」課程的講授，感於目前學術界尚未對該戰略做出系統論述與詮釋，遂利用教學之餘，進行柯林頓及布希政府時期所出版之「國家安全戰略」相關文件的翻譯。在前校長曾上將、前所長王將軍及研發室主任顧上校的支持下，將美國兩任總統所出版的「國家安全戰略」，區分「柯林頓政府時期接觸與擴大的國家安全戰略」、「柯林頓政府時期新世紀的國家安全戰略」、「柯林頓政府時期全球時代的國家安全戰略」暨「布希政府時期國家安全戰略」編輯成書出版。在完成相關文件翻譯後，筆者亦深覺對「美國國家安全戰略」進行系統性論述的重要性，以提供學術界及莘莘學子對美國相關戰略的研究參考。

依照《美軍軍語辭典》對「國家安全戰略」的定義：「國家安全戰略是於和平時期，為達成國家目標，協調與運用外交、經濟、軍事及資訊力等國力，確保國家安全目標的藝術與科學，其亦可稱之為『國家戰略』或『大戰略』。」故要瞭解美國的戰略思維，必須從其「國家安全戰略」著手。而最重要的是從其官方文件開始，運用相關理論進行學術的探討，如此方能一覽美國大戰略思維背後的意涵。基於這樣的認知，本書首先闡述「國家安全戰略」的意涵，繼之，引用國際關係新現實主義與新自由主義等理論解讀「美國國家安全戰略」。為了進一步解析該戰略，本書也對冷戰後的國際情勢進行剖析，並且專章探討美國國家利益。再者，在接續的章節中，則先後論述「美國國家安全戰略」所揭示的三個核心目標：安全、經濟繁榮與民主。最後，則是對「美國國家安全戰略」所提如何整合區域的方法，做一個綜合性的介紹與說明，希望經由這樣的佈局，能讓讀者更容易瞭解何謂「美國國家安全戰略」及其隱含的深層意涵。

本書能完成，除了感謝國防大學前校長曾上將及各級長官對於戰略研究所及筆者的支持外，也要感謝本校蔡國堂博士與本所97年班畢業生周廣齊上校意見的提供，本校老師王先正中校與劉秋苓中校的校對，以及在校研究生高振宗上校、李明峰及吳雨潔同學的協助，使得本書能如期於十二月中旬在「五南圖書出版股份有限公司」出版，在此也要利用這個機會感謝該公司主編劉靜芬小姐的推薦，以及總編輯龐君豪先生與負責人楊榮川先生的支持與肯定。另外，也要利用這一個機會表達對賢妻力瑜及兩個可愛的兒子興名與興德，對於我假日埋首著作，而無法陪伴他們一起遊玩的包容，沒有他們對我的高度包容與鼓勵，本書的完成可能還需相當時日。最後，本書是筆者進入學術界的初次嘗試，錯誤及疏漏之處在所難免，敬請學術先進與讀者不吝指正與批評。在此，也期望本書的付梓能拋磚引玉，引起學術界對於「美國國家安全戰略」研究的興趣與關注。

國防大學管理學院少將院長

曾雄源　謹識

英文縮簡表
（List of Abbreviation & Acronyms）

ABM Treaty（Anti-Ballistic Missile Treaty）反彈道飛彈條約

ACRF（African Crisis Response Force）非洲危機反應部隊

ACSS（African Center for Security Studies）非洲安全研究中心

AFDB（African Development Bank）非洲開發銀行

AFRICOM（U.S. Africa Command）美國非洲指揮部

AGOA（African Growth and Opportunity Act）非洲經濟成長及機會法案

AIDS（Acquired Immune Deficiency Syndrome）愛滋病（後天性免疫不全症候群）

APEC（Asia Pacific Economic Cooperation）亞太經濟合作

APLs（Anti-personnel Landmines）人員殺傷雷

ARF（Association of Southeast Asian Nations Regional Forum）東南亞國協區域論壇

ASEAN（Association of Southeast Asian Nations）東南亞國協

AU（African Union）非洲聯盟

BWC（Biological Weapons Convention）生物武器公約

CAFE（Conventional Armed Forces in Europe）歐洲傳統武力條約

CBI（Caribbean Basin Initiative）加勒比海灣機制

CBM（confidence building measure）信心建立措施

CBWC（Chemical and Biological Weapons Conventions）化學與生物武器公約

CTBT（Comprehensive Nuclear Test Ban Treaty）全面禁止核試爆條約

CPPNM（Convention on Physical Protection of Nuclear Material）核物質實體保護公約

CTR（Nunn-Lugar Cooperative Threat Reduction Program）納恩・盧格合作

降低威脅計畫

CWC（Chemical Weapons Convention）化學武器公約

DFA（Director of Foreign Assistance）外援局局長

DTSI（Defense Trade Security Initiative）國防交易安全機制

ECSC（European Coal and Steel Company）歐洲煤鋼共同體

EPA（Environmental Protection Agency）環境保護署

ETRI（Expanded Threat Reduction Initiative）擴大降低威脅機制

EU（European Union）歐盟

FEMA（Federal Emergency Management Agency）聯邦緊急管理局

FEST（Foreign Emergency Support Team）海外緊急支援組

FMCT（Fissile Material Cutoff Treaty）裂解物質斷絕條約

FTAA（Free Trade Area of the American）北美自由貿易區

GATT（General Agreement on Tariffs and Trade）關稅及貿易總協定

GCC（Gulf Cooperation Council）波灣合作會議

GDP（Gross Domestic Product）國內生產總值

GEF（Global Environmental Facilities）全球環境設施

HIPC（Heavily Indebted Poor Countries）重度債務貧窮國家

HIV（Human Immuno Deficiency Virus）人體免疫缺損病毒（愛滋病毒）

IAEA（International Atomic Energy Agency）國際原子能總署

IDB（Inter-American Development Bank）泛美開發銀行

ILO（International Labor Organization）國際勞工組織

IMF（International Monetary Fund）國際貨幣基金會

ITA（Information Technology Agreement）資訊技術協議

ITO（International Trade Organization）國際貿易組織

MDBs（Multilateral Development Banks）多邊開發銀行

MENA Economic Summits（Middle East and North Africa Economic Summits）中東及北非經濟高峰會

MOMEP（The Military Observer Mission Ecuador-Peru）厄瓜多—祕魯軍事觀察家任務

MTCR（Missile Technology Control Regime）飛彈技術管制機制
NAFTA（North American Free Trade Agreement）北美自由貿易協定
NATO（North Atlantic Treaty Organization）北大西洋公約組織
NIPC（National Infrastructure Protection Center）國家基礎設施保護中心
NIS（New Independent States）新興獨立國家
NMD（National Missile Defense）國家飛彈防禦
NPT（Nuclear Non-Proliferation Treaty）核不擴散條約
NSC（National Security Council）國家安全委員會
NSG（Nuclear Supplies Group）核供應團體
NSS（National Security Strategy）國家安全戰略
OAS（Organization of American States）美洲國家組織
OECD（Organization of Economic and Cooperative Development）經濟合作暨發展組織
OSCE（Organization of Security and Cooperation in Europe）歐洲安全與合作組織
PFP（Partnership for Peace）和平夥伴關係
PPA（Provisional Protocol of Application）暫時適用議定書
PSI（Proliferation Security Initiative）擴散安全機制
QDR（Quadrennial Defense Review）四年期國防總檢
RDT（Rapid Deployment Team）快速部署小組
SSA（Sub-Saharan Africa）次撒哈拉非洲
START I（Strategic Arms Reduction Treaty）戰略武器裁減條約第一階段
START II（Strategic Arms Reduction Treaty II）戰略武器裁減條約第二階段
UNFCCC（United Nations Framework Convention on Climate Change）聯合國氣候變遷框架公約
USAID（US Agency for International Development）美國國際發展署
USTR（United States Trade Representive）美國貿易代表署
WB（World Bank）世界銀行
WHO（World Health Organization）世界衛生組織
WTO（World Trade organization）世界貿易組織

目錄

表目錄

圖目錄

第一章　緒　論

Protecting our nation's security-our people, our territory and our way of life-is my Administration's foremost mission and constitutional duty.

William J. Clinton

保護我們的國家安全——我們的人民、領土與生活方式——是政府最重要的使命與憲法責任。

（柯林頓．1995年國家安全戰略）

第一節　美國國家安全戰略的發展

隨著冷戰的結束，「一超多強」的世界格局於焉形成，美國世界強權的地位，並不會受到任何地區強權結合的挑戰。[1]然而，1990年代初期，伊拉克領導人海珊（Saddam Hussein）漠視國際社會對主權國家的認同與規範，強悍出兵入侵科威特。此舉，引起美國在內三十四個國家的軍事干預。最後，在以美國爲首的聯軍介入下，迫使海珊撤兵，恢復科威特的主權，美國在國際的影響力再次獲得確立。然由於過度消耗國力，老布希（George H. W. Bush）總統在1993年尋求連任時，受到經濟不振的拖累，敗給民主黨所提名的總統候選人柯林頓（William J. Clinton），結束共和黨自雷根（Ronald Regean）總統以來長達十二年的執政。柯林頓總統上任後，致力於經濟建設，恢復美國經濟的榮景，開創美國新的經濟時代，而這樣的經濟成就實與美國「國家安全戰略」有著密切關係。

美國「國家安全戰略」係依據1986年「高尼法案」603款之規定，總統於就職後150天內必須向國會提交該報告，柯林頓政府任內幾乎年年提出「國家安全戰略」，並將其區分「接觸與擴大的國家安全戰略」（A National Security Strategy of Engagement and Enlargement 1994-1996）、「新世紀的國家安全戰略」（A National Security Strategy for a New Century 1997-1999）與「全球時代的國家安全戰略 」（A National Security Strategy for a Global Age 2000）。

該報告念茲在茲者，爲提升美國的安全、增進美國的經濟繁榮與促進全世界的民主。美國爲全球強權，全球各地的問題皆與其國家利益息息相關，例如，2000年的「國家安全戰略」說明：「對不同區域，我們的政策反映出國家全面的戰略與指導原則，但須適應每一個區域獨特的挑戰與機會。因此，每一個地方運用不同接觸要素的實用性與不同程度的接觸，每一個地方可能有其聚焦的戰略目標，但是最後提升我們本身與區域安全

[1] Donald S. Zagoria, *The Changing U.S. Role in Asian Security in the 1990s*, in Sheldon W. Simon ed, *East Asian Security in the Post-Cold War Era* (U.S.: Library of Congress, 1993), p.45.

時，促進繁榮、民主與人權仍是最後的目標。」。[2]

柯林頓任期結束後，2000年總統選舉，在共和黨及民主黨激烈競爭下，由共和黨的小布希（George W. Bush）以些微票數勝出。不幸的是，在小布希總統上任七個月後，美國紐約便發生舉世震驚的「911」恐怖攻擊事件，此一攻擊頓時敲醒美國本土免於被攻擊的美夢，同時防衛美國本土的態度也轉趨積極。小布希總統於2002年6月1日在西點軍校（U.S. Military Academy at West Point）演講，提及有關對恐怖組織及支持他們的政權之「先制攻擊戰略」（a preemptive strategy）概念，稱為「布希主義」（Bush doctrine）。而這樣的概念也納入小布希政府「國家安全戰略」之中，該戰略不但將先制攻擊的概念正式化，而且說明保持美國軍事優勢的重要性，也闡明假如需要時，美國樂於單邊行動。[3]

在小布希所提出這些概念的背後，充分說明美國不對恐怖組織與流氓國家妥協的立場，必要時將採取單邊行動，以美國想要的方式解決國際問題。這樣的思維確實對美國「國家安全戰略」的擬定，產生相當程度的影響。當然，提升美國的安全、增進美國的經濟繁榮與促進全世界的民主仍是美國「國家安全戰略」的主軸，惟其所論述的方式，迥異於柯林頓政府的「國家安全戰略」。小布希政府共發佈兩份「國家安全戰略」、兩份「打擊恐怖主義的國家戰略」（National Strategy for Combating Terrorism）及一份針對「911」事件後的檢討，稱為「911事件後五年：成就與挑戰」（9/11 Five Years Later: Successes and Challenges）。由小布希總統任內所發布之相關報告可看出，其重點已轉向戰略目標的闡述，例如在2002年的「國家安全戰略」中，說明美國致力推動政治與經濟自由，與其他國家之和平關係，以及尊重人性尊嚴[4]；2006年的「國家安全戰略」，則述及終止獨裁政體，協助建立民主世界，並提供美國人民長久安全的保證。另

---

[2] The White House, *A National Security Strategy of Engagement and Enlargement* (Washington D.C.: The White House, 2000), p.46.

[3] Paul R. Viotti, *American Foreign Policy and National Security; A Documentary Record* (New Jersey: Longman, 2005), p.244.

[4] The White House, *A National Security Strategy of Engagement and Enlargement* (Washington D.C.: The White House, 2002), p.3.

外，小布希政府的「國家安全戰略」強調區域安全的問題，例如：以巴衝突、南亞爭端、拉丁美洲販毒問題、非洲疾病問題、伊拉克及北韓大規模毀滅性武器問題。[5]

雖然小布希與柯林頓政府對「國家安全戰略」闡述方式不同，但是提升安全、增進經濟繁榮與促進全世界的民主，仍是兩個時期「國家安全戰略」的核心主軸。「國家安全戰略」所闡述的概念具有指標作用，該戰略指導美國各階層之事務，諸如：「國防戰略」、「反恐戰略」、「經濟戰略」、「外交戰略」等。因此瞭解美國「國家安全戰略」的意涵，就變得既需要且重要。

第二節　研究方法

本書以「文獻分析法」、「內容分析法」與「比較研究法」作爲研究方法，所謂文獻分析法，是經由「文獻資料」進行研究的方法，指的是從政府文獻或以前的調查中蒐集現成的資訊進行分析。此方法作爲間接研究方法，在社會研究中被廣泛運用。文獻資料的來源包羅萬象，可以是政府部門的報告、工商業界的研究、文件紀錄資料庫、企業組織資料、圖書館中的書籍、論文與期刊及報章新聞等。其分析步驟有四：即閱讀與整理（Reading and organizing）、描述（Description）、分類（Classifying）及詮釋（Interpretation），爲一種系統化的客觀界定、評鑑與綜合證明的研究方法，確認過去事件的眞實性，主要目的爲「瞭解過去、洞悉現在、預測未來。」[6]

事實上，文獻分析的歷史意義在於，研究者將文獻資料分析處理後，所呈現歷史演變的因果關係與辯證。精確地說，此一研究的本質，就是一

---

[5] The White House, *A National Security Strategy of Engagement and Enlargement* (Washington D.C.: The White House, 2006).

[6] 葉至誠、葉立誠合著，《研究方法與寫作》（台北：商鼎文化出版社，2002年，第6版），頁138-156。

種因果推論的研究方法，其實際運作方式與實證研究並無不同。[7]本書希望透過此一研究方法，引用美國柯林頓及小布希政府所發佈「國家安全戰略」報告，根據內容加以詮釋其戰略意涵。

霍斯蒂（Ole R. Holsti）指出：「內容分析法是任何以有系統、客觀的方法確認文件訊息的特性，做爲推論的基礎。」廣義來說，內容分析是一種廣泛運用於文學、史學、政治學、心理學、新聞學的研究方法，也是常見的軍事研究方法。研究者使用此一媒介甚廣，包括對書籍、文件、報紙、雜誌、文字、圖片、照片、書信、文稿、漫畫、日記、演講、廣告、藝術作品、符號、影片、主題、或任何溝通訊息的研究。具體而言，內容分析法是研究者運用客觀與系統化的方式，對上述基本資料內容予以適當描述的一種研究方法。雖然因內容分析法偏好「詮釋性」與「批判性」的研究取向，使得多數實證主義的研究者對內容分析法並不推崇。但是，有時爲了刻意強調探索目的的精確性，以及提高研究的效度與可信度，而將其中一部份內容採用「量化」的內容分析法，也是常見可行的方法。另外，依照鮑爾斯（J. W. Bowers）的說法，內容分析的價值在於分析傳播內容，將傳播內容利用系統、客觀和量化的方式加以歸類統計，並根據這些類別的統計數字作敘述性的解說。所以，他認爲內容分析不只是一種資料的蒐集方法，而且是一個完整的研究方法。[8]此外，內容分析是一種量化的分析過程，但並不表示是一種純粹的「定量分析」，它是以傳播內容「量」的變化來推論「質」的變化。因此，可說是一種「質」與「量」並重的研究方法。[9]這樣的統計資料可包括某個字眼或主題出現的次數，研究者可依據大量內容資料的紀錄中，發現通常未被注意的特徵。內容分析法可用在探索性與解釋性的研究，但最常用於描述性的研究。[10]本書以內

7 陳偉華，《軍事研究方法論》（桃園：國防大學，2003年），頁143。

8 J.W. Bowers (1970) Content analysis. In P. Emment and W. Brooks (eds.), *Methods of Research in Communication*. Boston: Hougton Miffinco Press. 引自楊國樞等編，《社會及行為科學研究法》（台北：台灣東華，1989年），頁810。

9 楊國樞等編，《社會及行為科學研究法》（台北：台灣東華，1989年），頁811。

10 勞倫斯・紐曼（W. Lawrence Neuman）著，郝大海譯，《社會研究方法》（北京：中國人民大學出版社，2007年），頁47。

容分析法對美國「國家安全戰略」進行研究，即是對該戰略所一再強調的核心目標：安全、經濟繁榮與民主進行「詮釋性」的解釋，並且也從其出現的次數，進行簡易的量化，以論證其重要性。

比較研究法是一種重視比較的研究方法，其用於研究的基本方法有二：（一）比較兩者之間的差異程度；（二）比較兩者之間的相同程度。比差異的目的在於舉證不同因產生不同果，故不能將不同現象的因果關係混爲一談；比相同的目的在於解釋或預測類似情形的因，應該產生相同的果，俾做爲「他山之石可以攻錯」的援引或者是借鑑。本書運用此一研究方法主要對柯林頓及小布希政府「國家安全戰略」報告，進行分析與比較，從中分析並歸納其相同處，同時也比較其所代表的戰略意涵。[11]

第三節　本書撰寫構想

本書以柯林頓及小布希政府之「國家安全戰略」爲主要分析對象，並參酌有關「國情咨文」（State of the Union）、「國防戰略」（National Defense Strategy）、「四年期國防總檢」（Quadrennial Defense Report, QDR）、「國防部呈總統與國會之年度報告」（DOD Annual Report to the President and the Congress）、國內外相關學者對美國國家安全之論著，剖析美國「國家安全戰略」的意涵。以上述研究方法爲工具，可清楚比對柯林頓政府接觸與擴大、新世紀及全球時代「國家安全戰略」所強調的三項核心目標：提升安全、增進繁榮及促進民主，爲柯氏「國家安全戰略」的主軸。而檢視小布希政府「國家安全戰略」的基調，雖然沒有柯氏時期那麼有系統陳述上述三項核心目標，但經由上述研究方法分析，布氏「國家安全戰略」所強調的核心仍未脫前述三項目標。此外，藉由國際關係相關理論的探討，進一步論述美國「國家安全戰略」之意涵。尤其，隨著前蘇聯的解體，冷戰後國際情勢的急遽變化，實有必要進一步加以分析。本

[11] 陳偉華，《軍事研究方法論》（桃園：國防大學，2003年），頁153。

書並試著探討關於美國的「國家利益」、「提升安全」、「增進經濟繁榮」、「促進民主」與「整合區域的方法」。

第二章從「戰略」的意涵出發，內容包含「國家安全戰略」的界定、制定、作用與執行等面向。首先，本章清楚界定何謂「國家安全戰略」；其次，闡述「國家安全戰略」的制定；第三，論述「國家安全戰略」究竟有何引導作用。最後，說明「國家安全戰略」如何執行，經由各個層面的分析，論述美國「國家安全戰略」的意涵。

美國身為全球唯一的強權，積極介入國際事務，有時因手段難為各國接受，故常有霸權之譏，又美國認為其強調的核心價值，如人權、民主、平等與自由等應廣為推展至各國，此時難免再度為人詬病干預他國內政。在這樣的情勢下，瞭解美國的思維，如僅從其「國家安全戰略」文字解讀，實難窺其全貌，唯有從國際關係相關理論的視角切入，當可一覽「國家安全戰略」的精髓。第三章試圖從國際關係新現實主義（neo-realism）、新自由主義（neo-liberalism）及民主和平理論（Theory of Democratic Peace）等理論，檢視美國「國家安全戰略」的眞義。

在探討「國家安全戰略」的意涵，並運用國際關係相關理論檢視該戰略後，第四章將進一步論述冷戰後的國際情勢。一般而言，冷戰後的國際情勢，已漸漸趨於緩和，同時各個區域經濟的整合較以往更為密切。另一方面，新興民主國家社群範圍愈來愈廣，然而，弔詭的是世界是否比冷戰期間更為和平與安全？抑或仍然存在不確定的因素？面對冷戰後丕變的國際情勢，傳統軍事威脅已漸漸變成非傳統安全的威脅，而大規模毀滅性武器的擴散，也成為美國最為關心的議題之一。此外，「911」恐怖攻擊事件帶給美國的震憾與傷害，激起美國對恐怖組織宣戰。另外環境惡化、疾病可能對美國帶來的威脅，在「國家安全戰略」均有詳盡的敘述，其所代表的意涵即：美國無法倖免於這些災難。

在敘述冷戰後的國際情勢之後，第五章嘗試剖析柯林頓暨小布希政府的「國家安全戰略」所強調的國家利益，依照美國「國家安全戰略」所敘述的內容，包括至關重要的國家利益（vital interest）、重要利益（important interest）與人道救援（humanitarian relief），對此在美國「國家安全戰略」均有詳細的說明，藉由分析美國「國家安全戰略」所強調的國家利益，可進一步探究美國所關心的議題。依照美國「國家安全戰略」對國家利益的闡述，有別於一般學者對美國國家利益的分類，有學者將其分為四類、五類或六類，在本章中也會將學者所列舉與分類的國家利益與「國家安全戰略」所列舉之國家利益進行比較。

第六章深入分析美國「國家安全戰略」中，所強調的三個主要目標之第一個目標，即提升美國的安全，眾所周知，國家沒有安全就沒有一切，尤其美國在90年代海外使館與基地迭遭攻擊，已引起美國對海外僑民與駐軍安全的關切，所以如何確保海外資產與人員的安全，一直都是其「國家安全戰略」最關注的議題。特別是在2001年「911」恐怖攻擊事件後，美國更投注鉅額資金以防衛本土的安全，這由其成立「國土安全部」（Department of Homeland Security）的政策可見一斑。因此，經由本章對美國安全議題的分析，可知安全仍是美國「國家安全戰略」最核心的重要議題，換句話說，確保國內外的安全是美國至關重要的利益。

第七章則以美國「國家安全戰略」所揭櫫的第二項目標，促進美國經濟繁榮為論述重點，美國之所以成為世界超強，主要是由於政治制度、豐富的天然資源、來自全球最優秀的人才，匯集而成美國空前的國力。經濟當然在其中扮演一個非常重要的關鍵性角色。換言之，沒有經濟力量就無法支撐美國如此龐大的軍費支出。所以，如何維持美國經濟繁榮便是其「國家安全戰略」所關心的議題。例如，美國認為其國內繁榮繫於海外繁榮，這也是美國為何努力推動經濟自由化，並極力促成「世界貿易組織」（World Trade Organization, WTO）的重要理由。另外，美國也冀求透過經濟的力量，將不遵守國際規則的國家納入規範，而中國加入世貿就是一個明顯的例子。故本章除探討美國如何增進經濟繁榮外，另外檢視美國將以何種方法，要求世界各國接受國際的規範，以建立一個自由平等的貿易體系。換句話說，從美國的角度言，經濟是其發揮全球影響的主要動力。

第八章主要論述美國「國家安全戰略」所提出的第三項目標為重點，亦即推動全世界的民主，這是美國歷任總統無法推卸的責任。在冷戰後的國際政治中，美國推動新興獨立國家（Newly Independent States, NIS）的民主轉型更是責無旁貸。例如，美國認爲前蘇聯國家的民主轉型對美國而言，具有重大的核心利益。美國將持續與這些國家接觸，以增進他們的民主選舉功能，並經由地方組織、自主媒體與漸漸興起的私有企業合作，以協助強化公民社會。另外，也協助建立自由市場打擊犯罪與貪腐、提升人權與法治所需的法律、制度與技術。[12]美國對各國民主轉型的協助，可謂不遺餘力，涵蓋歐亞、太平洋、中南美、中東、南亞、西南亞、非洲等地。本章除深入論述美國「國家安全戰略」推動民主的意涵外，也會探究「民主化理論」及「民主和平理論」（Theory of Democratic Peace），對美國推動全世界國家民主的眞義。質言之，從美國的思維中，我們可瞭解，民主是確保安全的根本。

第九章討論美國整合區域的方法，本章首先介紹國際關係理論中「整合」的概念，然後，依次分析美國對各區域整合的方式，吾人透過美國「國家安全戰略」對整合方式的敘述，可瞭解美國在各個區域政策的獨特性。綜觀美國對各個地區的關懷，仍是以提升安全、增進繁榮與促進民主爲主軸。例如，在提升安全上，美國認爲北約仍是美國在歐洲接觸的支柱（anchor）與大西洋兩岸的樞紐（linchpin），作爲歐洲安全與穩定部隊的保證，北約須扮演領導的角色，以促進更具整合與安全的歐洲，準備回應新的挑戰。在促進繁榮上，美國認爲美洲的經濟成長與整合，將深深影響美國21世紀的繁榮，拉丁美洲國家已經變成世界經濟快速成長的區域與美國成長最快的外銷市場。在促進民主上，美國會與中國以追求建設性、目標爲導向的方式，促進中國在人權與法治議題的進展。[13]

第十章爲結論，主要歸納研究發現，並以美國「國家安全戰略」所強調提升美國安全、增進經濟繁榮與促進全世界民主的目標，仍是其念茲在茲持續追求的目標。美國認爲要達成上述三項目標，對外須尋求與其他國家的合作，對內則要獲得國會及人民的支持，唯有如此，美國「國家安全

[12] The White House. *A National Security Strategy for a New Century* (Washington D.C.: The White House, 1997).

[13] The White House. *A National Security Strategy for a New Century* (Washington D.C.: The White House, 1998).

戰略」所勾勒的三項目標方能達成。柯林頓與小布希政府「國家安全戰略」核心目標的表述與執行雖不同，但其核心目標與國家利益相結合是不爭的事實。

第二章　美國國家安全戰略的意涵

Our national security strategy reflects both America interests and our values. Our commitment to freedom, equality and human dignity continues to serve as a beacon of hope to people around the world.

William J. Clinton

我們國家安全戰略反映出美國利益與價值。我們對自由、平等與人類尊嚴之承諾持續做為全世界人們希望的一個燈塔。

（柯林頓．1996年國家安全戰略）

1986年國會通過的《高華德—尼可斯國防部重組法案》（以下稱高尼法案，*Goldwater-NicholsDepartment of Defense Reorganization Act*）第603款規定，美國總統應於每年向國會提交「國家安全戰略」報告。[1]自1986年以來，雖然每一位總統未必遵守這樣的規定，但是其後的歷任總統，在任內多少會提出幾份「國家安全戰略」報告。譬如，雷根（Roanld Reagan）總統先後提交了兩份報告（1986、1987），老布希總統也提交了三份報告（1990、1991、1993）[2]。而柯林頓總統在八年任期內，總共提交了七份「國家安全戰略」報告（1994-2000），至於小布希總統則提出兩份報告（2002、2006）。比較前後幾任總統所提的「國家安全戰略」報告，柯林頓總統所提的報告最有系統且全面闡述美國的安全觀，本書的研究範圍以柯林頓及小布希政府的「國家安全戰略」爲主，並藉國際關係理論（新現實主義、新自由主義與民主和平理論）解析該報告的戰略意涵。

另外，依照1947年的《國家安全法》（*National Security Act*），國防戰略須與國家安全戰略一致。[3]所以，國防部每年提交的「總統與國會的年度報告」皆清楚說明美國「國家安全戰略」的要旨。「國家安全戰略」，也是國家全面與綜合性的安全考量。根據《美軍軍語辭典》對「國家安全戰略」的定義：「國家安全戰略是和平時期，爲達到國家目標，協調與運用外交、經濟、軍事及資訊力量等國力，確保國家安全目標的藝術與科學，（其）亦可稱之爲國家戰略或大戰略。」[4]爲進一步勾勒美國「國家安全戰略」的意涵，本章將就其界定、制定、作用及執行等四個面向分述於後。

---

[1] The White House, *A National Security Strategy of Engagement and Enlargement* (Washington D.C.: The White House, 1996), p.2.

[2] Don M. Snider, The National Security Stratey: Documenting Strategic Vision, internet available from http://www.dtic.mil/doctrine/jel/research_pubs/natlsecy.pfd, accessed August 12, 2008.

[3] Congress, Congressional Record-House Sec.901. Permanent Requirement for Quadrennial Defense Review, internet available from http://www.qr.hp.af.mil/QDR_Library_Legislation.htm, accessed August 15, 2008.

[4] Department of Defense, Dictionary of Military and Associated Terms (U.S.: DOD, 1998), p.303.

第一節　美國國家安全戰略的界定

在進一步說明何謂「國家安全戰略」之前，須就「戰略」一詞加以界定。當代「略」的概念，源於西方，先傳至日本，再經日本傳到中國。長久以來，「戰略」一詞在西方與東方世界（特指中國與台灣）各有不同的詮釋，誠如布恩．巴卓洛米斯（J. Boone Bartholomees, Jr.）所言：「在現今世界中，要定義『戰略』（strategy）並不如想像中容易，然而其定義是重要的。」[5]所以，要瞭解戰略層次體系之前，須對西方世界正式使用到迄今已逾兩百年的名詞——「戰略」，做系統性的整理。首先，西方研究「戰略」的學者，對「戰略」的定義可歸納分述如後。克勞塞維茲（Karl Von Clausewitz）認爲「戰略」是運用交戰（engagement）來遂行戰爭的目的；李德哈特（Basil H. Liddell Hart）則將「戰略」定義爲：「分配與運用軍事手段達成政策目的之藝術，戰略能成功最重要的是取決於對目的與手段徹底的盤算與協調。」；巴卓洛米斯則認爲：「戰略僅是一個問題解決的過程。」[6]；哈利．雅格（Harry R. Yarger）對「戰略」一詞曾做如下的定義：「戰略可被理解爲依照國家政策指導，發展及運用政治、經濟、社會心理及軍事力量，以創造保護或促進在戰略環境下國家利益效果之藝術與科學。」[7]；喬徐瓦．高德斯坦（Joshua S. Goldstein）對「戰略」則做如下的定義：「戰略是行爲者運用權力的指南，行爲者依據戰略發展及部署國力，從而達成目標。」。[8]

其次，近代中國研究「戰略」的學者，對此一名詞的定義，則可綜整分述如下。蔣緯國對戰略之定義：「戰略爲建立力量，藉以創造與運用有利狀況之藝術，俾得在爭取盟國之目標、國家目標、戰爭目標、戰

---

5 J. Boone Bartholomees, Jr., *A survey of the Theory of Strategy, U.S. Army War College Guide to National Security Issues*, Volume1: Theory of War and Strategy, p.13.

6 *Ibid*., pp.14-15.

7 Harry R. Yarger, *The Strategic Appraisal: The Key To Effective Strategy*, J. Boone Bartholomees, Jr. (ed), U.S. Army War College Guide to National Security Issues, Volume1: Theory of War and Strategy, p.51.

8 Joshua S. Goldstein著，歐信宏、胡祖慶合譯，《國際關係》（台北：雙葉書廊有限公司，2003），頁61。

役目標或從事決戰時，能獲得最大成功公算與有利之效果。」[9]；孔令晟則將戰略定義為：「戰略是涵蓋接觸前、接觸及對決後，全程的行動思想和構想。」[10]；鈕先鍾認為「戰略」就是「戰之略」，也就是「戰爭藝術」（art of war）[11]；姚有志則歸納西方戰略學者等人的觀點，並將「戰略」定義為：「指在一定時期對戰爭全局的籌劃與指導。」[12]；許嘉對「戰略」一詞則謂：「戰略中的『戰』字表明，它關注的是鬥爭領域；而『略』主要是指韜略、謀略，『戰略』就是所謂的戰爭韜略。」[13] 當人們在戰爭中不再只是單純地關注於力量的對抗，亦即開始不僅鬥力、鬥勇，而且鬥智，原始的戰略思維便開始萌芽。作為戰爭韜略，「戰略」的基本內涵包括三個層面：第一，它研究的範圍侷限於戰爭；第二，它研究的是如何動員和使用現有的武裝力量對付敵人；第三，它是一種如何在既有的武裝力量下運用智慧戰勝敵人的藝術。[14]

隨著人類歷史的發展和人們對戰爭經驗的不斷總結，在戰略制定中出現了兩個問題：一是人們發現單純利用軍事手段，往往不能確保戰爭的勝利，軍事和政治經常密不可分。二是集團之間，尤其是國家之間的競爭，不僅表現在軍事上，而且還表現在其他領域，如政治領域、經濟領域乃至文化領域。所以，純以軍事角度研究戰略，已不能滿足國家或集團間對抗的需要。[15] 至於「國家安全」的概念，基本上是以軍事安全為核心。但從上一個世紀70、80年代以來，「綜合安全」（comprehensive security）的概念逐漸受到重視。「911」恐怖攻擊事件之後，此種趨勢更加明顯。除了軍事威脅之類的傳統安全議題外，由於全球化效應帶來經濟、社會與人文環境的巨大變遷，非傳統安全的重要性與日俱增。舉凡反恐、經濟、金融、能源、疫病、人口、資訊、國土保育，乃至於族群、認同等議題，莫

[9] 蔣緯國，《大戰略概說》（台北：三軍大學，民65），頁7-8。
[10] 孔令晟，《大戰略通論：領論體系和實際作為》（台北：好聯出版社，民84），頁89。
[11] 鈕先鍾，《戰略研究入門》（台北：麥田出版股份有限公司，1998），頁22。
[12] 姚有志主編，《戰爭戰略》（北京：解放軍出版社，2005），頁1。
[13] 許嘉，《美國戰略思維研究》（北京：軍事科學出版社，2003），頁2。
[14] 許嘉，《美國戰略思維研究》，頁2。
[15] 前揭書，頁2。

不逐漸成為國家安全的新挑戰。[16]

湯瑪斯・瑞里（Thomas P. Reilly）認為「國家安全戰略」的目的，係提供手段（means）、方式（ways）及目的（ends）等國力的要素取得全面平衡，以達成國家安全，並且保護、維持與提升生活的方式。[17]許嘉則以美國「國家安全戰略」為例，指出其研究的內容包括：第一，它研究的問題不再侷限於戰爭領域，而是擴展到與戰爭密切相關的國家安全領域；第二，它的研究是，如何使國家現有資源——不僅包括軍事，也包括政治、經濟等重要資源——保障國家的生存與發展，維護國家的安全利益；第三，它是一種藝術，一種如何利用現有資源和條件使本國在國際舞台上立於不敗之地，並最大程度地維護國家利益的智慧和方略；第四，它的研究主要攸關國家大局，並帶有根本性的對外安全問題。[18]貝特斯（Richard K. Betts）則直陳過去半世紀以來主導美國外交政策的菁英，對「國家安全戰略」優先及手段所引發的辯論，有人全然聚焦於軍事力量的面向，有人則是強調經濟與外交的合作。[19]換言之，「國家安全戰略」所考量的層面包括甚廣，涵蓋政治、軍事、經濟、外交等領域。

然而對國家最高戰略，各國有不同的解釋。例如，在美國，這種戰略通常被稱為「國家安全戰略」，在英國則有「大戰略」之名，在法國曾有「總體戰略」之說，而在日本則有人稱之為「綜合保障戰略」。[20]一般而言，「國家安全戰略」應包括幾個方面：第一，國家的定位，即根據國際戰略環境確定國家在世界上的地位；第二，根據國家的根本利益確定國家捍衛、謀求的總體目標；第三，根據自身的實力與資源，確定實現目標的基本途徑；第四，根據總體部署對各種具體戰略進行總體協調。以美國為例，由於美國是世界強權，其根本利益是確保自己的安全和在世界上的支

16 中華民國國家安全會議，《2006國家安全報告》（台北：國安會，2006），頁3。
17 Thomas P. Reilly, The National Security Strategy of the United States: Development of Grand Strategy (Pennsylvania: U.S. Army War College, 2004), p.1.
18 許嘉，《美國戰略思維研究》（北京：軍事科學出版社，2003），頁3。
19 Richard K. Betts, U.S. National Security Strategy: Lenses and Landmarks (U.S.: Princeton University, 2004), p.1.
20 李少軍主編，《國際戰略報告》（北京：中國社會科學出版社，2005），頁30。

配地位，它的根本途徑是運用各種手段，包括戰爭手段消除各種威脅，並且防止出現一個對等的對手，以這樣的戰略指導，「國家安全戰略」以下的其他戰略，包括「經濟戰略」、「外交戰略」、「國防戰略」等，都是爲這樣的總體目標服務。換言之，沒有這些具體的戰略，「國家安全戰略」只是徒具形式。反過來說，如果沒有「國家安全戰略」的總綱指導，這些戰略也不可能發揮恰如其分的作用。[21] 質言之，美國「國家安全戰略」提供經濟、外交、國防、反恐等戰略的具體指導，而各個戰略即爲「國家安全戰略」的具體實踐。

第二節　美國國家安全戰略的制定

探討國家安全及其範疇，包含政策和優先順序，引發一些基本問題：如何研討國家安全？制定美國國家安全政策和戰略方針的基本原則爲何？

研討國家安全主要有三個方法：同心圓法、菁英對政策制定參與者法，以及系統分析法。「同心圓法」係指：在制定國家安全政策的過程中，總統處於中心位置（如圖2.1），總統幕僚和國家安全機構向總統提供建議，並執行國家安全政策。此方法凸顯各個團體制定國家安全政策「主要事項」的相對重要性；例如，總統幕僚的主目標之一是影響盟友及敵國的政策和行爲。在制定國家安全政策的過程時，國會、民眾和媒體也扮演重要的角色，但是他們絕非政策的標的。這表示政府機構組織、選民以及媒體離圓心較遠；距離愈遠，對國家政策事務愈不重要。但這個方法的缺點，在於過度簡化國安政策的制定過程，以及自以爲是的合理性。[22]

[21] 前揭書，頁31。
[22] Sam Sarkesian著，郭家琪等譯，《美國國家安全》（台北：國防部史政室編譯，2005年），頁20-21。

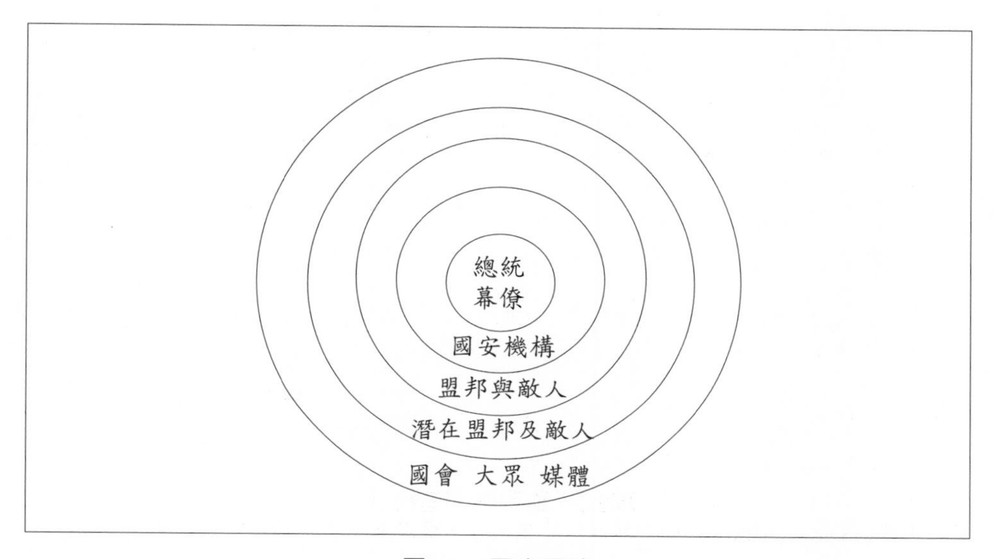

圖2.1　同心圓法

資料來源：Sam Sarkesian著，郭家琪等譯，《美國國家安全》（台北：國防部史政室編譯，2005年），頁20。

「菁英對政策制定參與者法」的形成，係基於：民主的基本困境在於政策制定過程由菁英分子所主導（如圖2.2）。國家安全政策的制定由國安機構的菁英負責，惟仍應尋求外界大眾的支持。就政策參與者而言，菁英分子比一般大眾更有技術、方法、構想充實國家安全政策；另一方面，如果希望國家安全政策能長遠有效，策略本身須含有某種程度的公眾及政黨意志參與。由菁英模式可見，國家安全政策由包括總統、總統幕僚、主要國會議員、高級將領和商界領導人所制定。假設有一批關切本身共同利益甚於其他的菁英分子結合，在參與者模式中，各類菁英分子代表不同部門的公眾、利益團體及公務，這批菁英分子極度控制國家安全各方面政策，並隨著不同議題相互結盟，這種方法可使菁英分子的技術與力量，順從於民主參與者的要求。[23]

[23] 前揭書，頁20。

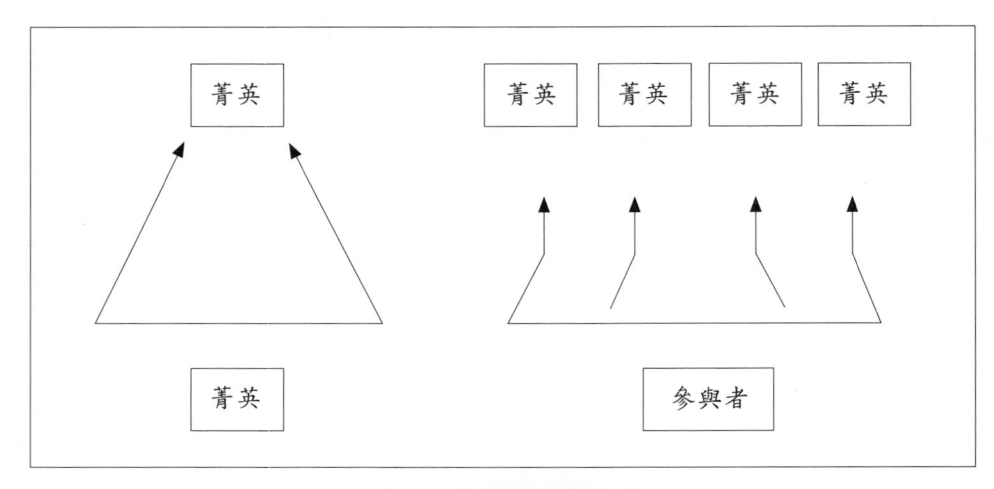

圖2.2 菁英參與者模式

資料來源：Sam C. Sarkesian著，郭家琪等譯，《美國國家安全》，頁22。

「系統分析法」強調，在制定國家安全決策過程中，各種不同因素在不同階段中的內部關係（如圖2.3）。決策過程中有許多輸入因素，決策機制必須調和各種競逐的利益，儘可能設計出絕大多數皆可接受的政策；接著，並藉由政策的有效與否、受政策影響人士的感受，獲得相關回饋資料，對政策造成的衝擊加以評估。[24]

山姆．薩克宣（Sam C. Sarkesian）、約翰．威廉斯（John Allen Williams）及史蒂芬．辛巴拉（Stephen J. Cimbala）等則認爲以上三種方法或其他類似作法，皆有助國家安全政策的研究。所以渠等在聯合著作中《美國國家安全：決策者、過程與政治》（*U.S. Natioanl Security: Policymakers, Processes, and Politics*），提出以上三種方法，假定總統和依法成立的政府相關機構爲決策制定過程的中心，而以同心圓法檢視這些官方的國安機構，再使用同心圓和部分的菁英與參與法，檢視國家安全會議和國防部。最後，由官方決策過程中，分析最受關切的爲國家安全組織，

[24] 前揭書，頁22。

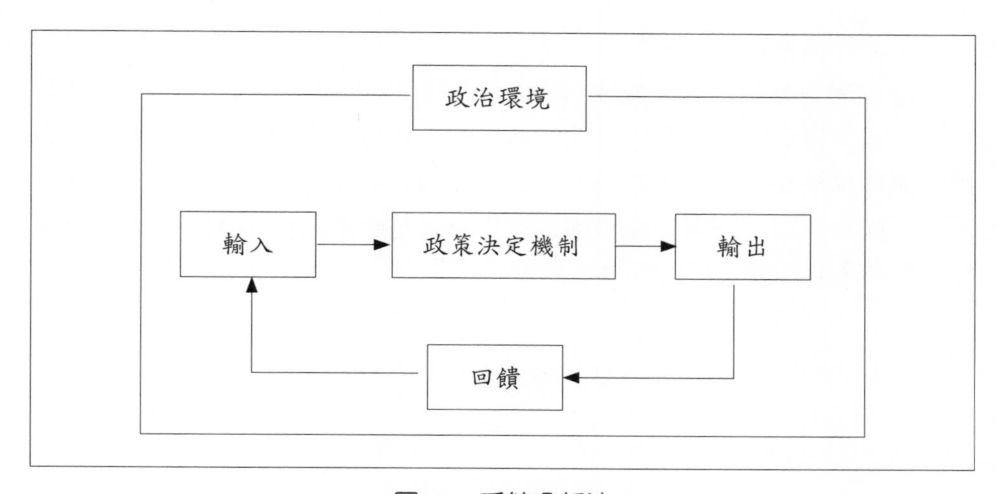

圖2.3　系統分析法

資料來源：Sam C. Sarkesian著，郭家琪等譯，《美國國家安全》，頁22。

因此我們運用系統分析法，檢視許多存在於政府架構和政治系統中勢力團體的作用。另外，國際環境對國家安全機構和決策過程也會造成一定影響。[25]

國家安全機構是一個有明確定義分析的用詞，所指的是負責制定國安政策的政府單位，同時也是用以辨認實際擬定國安政策的人員及程序的敘述用詞。但在發展國家安全政策時，則依總統的性格和作風，創造出某些非正式的行事程序和運行架構，從而促成一系列政策權力團體（power clusters），彼此連結成國家安全網，推動國家安全機構及政策正式制定程序的運作。各權力團體內部彼此關係及實際權限，是依總統的領導風格及總統認為國家安全機構應如何運作而定。主要的權力團體有三，其權力範圍依總統領導風格和喜好而定：(1)政策三人小組，由國務卿、國防部長和國家安全顧問組成；(2)中央情報局長和參謀首長聯席會議主席，以及(3)

[25] 前揭書，頁22。

白宮幕僚長和總統顧問。[26]

這些權力團體對國家安全政策的形成非常重要（如圖2.4）。他們各自代表國安機構的主要單位，他們運作的方式反映出總統對這三個權力團體的領導風格和心態。他們和正式的國安機構可能和諧共處，也可能格格不入；換句話說，國家安全機構的運作方式是動態而不是固定的，決策過程也非如外界所想像般的理性或制度化。[27]

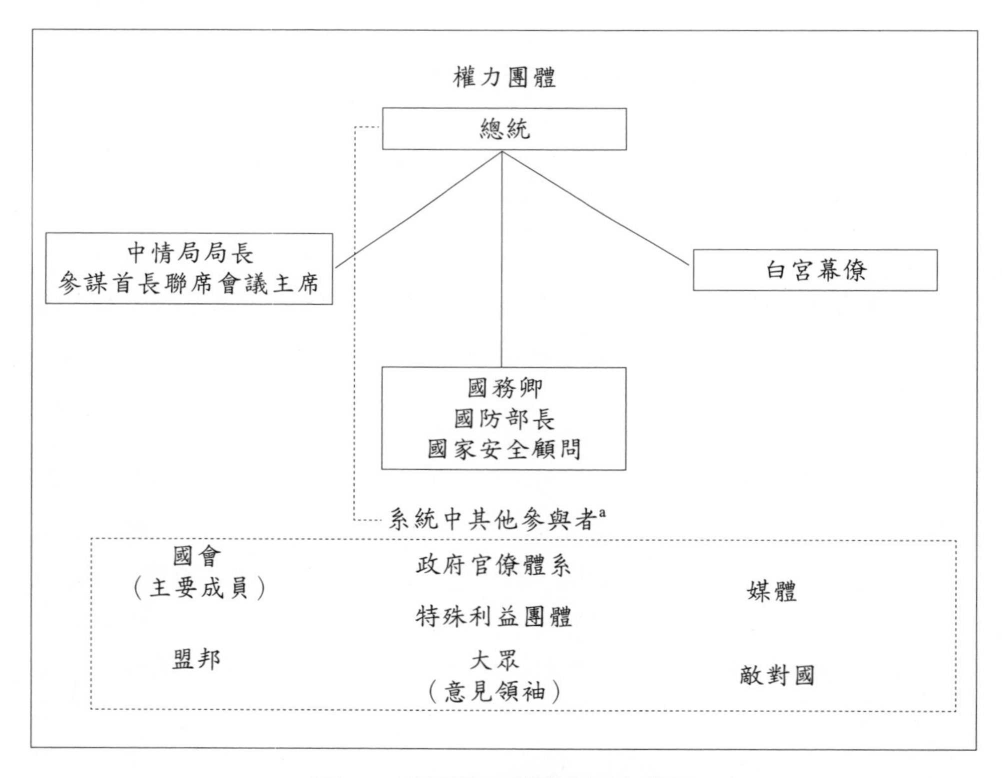

圖2.4　政策權力團體與國安體系

註：a.國安政策單位及國安政策規劃者
資料來源：Sam C. Sarkesian著，郭家琪等譯，《美國國家安全》，頁24。

[26] 前揭書，頁23。
[27] 前揭書，頁24。

依照薩克宣等人的說法：「國家安全政策就其定義而言，是與軍事力量相關的，國家安全須與外交及內政有所區分，主要區別在於使用武力的可能性。」所以國家安全政策的概念引申為：「國家安全政策主要在於制定並履行國家戰略，創造一個有利美國國家利益的環境。」[28]質言之，國家安全政策制定方法對美國「國家安全戰略」也有連帶關係，主要決策者對國家安全政策與「國家安全戰略」之制定皆有影響力，故國家安全政策之決策者對美國「國家安全戰略」的制定也有相當程度的參與。美國「國家安全戰略」係由國安會所擬定，以總統名義發布，所代表的是國家之最高戰略指導原則。檢視柯林頓政府時期的「國家安全戰略」，首要考量的是國家利益，並且透過與全世界的接觸，以遂行其戰略，並以提升安全、增進經濟繁榮與民主等三項核心目標（如圖2.5），增進美國的國家利益。首先，在安全方面，評估美國利益的威脅來源，進而形塑有利的國際環境，建立足以回應危機發生的能力，保持為不確定將來未雨綢繆的能力；其次，在增進經濟繁榮方面，則採取下列各種必要措施，如提升美國的競爭力、加強總體經濟的協調、為能源安全預做準備、促進海外的持續發展；第三，在促進民主方面，則是持續幫助新興民主國家，透過外援的手段鞏固瀕臨險境國家得來不易的民主成就。最後，冀望解決全球各地的疑難雜症，持續推動其他國家的民主化。[29]所以，美國「國家安全戰略」之撰擬除了融合上述國家安全政策的方法外，尚須考量具體的因素，如安全、經濟繁榮、民主與人權等，以強化對「國家安全戰略」的全面論述。

---

[28] *Ibid.*, pp.5-6.

[29] The White House, *A National Security Strategy for a New Century* (Washington D.C.: The White House , 1997), pp.10-37.

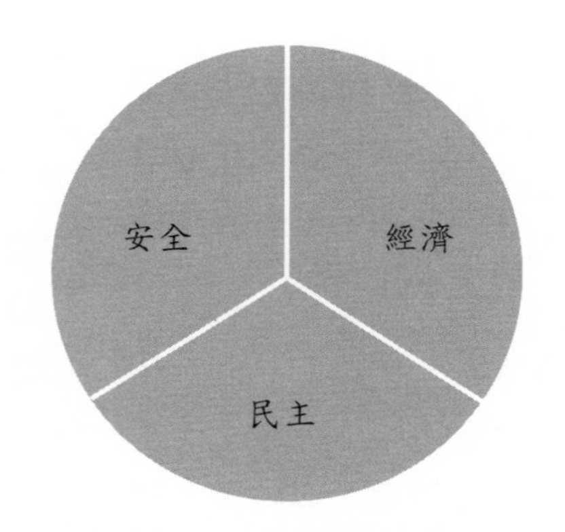

圖2.5　美國國家安全戰略三項核心目標（作者自繪）

第三節　美國國家安全戰略的作用

1986年國會通過《高尼法案》，第603款規定美國總統應於每年固定提交國會「國家安全戰略」報告，該戰略報告對美國各項作爲產生重大的影響，魏克斯（Stanley B. Weeks）認爲這樣的安全報告，對「冷戰」、「冷戰」後至「911」恐怖攻擊事件爲兩大里程碑，從「國家安全戰略」中我們可看出反制蘇聯及其盟邦與支持者的重要因素，包括圍堵、嚇阻及美國部隊的前進部署。他指出美國「國家安全戰略」對「冷戰」後環境的改變所做的調整，而將其重點置於國土安全與不對稱的威脅，尤其是對恐怖主義的危害。[30]他進一步以「911」恐怖攻擊事件爲例，指出美國「國家安全戰略」及兵力結構，開始強調對安全環境改變的預期與反思，這樣的轉變由國防部長倫斯斐（Donald Henry Rumsfeld），於2001年初提出的「四年期國防總檢」可看出端倪。當美國對窩藏恐怖分子的阿富汗塔利班（Taliban）政府實施殲滅作戰行動的同時，小布希總統任命有關國土安全的協調官，並在數月之後提議成立部會位階的「國土安全部」。國會對成立此部會的冗長辯論，反映複雜官僚體系的重組，以及組織再造產生新的

[30] Stanley B. Weeks, Change and Its Reflection in National Security Strategy and Force Structure, p.30.

權力中心。[31]從魏克斯的論述，我們可得知，美國「國家安全戰略」在某種程度上，具有體現國際關係相關理論、政策宣示及指導「國防戰略」的作用。

一、體現國際關係相關理論的作用

長久以來，美國「國家安全戰略」從概念的形成到出爐，融合了上述三個方法，尤其值得一提的是，國安機構的幕僚大多受過國際關係理論或政治理論的洗禮，故在（他們）執筆擬定美國「國家安全戰略」的時候，自然融入了國際關係相關理論的主張。例如，1995年「接觸與擴大的國家安全戰略」即強調：「當美國國家利益瀕臨險境時，我們願意單邊採取行動；當我們的利益與他國共享時，我們會與盟邦及夥伴國家一起行動；當我們的利益是更廣泛及問題最好是由國際社會應對時，我們選擇多邊途徑解決。」[32]此外，1996年「接觸與擴大的國家安全戰略」亦指出：「為了嚇阻、預防對盟邦與友好國家的威懾，以及最後在侵略發生時擊敗它，我們須準備應對這樣的威脅，同時傾向與盟邦及友好國家一致行動，但必要時不排除採取單邊行動。」。[33]

這種將新現實主義以權力、安全、國家利益與生存的概念，以及新自由主義所強調合作的理念融入其「國家安全戰略」報告，是既強調權力也強調合作的觀念，在該報告中處處可見國際關係相關理論的痕跡。例如，1997年「新世紀的國家安全戰略」聲明：「讓對手瞭解侵略或威懾的代價，以及美國可能選擇運用部隊，以防止進一步的冒險主義；而在環境的議題上，則再三強調與其他國家的緊密合作。」[34]1998年「新世紀的國家安全戰略」則是強調：「優先形塑有效的國際環境，俾利嚇阻主要

---

[31] *Ibid.*, p.30.

[32] The White House, *A National Security Strategy of Engagement and Enlargement* (Washington D.C.: The White House, 1995), p.9.

[33] The White House, *A National Security Strategy of Engagement and Enlargement* (Washington D.C.: The White House, 1996), p.21.

[34] The White House, *A National Security Strategy for a New Century* (Washington D.C.: The White House, 1997), p.21.

戰爭的發生，萬一嚇阻失利，美國會竭盡諸般手段防衛自己、盟邦及夥伴。當然本報告也清楚說明與他國積極合作，以應對非傳統安全所帶來的威脅。」[35] 1999年「新世紀的國家安全戰略」在回應威脅與危機部分則強調：「美國必須運用最適當的方式或聯合外交、公眾外交、經濟措施、執法、軍事作戰與其他方式，與我們分享利益的國家、盟邦與夥伴一起行動，但對國家利益有迫切需求時，將會採取單邊行動。」[36] 2000年「全球時代的國家安全戰略」延續強調：「除保持強大的軍事力量以嚇阻敵人蠢動外，同時也說明在面對各式各樣的威脅上，與其他國家、非政府組織、區域及國際安全組織與夥伴國家的合作。」。[37]

2002年的「國家安全戰略」則強調：「我們須建構及維持國防戰力，以迎接並擊敗任何挑戰，美軍最高優先的目標就是捍衛美國，爲了達到這目標，美軍須向盟邦及夥伴保證安全承諾；阻止未來軍事對抗；嚇阻任何對美國重大利益、盟邦及夥伴的威脅；假如嚇阻失利則堅決地擊敗任何敵人。」[38] 2006年的「國家安全戰略」說明：「美國須保持及擴張國力，如此方能在威脅及挑戰對國家利益及人民造成傷害前加以因應。美國須保持無與匹敵的軍事力量，然而，此一力量不單只是建立在武力之上，尙須植基於經濟的繁榮及有活力的民主政治，亦須建立在堅強的盟邦、友誼與國際制度之上，這些要素促使美國與其他國家在相同目的下，增進自由、繁榮與和平。」[39] 小布希政府時期的「國家安全戰略」因911恐怖攻擊事件影響，認爲美國應積極運用所擁有支配性軍事及其他權力，改變目前混亂和危險的世界體系，以營造一種符合美國的偏好，反映美國的利益和價

---

[35] The White House, *A National Security Strategy for a New Century* t (Washington D.C.: The White House, 1998), pp.25-38.

[36] The White House, *A National Security Strategy for a New Century* (Washington D.C.: The White House, 1999), p.14.

[37] The White House, *A National Security Strategy for a Global Age* (Washington D.C.: The White House, 2000), p.46.

[38] The White House, *The National Security Strategy of the United States of America* (Washington D.C.: The White House, 2002), p.29.

[39] The White House, *The National Security Strategy of the United States of America* (Washington D.C.: The White House, 2006), p.*ii*.

值，從而保障美國國家安全的國際秩序。[40]但是，當美國全球反恐獲得勝利後，我們可看出，美國對區域與國際問題的解決，仍然是呼籲採取合作的態度共謀問題的解決。總之，美國「國家安全戰略」的思維，國際關係相關理論是其不可或缺的理論來源。

二、政策宣示的作用

依據《高尼法案》，總統向國會提交的「國家安全戰略」，須對下列事項進行說明及討論：第一，美國在全球的利益，目標對美國本身而言是至關重要的；第二，美國外交政策、全球的承諾及嚇阻侵略與完成美國「國家安全戰略」的防衛能力；第三，運用短期與長期政治、經濟、軍事與其他國力的要素，以保護或促進利益，並且達成第一要項中所論述的目標；第四，適當的能力以執行美國「國家安全戰略」，包括對國力諸要素平衡的評估，以支撐「國家安全戰略」的完成；第五，有助國會知悉關於「國家安全戰略」事務資訊的必要性。[41]

綜觀柯林頓政府共提出七份「國家安全戰略」，並區分爲「接觸與擴大的國家安全戰略」、「新世紀的國家安全戰略」與「全球時代的國家安全戰略」，這些戰略皆強調三項主要核心目標，即以有效率之外交及完善之軍事力量，提升國家安全；支撐美國經濟繁榮；提升其他國家的民主。在提升安全方面，考量冷戰後的現實與威脅，一個適度規模的軍事能力與態勢，以滿足美國戰略的多樣需求，包括能力及與區域盟邦一起合作，以贏得近乎同時進行的兩場主要區域衝突，持續追求武器管制協議，以降低核子、化學、生物、傳統衝突的危險與促進穩定。在增進經濟繁榮方面，一個強而有力與整合的經濟政策可做爲刺激全球經濟成長環境與自由貿易，以及迫切要求國外市場的開放及平等進入。在促進民主方面，經由保護、鞏固與擴大自由市場民主國家社群，一個民主擴大的架構增進美國的

---

[40] 劉阿明，《布希主義與新帝國論》〈北京：時事出版社2005年12月〉，頁1。

[41] Don M. Snider, The National Security Stratey: Documenting Strategic Vision, internet available from http://www.dtic.mil/doctrine/jel/research_pubs/natlsecy.pfd, accessed August 12, 2008.

安全，美國的努力聚焦於強化重要新興民主國家民主的進展，包括俄羅斯、烏克蘭與其他前蘇聯的新興獨立國家。[42]

小布希政府2002年「國家安全戰略」則清楚說明：「其戰略將基於一個與眾不同之美式國際主義，以充分反應美國價值與利益。此戰略之目標在於協助建立一個更安全且更美好的世界，美國目前致力推動之目標極爲明確，即政治與經濟自由、與其他國家之和平關係、並尊重人類之尊嚴。」[43]另外，2006年「國家安全戰略」闡述：「該戰略主要由兩大柱石所構成。首先，第一個柱石在增進自由、正義與人性尊嚴，其作用在終止獨裁，增進有效率的民主政治，經由自由及公平貿易與明智的發展策略來延續繁榮。自由的政府對其人民是負責任的，對其領土遂行有效管理，採行有利人民的政經政策，自由的政府不會壓迫人民及以武力攻擊其他自由的國家，和平及國際穩定須建立在自由的基礎之上。第二個柱石爲領導正在茁壯的民主社會來迎接挑戰，我們所面對的問題從跨國之傳染病、大規模毀滅性武器、恐怖主義、人口販賣到天然災害等威脅，有效率的多邊國家努力是處理問題的重心，而歷史也證明，只有當我們盡責任時，其他國家才會盡他們的責任，所以美國必須持續領導世界。」[44]兩位美國總統的「國家安全戰略」即是向國際宣示，美國將領導世界走向自由、和平之路，但「國家安全戰略」擘畫的大戰略構想，仍須以美國國家利益及價值爲主要考量。

三、指導國防次級戰略的作用

如前所述，依照1947年《國家安全法》第108款及1986年《高尼法案》第603款規定，總統就職150天以內須向國會提交「國家安全戰略」

[42] The White House, *A National Security Strategy of Engagement and Enlargement* (Washington D.C.: The White House, 1995), p.27.

[43] The White House, *The National Security Strategy of the United States of America* (Washington D.C.: The White House, 2002), p.1.

[44] The White House, *The National Security Strategy of the United States of America* (Washington D.C.: The White House, 2006), p.*ii*.

報告。[45]另外，依據「眾議院」1999年8月5日，第106次會期第一次會議記載，「四年期國防總檢」應該與「國家安全戰略」一致。[46]此從柯、布政府發佈的三次「四年期國防總檢」[47]可看出其脈絡一貫的關係，例如，1997年之「四年期國防總檢」清楚說明：「依據全球態勢之分析，國防部已擬訂一套周延的『國防戰略』，俾因應當前與未來的局勢，確認必須的軍事戰力、規範支持獲得此種戰力所需的計畫與政策。」再者，基於美國總統擬定的「國家安全戰略」，國防部也確定美國近、遠程的「國防戰略」必須賡續塑造戰略環境，精進美國的利益、具備回應各種強度威脅的能力，以及為明日的威脅與風險預作準備。這套戰略的基本思維反映一個無可避免的事實：「身為全球強權須挺身捍衛全球的利益，故美國須持續以外交、經濟與軍事作為，參與國際事務。」。[48]

此外，2001年「四年期國防總檢」雖然沒有在報告中提及美國「國家安全戰略」，然而比對歷年「國家安全戰略」所揭櫫如何提升美國的安全，從該次「四年期國防總檢」強調的重點，亦可看到美軍強化軍事能力，以防危害美國內外利益的論述。例如，在該「四年期國防總檢」中說明兵力規劃應如何防衛美國、建立前進嚇阻的兵力、保有美軍具有同時在兩個戰區中迅速擊退敵人的能力、擁有能執行較小規模之緊急應變行動。[49]這些概念與2000年「國家安全戰略」，論及對威脅及危機回應的指導是一致的。[50]

---

[45] The Information Warfare, National Security Act, p.25, internet available from http://www.iwar.org.uk/sigint/resources/national-security-act/1947-act.htm, accessed December 26 & Clark A. Murdock and Michele A Flournoy, Beyond Goldwater-Nichols: US Government and Defnese Reform for a New Strategic Era, Phase 2 Report, p.28, internet available from http://www.csis.org/media/csis/pubs/bgn_phz_report.pdf, accessed September 12, 2008.

[46] QDR Legislation, internet available from http://www.qr.hq.af.mil/QDR_Library_Legislation.htm, accessed January 22, 2008.

[47] 美國國防部先後於1997、2001、2006年出版三次「國防四年期總檢」。

[48] *The Report of the Quadrennial Defense Review*, internet available from http://www.fas.org/man/docs/msg/html, accessed January 3, 2008.

[49] *Quadrennial Defense Review Report*, internet available from http://www.defenselink.mil/pubs/pdfs/qdr2001.pdf, accessed January 4, 2008.

[50] The White House, *A National Security Strategy for a Global Age* (Washington D.C.: The White House, 2000), pp.46-49.

2006年「四年期國防總檢」陳述，國防部在2005年3月公布的「國防戰略」是「四年期國防總檢」的戰略基礎。[51]該「國防戰略」說明美國國防部正執行總統於「國家安全戰略」中清楚闡述前進部署防衛自由的承諾，「國家安全戰略」勾勒將來可能面對挑戰的處理方法，而不僅限於美國現行已完備者。美國的意圖是建立全世界有利的安全條件，並且持續轉型美國所關心的安全議題、規劃戰略目標與調適，俾達成功之目的。[52] 2005年「國防戰略」則直陳：「如2002年總統國家安全戰略的指導，我們會善用有利的位置，以建立更安全、更美好的世界，有利人類的自由、民主及自由的企業。」[53]此外，美國「國家軍事戰略」也是以「國家安全戰略」的指導爲依歸，例如2004年「國家軍事戰略」（National Military Strategy）明確敘述「國家安全戰略」爲其戰略指導：「總統的國家安全戰略申明，協助使世界不僅更安全且更美好的國家承諾。」另外，該「國家軍事戰略」也述明：「藉由建立一系列廣泛的國防目標，『國防戰略』支持『國家安全戰略』，此指導國防部安全活動及提供『國家軍事戰略』的方向。」。[54]

此外，國防部「呈總統及國會的年度報告」，也是以「國家安全戰略」爲指導，例如1995年的年度報告即說明：「政府當局的國家安全戰略認知，美國持續所面對的是嚴重威脅及無可迴避相互依賴事實等兩者。」[55] 2001年國防部「呈總統與國會的年度報告」則載明：「對於所處安全環境的挑戰與機會，政府當局已詳盡闡述『國家安全戰略』，以提升及防衛美國全球的利益，美國會維持海外的接觸，努力協助安全、自由市場與民主國家社群的擴大，並且在安全與繁榮中建立新的夥

[51] *Quadrennial Defense Review*, internet available from http://www.comw.org/qdr/06qdr.html, accessed January 4, 2008.

[52] *The National Defense Strategy of the United States of America*, internet available from http://www.defenselink.mil/news/Mar20050318ndsl.pdf, accessed January 4, 2008.

[53] *The National Defense Strategy of the United States of America*, internet available from http://www.defenselink.mil/news/Mar2005/d20050318nds1.pdf, accessed January 21, 2008.

[54] *The Military Strategy of the United States of America*, internet available from http://www.defenselink.mil/news/Mar2005/d20050318nms.pdf, accessed January 21, 2008.

[55] William Perry, *Annual Report to the President and the Congress* (Washington D.C.: DOD, 1995), p.2.

件。」[56]其次，美國「蘭德公司」（RAND）戴維斯（Lynn Davis）及夏比洛（Jeremy Shapiro）在他們所著《美國陸軍與新國家安全戰略》（*The U.S. Army and the New National Security Strategy*），也說明「國家安全戰略」有關維持優勢、擊潰全球恐怖主義、化解區域衝突、遏制大規模毀滅性武器之威脅、與全球主要強權發展合作關係等面向，作爲美國軍事戰略及陸軍轉型的參考。[57]

從以上的說明，我們可歸納，美國「國家安全戰略」是其「國防戰略」的指導，所代表的是國家各領域的思維，建立起以其爲中心的思想指導，統一國家對全面環境的認知，以及尋求如何建立有效的安全、經濟與推展民主的政策，以應對美國所面對的挑戰。簡言之，考量國家安全、經濟繁榮與推展民主下，由總統所提出之「國家安全戰略」指導國防部長所提出之「國防戰略」，「國防戰略」並向下指導由參謀首長聯席會議主席所提出之「國家軍事戰略」。此三種戰略，體系層次分明，形成「國家安全戰略」上承國際關係理論，向下指導國防部的建軍與備戰，而國防部所擬的次級戰略則反饋確保「國家安全戰略」三個核心目標的達成，三個戰略相互關係如圖2.6。

---

[56] Donald H. Rumsfeld, *Annual Report to the President and the Congress* (Washington D.C.: DOD, 2001), p.4.

[57] Lynn Davis & Jeremy Shapiro, *The U.S. Army and the New National Security Strategy* (U.S.: Rand, 2003), chapter2, pp.8-16, internet available from http://www.rand.org/pubs/monograph_reports/MR1657/MR1657.ch2.pdf, accessed September 23, 2008.

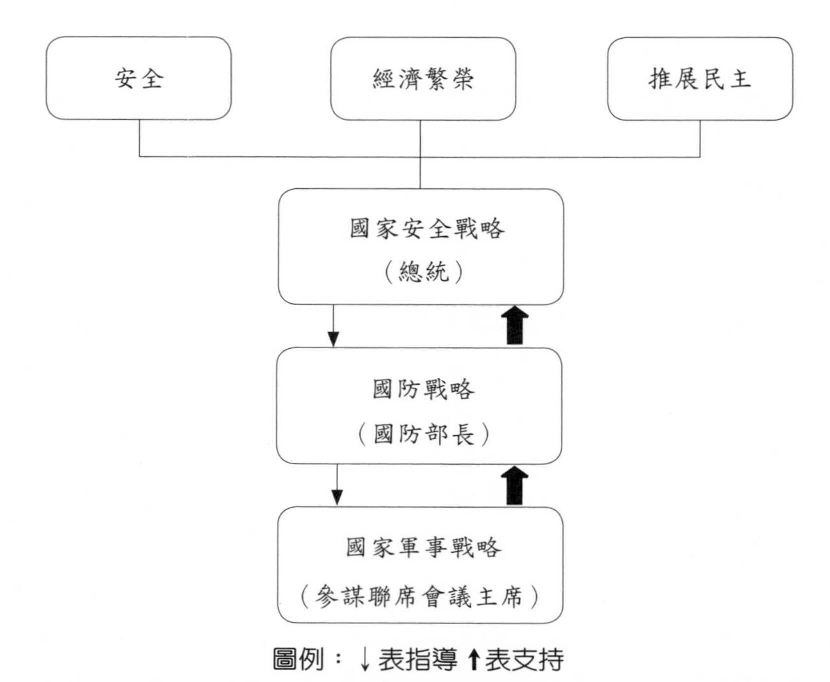

圖2.6　美國國家安全戰略與國防各級戰略關係圖（作者自繪）

第四節　美國國家安全戰略的執行

一、接觸與擴大的國家安全戰略

1995、1996年「接觸與擴大的國家安全戰略」載明：「美國國家安全戰略的中心動力，是維持與調適我們與全世界主要國家的關係，此關係組成我們國際架構重要的部分，其對廣泛議題的合作將是重要的。在安全議題上，我們與盟邦合作的活動包括：執行聯合訓練與演習、協調軍事計畫與準備、分享情報、聯合發展新系統與根據共同的標準管制敏感技術的外銷。新紀元呈現對美國安全不同的威脅，在此新時期，提升美國安全首先需要發展與維持強大防衛能力足以隨時應戰，我們正發展整合方法，以處理由其他國家核武及大規模毀滅性武器引起的威脅。美國的安全也需要強而有力武器管制的努力與強大的情報能力。美國已實施多邊維和行動的戰略，於此新紀元已闡明嚴格的方針在何時與如何使用軍事力量。」。[58]

該戰略也說明：「美國面對並非軍事性的安全風險，一個正崛起的跨國環境與天然資源議題，以及快速人口成長及難民的流竄，正逐漸影響國際穩定與最後將呈現對美國戰略的新威脅。其他跨國的議題，如恐怖主義、麻醉藥品的走私與組織犯罪，對美國政策有安全的意涵：藉技術革命使資訊、金錢與人員可更快速行動，流氓國家豢養及窩藏的恐怖分子、製造毒品國際組織犯罪大亨，雖然這些對美國安全有威脅的組織都設於美國境外，但是一樣對美國的戰略呈現新的挑戰。」。[59]

二、新世紀的國家安全戰略

1997年「新世紀的國家安全戰略」述明：「雖然我們須時時刻刻準備單獨行動，但是當狀況需要時或引領特定任務時，我們無法期待每次均自力達成我們外交政策目標。我們安全準備的重要因素之一，乃依靠我們與盟邦及友好國家的持久關係；因此，戰略的中心要旨即在加強及適應與關鍵國家的安全關係，以及當需要時建立新的架構。經由努力所促成之例子，包括：北約的擴大、『和平夥伴的關係』、『亞太經濟合作』（Asia Pacific Economic Cooperation, APEC）論壇的承諾及『美洲高峰會』，以及致力於擴大自由貿易與投資。在其他時刻，須利用我們外交、軍事及經濟實力，在任何正式組織之外，去形塑一個有利的國際環境，這一方法對增進如中東、北愛爾蘭等地區和平及廢除烏克蘭、哈薩克、白俄羅斯等國家核武器、支持南非的轉型、特別是在全面援助俄羅斯與新興獨立國家的計畫中已獲致良好成果。」。[60]

爲實踐「國家安全戰略」以達較安全及繁榮的明天，一切均依柯林頓

---

[58] The White House, *A National Security Strategy of Engagement and Enlargement* (Washington D.C.: The White House, 1995), p.8 and *A National Security Strategy of Engagement and Enlargement* (Washington D.C.: The White House, 1996), p.21.

[59] *Ibid.*, p.21.

[60] The White House, *A National Security Strategy for a New Century* (Washington D.C.: The White House, 1997), p.8.

總統1997年「國情咨文」演說中，關於戰略優先選項的指導：

（一）促進一個團結、民主及和平的歐洲。

（二）創造一個強大與穩定的亞太社群。

（三）持續使美國居於和平最重要力量的領導地位。

（四）透過更公開及競爭之貿易體系，為美國國民創造更多的工作及機會，而使其他國家也能蒙受其利。

（五）加強合作以因應國際間之新安全威脅。

（六）強化軍事及外交方式使之足以因應這些挑戰。[61]

該戰略進一步闡述：「當我們身處在新世紀的邊緣，藉由提升開放的社會及市場，使美國的利益與美國的價值相互一致，我們『國家安全戰略』將會持續保障人民的生活。美國涉入世界事務有其侷限性，我們必須有選擇的運用我們的能力，而我們所做的這一選擇須在促使美國更安全、繁榮及自由的目標指引下。但是，我們也確認假如美國今日不遂行領導，明日我們將承擔因疏忽而造成的後果。美國對全球利益與責任不能撒手不管，否則，人民的安全與繁榮將遭受危害。我們也知道接觸須依靠於美國人民及國會承擔防衛美國利益的費用、精力，當無其他選擇時，也可能賠上美國人民性命。因此，我們須促進廣泛的大眾認同與國會兩黨必要的支持，以維持我們國際接觸政策。面對大眾反對的某些決定時，最終判斷取決是否可促進美國人民的長期利益。」。[62]

1998年「新世紀的國家安全戰略」陳述：「美國領導全球的努力，將持續以柯林頓總統戰略為優先指導原則：促使各區域由民主國家社群來領導，以促進世界主要區域的和平與繁榮，強化合作或單邊解決，以因應跨國安全威脅，加強軍事、外交與執法所需的手段，以應付這些挑戰，並經由嘉惠於世界之更開放的競爭經濟體系，為美國人創造更多工作與機會。美國介入世界事務是有其限度的，故對於應用力量是有選擇性的，

[61] William Clinton, State of the Union 1997, internet available from http://partners.nytimes.com/library/politics/uniontext.html, accessed January 22, 2008.

[62] The White House, *A National Security Strategy for a New Century* (Washington D.C.: The White House, 1997), pp.8-9.

而我們所做的選擇，須總是促進我們擁有一個更安全、繁榮與自由美國爲指導目標。只要是對我們有利的，我們隨時準備單邊行動，但我們的許多安全目標須透過盟邦與其他正式安全組織，或由我們擔綱的特遣部隊，方能達成最佳成效。與盟邦及友好國家持久的關係，對我們的安全是重要的。我們戰略的中心動力，是強化與調適我們與全世界主要國家的安全關係，以及當需要時建立新的關係與組織。此等例子，包括北約擴張、『和平夥伴關係』（Partnership for Peace）、『北約—俄羅斯聯合永久委員會』（NATO-Russia Permanent Joint Council）、『非洲危機回應機制』（African Crisis Response Initiative）、『東協區域論壇』之區域安全對話與『美洲高峰會』（Summit of the Americas）所採用之半球安全機制。在其他時候，我們利用我們外交、經濟、軍事與資訊力量，在正式的組織之外，形塑一個較有利的國際環境，此一方法在許多方面已產生效果，如從烏克蘭、哈薩克與白俄羅斯消除大規模毀滅性武器，我們對俄羅斯及其他新興獨立國家的『全面援助方案』（Comprehensible Assistance Package）、北愛爾蘭的和平進展，以及對南非轉型的支持。保護我們人民與國內重要基礎設施，是我們安全戰略固有的要素，國內與外交政策的界線正愈變愈模糊。全球化使其他國家、恐怖分子、罪犯、毒品非法走私者與其他不法者，以新的方式挑戰我們人民的安全與邊界的安全，新的安全挑戰由全球化所形成，需要我們各級政府緊密合作——聯邦、州與地方——以及跨政府的其他眾多部門，包括國防部、國務院、情報界、執法、緊急救援單位、醫療提供單位與其他部門。保護我們重要的基礎設施，需要政府與產業新的夥伴關係，形成這些新的組織與關係將會是項挑戰，但爲了確保國內的安全，我們必須完成，並避免對方利用我們的弱點，進而腐蝕我們保護海外利益的決心。正確的海外接觸，端視美國人民協同一致。然而，當面對大眾反對的時候，某些決策最後須由是否能促進美國人民長期的利益來裁決。」。[63]

---

[63] The White House, *A National Security Strategy for a New Century* (Washington D.C.: The White House, 1998), pp.8-10.

1999年「新世紀的國家安全戰略」則說明：「國際合作對建立下一世紀安全將是重要的，因爲我們所面對的許多問題無法由單一國家應對，藉由運用我們的影響力及能力，透過國際組織、我們的盟邦或對特定目標臨時編組聯合部隊的領袖，許多我們的安全目標，可由最好或最合適的方式達成。在聯合國及其他國際組織的領導下，以及與盟邦友好國家持久的關係，對我們國家安全是重要的。我們戰略的中心目標，是強化及推動與世界主要國家的正常關係，當需要時，創立新的關係與組織及提升友好國家的能力，以行使區域領導支持共同目標。在平時，藉由與有志一同的國家建立聯合部隊，我們尋求在正式組織之外形塑有利的國際環境。但最有利於我或別無他法時，我們須做好單獨行動的準備。成功需要一個整合的方法，將所有能力用於達成我們安全目標所需的地方——特別是在國內與國外政策愈來愈重疊的年代。爲達有效形塑國際環境及回應全面的威脅，我們的外交、軍力、其他外交手段與國內準備的努力必須緊密協調，我們會持續加強及整合所有的力量。在國內，我們須有足夠的能力回應與瓦解恐怖分子的行動，反制國際犯罪及外國情報蒐集，以及保護我們重要的基礎設施，我們致力反制這些威脅，需要聯邦單位、州及地方政府、擁有及經營重要國家基礎設施的產業、非政府組織與其他私有部門緊密合作。」。[64]

三、全球時代的國家安全戰略

2000年「全球時代的國家安全戰略」闡明：「進入21世紀，美國必須持續適應全球化所帶來的改變，如我們促進與世界最有影響力國家緊密合作關係，同時保持形塑對我們福祉與生活方式會有負面影響（adverse effect）的國家。一個穩定、和平的國際安全環境，是一個國家所想要的目標。在此目標下，國家、百姓與利益不會受到威脅。藉由促進一個乾淨的全球環境與有效的策略，以對抗傳染疾病，對提升我們人民的健康與安全的工作是重要的。我們須持續努力，以確保美國透過愈來愈開放的國際

[64] The White House, *A National Security Strategy for a New Century* (Washington D.C.: The White House, 1999), pp.3-4.

市場與全球經濟的持續成長，以及愈來愈能被接受的民主價值、尊重人權與法治。」。[65]

該戰略第二章，描述如何試圖利用美國配置的機制，以執行接觸戰略，並在過程中達成美國與其他國家在21世紀願景的目標——安全、繁榮與民主。美國戰略提升美國安全有三個主要手段，即形塑國際安全環境、回應威脅與危機，以及爲不確定的將來未雨綢繆。

（一）形塑國際環境

首先，在形塑國際環境方面，美國認爲：「透過多種不同方式，尋求形塑國際環境，包括外交、經濟合作、國際援助、武器管制與不擴散努力、軍事部署與接觸活動以及全球健康的倡議，經由提升區域安全來促進經濟的合作及支持海外軍事活動，這些活動促進美國的安全，國際執法的合作與環境的努力及預防、降低或嚇阻我們今天所面對的多樣威脅。這些措施可調適與強化盟邦與友好國家，維持美國在主要地區的影響力，以及鼓勵遵守國際規範。爲能提供聯邦單位各種不同的海外支援，美國情報社群全面蒐集與分析的能力是必須的，俾提供美國國家安全的預警，給予政策分析、執法與軍事社群的支援、使有近乎即時情報與同時維持全球的洞察力、辨識機會與促進我們的國家利益，維持我們在國際領域的資訊優勢，我們將監督對美國安全最嚴重之威脅列爲最優先的政策。這些包括可能危害美國國家與其他實體，核生化武器的擴散與輸送的方式，其他跨國威脅與對我們重要基礎設施的威脅，諸如電腦網路攻擊，可能對美國國家安全利益產生影響之潛在區域衝突，非法經濟或未受到控制的難民湧入，以及威脅美國海外部隊與僑民。」。[66]

（二）回應威脅與危機

其次，在回應威脅與危機方面，美國強調：「因爲我們獨自形塑國際

[65] The White House, *A National Security Strategy for a Global Age* (Washington D.C.: The White House, 2000), p.18.
[66] *Ibid.*, pp.18-19.

環境不能保證我們所尋求的安全，美國須能夠回應海內外全面的威脅及可能出現的危機。因爲我們的資源是有限的，對回應須是有選擇性的，集中於直接影響我們利益的挑戰，與何時及何處我們的接觸有最大之正面影響。我們必須用最適當的方法或結合——外交、公眾外交、經濟措施、執法、情報、軍事作戰與其他方式——當其他國家與我們分享利益，我們與盟邦或夥伴國家一同行動，但當令人注目的國家利益有需要時，將採取單邊行動。」。[67]

（三）為不確定的將來未雨綢繆

第三，在為不確定的將來未雨綢繆上，美國聲明：「我們須爲不確定的將來做準備，正如我們應對今天安全的問題。我們須嚴密考慮國家安全機制，確保有效適應其組織以符合新的挑戰，這意味著必須改善我們的能力與組織——外交、國防、情報、執法與經濟——以快速行動，面對今天持續變動與高度複雜的國際安全環境的新機會與威脅。假如在國家動員需要時，我們也須有一個強大、競爭、技術領先、更新與回應工業的研究及發展基地，有資源與能量支持災難回應與復甦的努力。在戰略上，我們軍事的轉型需要在六個領域的整合行動：包括公共設施的概念發展與實驗、聯合概念的發展與實驗、健全的步驟以執行公共設施與聯合社群之改變、集中科學與技術的努力、國際轉型活動、促進文化大膽改革與活力領導之人員發展新方法。軍事的轉型需要在三個主要重要財政優先項目上達到平衡：維持我們今天部隊形塑與回應；現代化以保護我們部隊長期的戰備；利用『軍事事務革命』確保我們維持無與匹敵的能力，以有效形塑與回應未來。轉型也意味著採取謹慎的步驟，將我們處於能夠有效反制顯著威脅的位置——特別是不對稱威脅。」。[68]

---

[67] *Ibid*., p.34.
[68] *Ibid*., pp.50-51.

四、小布希政府的國家安全戰略

2002年的「國家安全戰略」敘述：「今日的美國在世界上擁有空前——且無可匹敵——的力量與影響力。基於自由原則之信念及自由社會之價值，此地位亦帶來了前所未有的責任、義務與機會。美國強大的國力須用於促進追求自由之權力平衡。在20世紀大部分時間，全世界因爲一場大規模的理念之爭而陷入分裂：一邊是充滿毀滅性的極權主義，另一邊則是自由及平等。那場大規模理念之爭，已成爲歷史。那個原本承諾爲人們創造理想國，但卻帶來無盡苦難的階級、國家及種族好戰願景，已宣告破滅並爲世人所唾棄。惟美國目前受到窮兵黷武國家之威脅程度，遠不若那些失能的國度；而我們受敵軍艦隊與軍隊之威脅，更遠不若少數滿懷仇恨者所擁有之毀滅性科技。我們須徹底瓦解對美國、盟邦與友邦的威脅。然而，此時亦是美國的契機。我們將致力轉換此充滿影響力的時刻，成爲未來數十年的和平、繁榮與自由。美國的『國家安全戰略』將建立在美國特有國際主義的基礎之上，以充分反映我們的價值與國家利益。這份『國家安全戰略』之目標，在於促成一個更安全且更美好的世界。」。[69]

美國目前致力推動的目標極爲明確：「那便是政治與經濟自由、維持與其他國家之和平關係、並尊重人類之尊嚴。這並非專屬美國自己的路線，任何國家只要願意均可參與。爲達成這些目標，美國必須：

（一）追求人類尊嚴的理想。

（二）強化聯盟關係以擊潰全球恐怖主義，並致力預防美國及盟邦遭到恐怖攻擊。

（三）與各國共同合作化解區域衝突。

（四）預防敵人使用大規模毀滅性武器威脅美國、盟邦及友邦。

（五）透過自由市場與自由貿易，開創全球經濟成長之新時代。

（六）透過社會開放與建立民主基本架構，擴大發展範圍。

（七）配合全球主要權力核心，發展合作行動之議程。

---

[69] The White House, *The National Security Strategy of the United States of America* (Washington D.C.: The White House, 2002), p.*i*.

（八）推動美國國家安全機構轉型，以因應21世紀之挑戰與機會。[70]

2006年的「國家安全戰略」則再次強調：「使每一國家與文化尋求及支持民主運動與制度，是美國的國策，最終目標即在於結束暴政。在今日的世界，政權的基本地位與權力分配同等重要，我們運籌帷幄的目標，就是要促成一個由民主與善政國家所構成的世界，可充分滿足百姓的需要，同時在國際體系內負起應有之責任。這才是爲美國人民創造永續安全的最佳方式，達成這個目標需要數代人們的努力。美國現在正處於一場長期抗戰的初期，正如冷戰早年所面對的情況一般。20世紀見證了自由可戰勝法西斯及共產主義的威脅。然而，新的極權主義意識型態卻開始威脅我們，此種意識型態是對輝煌宗教的曲解，而不是以世俗觀點出發。其內涵雖然與上世紀的各種意識型態不同，但手段卻如出一轍：都是運用排外、謀殺、裹脅、奴役、壓迫等手段。」。[71]

「我們須效法前賢，爲美國迎接當前挑戰奠定基礎並建立必要的制度。美國須置重點於探討下列數項基本任務：

（一）追求人類尊嚴的理想。

（二）強化聯盟關係以擊潰全球恐怖主義，並致力預防美國及盟邦遭受攻擊。

（三）與各國共同合作化解區域衝突。

（四）預防敵人使用大規模毀滅性武器威脅美國、盟邦及友邦。

（五）透過自由市場及自由貿易創造全球經濟成長的新時代。

（六）透過推動社會開放與建立民主基本架構，擴大發展範圍。

（七）配合全球主要權力核心，發展合作行動之議程。

（八）推動美國國家安全機構轉型，以因應21世紀的挑戰與機會。

（九）掌握機會並迎接全球化的挑戰。」[72]

---

70 *Ibid.*, pp.1-2.

71 The White House, *The National Security Strategy of the United States of America* (Washington D.C.: The White House, 2006),p.1.

72 *Ibid.*, p.1.

第五節　小　結

柯林頓政府時期共出版七份「國家安全戰略」，並區分爲「接觸與擴大的國家安全戰略」、「新世紀的國家安全戰略」與「全球時代的國家安全戰略」。雖然小布希政府的「國家安全戰略」，沒有像柯林頓政府，以淺顯易懂的方式表達其戰略的核心目標，但是歸納其內容，可發現確保國家安全仍是最高優先（如成立國土安全部、打擊恐怖組織及大規模毀滅性武器等），促進全世界的經濟繁榮亦是其戰略所要闡述的核心（如推動自由貿易與自由市場），而推動民主，更是小布希總統念念不忘者（如強化外援及協助受援國民主轉型與鞏固），在其任內分別於2002年、2006年提出「國家安全戰略」。

在提升美國的安全上，美國認爲須維持一個強大的軍力，以應對主要戰區的戰爭、應付緊急事件，並進行海外部署。在應對國際恐怖分子的政策上，是不對恐怖分子讓步，持續對資助恐怖主義國家施壓，全面利用所有可用的合法機制，懲罰國際恐怖分子及協助他國政府進行打擊恐怖主義的能力。對打擊全球毒品濫用及非法交易，需要較佳整合之國內與國際活動，以降低毒品之供給與需求。美國已調整從前強調轉運的制止，到與來源國家的合作，以建立制度、摧毀非法交易組織與阻止供應的戰略，美國支持與加強海外民主制度、拒止麻醉藥品交易者所運用的脆弱政治基礎。美國也會與他國政府合作，以展現對抗麻醉藥品威脅的政治意志。此外，大規模毀滅性武器與輸送系統，對美國盟邦及其他友好國家安全所造成的威脅。因此，「國家安全戰略」重要的部分，是尋求阻止此類武器的擴散，並且發展有效的能力以處理這些威脅，美國也須維持強大的戰略核武力及尋求履行戰略武器管制協議。

在增進繁榮上，「國家安全戰略」的中心目標，是經由海內外的努力促進美國的繁榮，美國的經濟與安全利益愈來愈分不開，美國國內的繁榮倚靠於主動海外的接觸、美國的外交力量、一個沒有對手的軍事力量與美國價值的吸引力，爲達成這些目標須倚靠經濟的力量。所以，首先美國須提升其整體經濟的競爭力，除降低聯邦預算赤字外，也須恢復投資信心。

第二，強化資方與勞工的夥伴關係，美國的「經濟戰略」視私人企業爲經濟成長的火車頭（engine），視政府的角色是私人部門的夥伴，爲美國商業利益的支持者，在國際市場協助提升美國的外銷，以及消除國內外美國商業的創造力、主動性與生產力的障礙。此外，對提升使用國外市場、「北美自由貿易協定」（North America Free Trade Agreement, NAFTA）、「亞太經濟合作」、「關稅及貿易總協定」（General Agreement on Tariffs and Trade, GATT）與「世貿」、「美日架構協議」、「美洲高峰會」、加強總體經濟的協調、提供能源安全及促進海外長期的發展亦多所著墨，冀望經由這些措施來增進美國的經濟繁榮。

在促進民主方面，「國家安全戰略」強調，與新興民主國家合作，以協助維護他們做爲民主國家、承諾自由市場及尊崇人權，是「國家安全戰略」最主要部分。美國民主戰略的優先要素，是與世界其他民主國家合作，並且促進美國與他們在經濟及安全議題的合作，同時也尋求他們的支持，以擴大民主國家的範圍。

總之，美國「國家安全戰略」是以提升美國海內外的安全爲首要目標，並且在安全的基礎上逐步推動美國的經濟繁榮，並藉美國強大的經濟實力，經由外援、維和與人道救援等方式，協助推動全世界的民主化，以及鞏固致力民主轉型國家的成果。雖然提升安全、增進經濟繁榮與促進民主三者，在其「國家安全戰略」論述有前後之分，然實爲一體，關係密切並互爲影響。簡言之，該戰略希望在此三個面向的努力，能夠在未來開創一個有利於美國，持續領導全球的國際環境與政治體系。

第三章　國際政治主流理論探討

We must always retain our superior diplomatic, technological, industrial and military capabilities to address this broad range of challenges so that we can respond together with other nations when we can, and alone when we must.

William J. Clinton

我們須持續在外交、技術、工業及軍事能力維持優勢，以應付範圍廣泛的挑戰，如此在我們可以時，可與其他國家一同回應，當必要時我們也可以單獨行動。

（柯林頓・1997年國家安全戰略）

冷戰結束後，美國成爲國際超級強權，整體國力遠遠凌駕各國之上。由於關心在各地區的利益，所以也經常介入各地區的紛爭與衝突。而美國「國家安全戰略」爲其國家的「大戰略」，涵蓋的範圍甚廣，若我們在解析該戰略時，僅從字裡行間分析其內涵，便容易陷入以管窺天難解其全貌的迷思。本章以國際關係中最常討論的新現實主義、新自由主義與民主和平理論爲基礎，用以檢驗柯林頓及小布希政府「國家安全戰略」，希望從理論的視角切入，深入解讀該戰略的深層意涵。

第一節　國際政治主流理論發展

一、國際政治理論之三次辯論

西德學者沈丕爾（Ernst-Otto Czempiel）認爲國際政治科學誕生的日期爲1919年5月30日，當天，英、美兩國出席巴黎和會的代表團，同意在其國內設立一個研究機構，從事國際關係的研究。國際政治自政治學獨立成爲一門獨立的學科以來，迄今未足百年，在眾多的學科當中仍是屬於年輕的學科之一。[1]其後，由於國際事務產生巨大的變化，國際政治理論亦歷經三次的辯論。第一次辯論發生於第一次世界大戰至第二次世界大戰爆發前，爲理想主義與現實主義的辯論，理想主義主張建立某種世界政府、世界組織，或創造對各個主權國家具有約束力的國際法準則，來促進國際社會的合作，鞏固國際秩序，以及永遠避免戰爭，在具體行動上，美國總統威爾遜建立「國際聯盟」，以及美、法等國發起簽訂巴黎非戰公約之一類的實踐與努力。[2]然而，1930年代「國際聯盟」的挫敗，以及君主政體的瓦解，使得許多地區變成更爲壓迫的集權國家，蘇聯即是明顯的例子，尤其希特勒入侵波蘭、第二次世界大戰的爆發與蘇聯併吞波羅地海等國

---

[1] 彭懷恩，《國際關係與國際現勢Q&A》（臺北：風雲論壇，2005），頁10。
[2] 陳漢文，《在國際舞臺上》（臺北：谷風初版社，1987），頁7-8。

家，[3]均顯示理想主義烏托邦理論無法解決國際爭端。由於「國際聯盟」無法有效維持世界和平，解決會員國之間的衝突，甚至爆發人類史上最大傷亡的第二次世界大戰，導致現實主義的抬頭。[4]

1950年代美國在社會科學研究的方法日趨多元，開啓國際政治理論的第二次辯論，除傳統學派的研究方法外，行爲科學派興起，使得兩大研究學派在方法論的辯論激起漣漪。由於第一代的國際關係研究學者多爲歷史學家、法律學家、外交家或記者，故傳統學派根源於歷史、法律、哲學等學術領域爲主。[5]學者蔡政文亦指出個人經驗、直覺，也是建構國際政治通論的重要因素。[6]行爲科學派則主張以嚴謹的科學方法來探討政治現象，希望透過經驗理論、技術分析及驗證的方法，有系統的研究政治模式。[7]此兩研究學派各自貢獻所長，豐富國際政治理論的發展，使國際政治研究除強調質化的研究外，量化也是研究國際政治不可或缺的工具。

美國學者傑克森（Robert Jackson）與索仁森（Georg Sorensen）指出第三次辯論爲新現實主義與新自由主義對上新馬克斯主義的辯論，本次辯論聚焦的問題是關於資本世界體系、互賴與第三世界發展嚴重不足的議題。國際政治經濟議題爲本次辯論的主軸，自由派的國際政治經濟學者認爲國際資本主義（international capitalism）是漸次改變所有國家的工具，不管這些國家是處於何種發展階段。反之，新馬克斯學派的國際政治經濟學者則視國際資本主義是已開發國家剝削第三世界的工具。對於國際政治經濟不同的觀點，顯現在分析以下三種重要與關聯的國際政治經濟議題之上。第一，是關於經濟的全球化是否對國家經濟產生影響。第二，是關於在經濟全球化進程中誰輸誰贏的議題。第三，是我們應如何看待經濟與政治的相對重要性。毫無疑問，由於第三次辯論將主題從政治與軍事議題導

[3] James Dougherty and Robert Pfaltzgraff, *Contending Theories of International Relations* (New York: Priscilla Mcgeehon, 2001), p.15.
[4] 蔡政文，《當前國際政治理論發展及其評估》（臺北：三民書局，民86年），頁53。
[5] Robert Jackson and Georg Sorensen, *Introduction to International Relations* (New York: Oxford University Press, 2003), p.45.
[6] 蔡政文，《當前國際政治理論發展及其評估》，頁60。
[7] 前揭書，頁60。

向經濟與社會問題，進一步複雜化國際關係學門的研究議題。[8]

二、新現實主義與新自由主義

新現實主義與新自由主義兩者可視爲國際政治傳統理性主義兩大支脈，而非相互競爭者，關於兩者間之辯論可從新現實主義與新自由主義的觀點、異同、批評等三個部分加以剖析。

（一）新現實主義與新自由主義的觀點

在國際政治研究中，新現實主義與新自由主義共同分享幾個中心假設的研究方法，包括結構國際無政府狀態、各行爲者均有自助的傾向與各行爲者能力不同。新現實主義首由華爾茲在渠所著「國際政治理論」（1979）一書中提出，他修正自摩根索（Morgenthau）以來傳統現實主義的觀點，並建立一個高度抽象與簡約的層次理論，依照華爾茲的說法，國際政治可經由其所提三個非常著名的原則加以了解。

1.秩序原則（Ordering Principle）

華爾茲對於國內及國際政治做了一個明顯的區分，對於前者而言，可視爲明顯之階級指揮體，而後者則可視爲無政府狀態。[9]

2.相似單位體（Similar Unit）

因爲結構爲無政府狀態，體系內所有單位體必須依靠本身力量才能生存與發展，其結果是體系內各單位必須自助，並且執行相同的功能。[10]

3.權力的分配（Distribution of Capabilities）

在結構無政府狀態下，所有單位體執行相同的功能，單位體間唯一的不同，即其對於物質權力的分配，[11]因此華爾茲總結國家爲體系內主要單位體，嘗試以最大威脅平衡其他國家。在華爾茲之後，現實主義學派運用

---

[8] Robert Jackson and Georg Sorensen, *Introduction to International Relations*, pp.58-59.
[9] Kenneth Waltz, *Theory of International Politics* (New York: McGraw-Hill, 1979), p.88.
[10] *Ibid.*, p.93.
[11] *Ibid.*, p.97.

華氏之結構理論，來解釋國家行爲及國家與體系的關係。

按照魯奇（John Ruggie）所言，新現實主義可追溯自1950及1960年代理論的整合。1940年代初期，米托尼（Mitrany）發展出「功能論」以解釋國家如何在相關功能方面進行合作，並以此爲基礎延伸至其他領域的合作，此一過程米氏稱爲「分派」（ramification）。在米氏之後哈斯（Hass）提出相似立論，渠藉國家在某一議題的合作基礎上，可擴及其他領域的合作，最後走向政治整合。然而，基歐漢與奈伊（Koehane & Nye）提出「複合相互依存論」來描述國家如何經由多管道聯繫的關係，渠等並且認爲軍事力量不可用於解決國家經濟議題的紛爭。1980年代，基歐漢藉由現實主義之假設，如結構無政府及國家爲自我利益體，持續提出他的理論，他認爲即使在結構無政府狀態下，國家仍可透過機制（regimes）及制度（institutions）找到相互利益及合作基礎。

（二）新現實主義與新自由主義相似點

此兩學派對於國際政治的本質共同分享一些中心的假設：如結構無政府狀態、國家爲主要單位體、國家極大化其利益。如溫特（Alexander Wendt）所稱，此兩理論分享部分假設，使兩者研究方法趨近於傳統理性主義，因兩者皆視單位體在國際政治（主權國家）爲一理性行爲者，並且極大化國家利益爲主要目標。

（三）新現實主義與新自由主義相異點

此兩學派主要差異爲對國家合作可能性之解讀，米爾斯海默（John Mearsheimer）指出，結構無政府狀態將會使合作難以達成及維持。格里科（Grieco）指稱，由於欺騙因素，使國際合作更難實現、更難維持與更依賴國家權勢。[12]另一方面，新自由主義學者則認爲，即使在結構無政府狀態，國家是以自我爲中心，國家的合作是可能的。基歐漢（Keohane）及艾克斯羅德（Axelord）檢視囚徒困境（prisoner's dilemma），此一博

[12] 肖容歡譯，大衛・鮑德溫主編《新現實主義與新自由主義》（浙江：浙江人民出版社，2001年5月），頁5。

弈經常爲現實主義學派，用於驗證合作是不可能的。然而，如反復此一博弈，將某些特定因素：長時間範圍、利害關係的調整與獲得其他行爲體行爲訊息的可靠性、對其他行爲體行爲變化的快速反饋[13]等因素導入反復博弈當中，則會發現雙方傾向於合作更勝於背叛對方，因此國際機制的建立將有助於國家的合作。

由於行爲者回應或參與其他行爲者的偏好調整其行爲，合作是可能發生的。合作在一個有意無意（explicit and tacit）、討價還價的過程中是有談判空間的，合作可能是較強國家與較弱國家關係的一種結果。霸權國家可以提供穩定，以提升較貧窮國家之安全及經濟福祉，就如十九世紀「大英帝國統制下的和平」（Pax Britannica）、或隨後之「美國統制下的和平」（Pax Americana）。霸權藉由提供擴大市場及軍事保護之互利基礎，促成了合作行爲。合作已被界定爲一系列的關係，而這樣的關係不是建立在威懾（coercion）與脅迫（compellence），而是會員國相互同意的法定基礎之上，就如聯合國與歐盟等的國際組織，或者如北約之聯盟關係。由於在國際組織之會員關係，國家可以發展合作的關係，以及我們所稱的國際機制（international regimes），界定爲共同同意的法則（rules）、規則（regulations）、規範（norms）與決策程序（decision-making procedures），在此國家尋求行爲者預期匯流下，來解決爭議的議題。[14]

合作可能起於個人到集體福祉的承諾，或作爲感受自我利益的結果。對於了解合作行爲追求自我利益基礎的古典模式，見諸於的囚徒困境（prisoner's dilemma game），此爲兩個互爲孤立的囚徒，有合作或背叛的動機。假如他們選擇合作，在某種意義上他們不承認犯刑，兩者可能因缺乏證據而釋放；假如一個認罪並希望獲得減刑，另外一個則會較認罪者判更重的刑期。因此，在什麼情況下，人有動機與他人合作以追求自我利

[13] 前揭書，頁92。

[14] James Dougherty and Robert Pfaltzgraff, *Contending Theories of International Relations*, pp.505-506.

益？同理，羅梭（Jean Jacques Rousseau）之「獵鹿博弈」（stag hunt）提出如果大家共同合作，以追求共同目標，則可捕獲公鹿；但是假如有一個或更多的參與者不合作，轉而追捕野兔，則公鹿可能脫逃而去。因此，以合作的方式，則可征服公鹿，並且所有人都可獲得一頓豐盛的食物。對「囚徒困境」與「獵鹿博弈」兩者，合作行爲的關鍵在於每一個人都相信他人將會合作。在缺乏彼此可能都有合作意願的假設下，沒有一個人願意進行合作。因此，合作理論的中心議題植基於自我利益，是由合作所產生之某種程度的相互獎賞，其可取代以單邊行動及競爭爲基之利益概念。藉由兩個國家維持其國際貿易障礙相關的例子，這樣的問題可以說明，假如兩者都取消這樣的障礙，彼此均可獲益，假如一個國家單邊取消這樣的限制，另一方將有進入新市場這樣的動機，因此提供並同時維持其內銷的市場。[15]此即在互惠互利的前提下，行爲體不會受其他行爲體的無節制地剝削，合作方案便可擴大，並可防止行爲體不合作的行爲。[16]

由於國際合作必須在一個寬鬆的條件下進行，在不同文化及地理阻隔單位體間缺乏有效率的組織與規範，而重要的問題是克服關於各國動機及意圖等資訊的不足。合作理論最重要的部份是其動機及利益，合作可以視爲衡量單邊行動的動機。經常性的互動與關於國家合作目標在交換訊息形式的透明，以及發展此一合作模式可以落實的基本制度，代表植基於無政府自我利益國際體系合作理論的構成要素。國際合作理論的討論包含兩個國家的關係或較多國家之間的關係，亦即我們所知的多邊主義。雖然合作的協議經常出現在兩個國家間，國際合作的主要焦點已是多邊的。依照魯奇的說法，其將多邊主義界定爲「在行爲普遍原則基礎上協調三個或以上國家之制度形式」。因此，多邊一詞如此界定是關於行爲的普遍性原則，其可以多重的制度形式來表示，包括國際組織、國際機制與國際秩序，諸如十九世紀末開放的貿易秩序或廿一世紀初的全球經濟。[17]

[15] Ibid., p.506

[16] 肖容歡譯，大衛・鮑德溫主編《新現實主義與新自由主義》，頁104。

[17] James Dougherty and Robert Pfaltzgraff, *Contending Theories of International Relations*, pp.506-507.

此外，兩學派另一個不同點，即是對於相對獲益（relative gains）及絕對獲益（absolute gains）的看法不同。新現實主義代表人物華爾茲從相對獲益的角度，對絕對獲益提出質疑，渠謂：「當面對共同利益合作可能性的時候，處於不安全中的國家必須考慮利益將如何分配。這導致他們考慮的問題不是我們都會獲益嗎?而是誰的獲益更多？在對預期的獲益進行分配時，譬如說，以2：1的比例進行分配，一國可能利用它的不均衡獲益，去實現意在損害或毀滅一國的政策。只要雙方都擔心對方可能利用它增加的能力不利於自己政策的行動，那麼，即使雙方絕對獲益的前景很好，也不會引發合作。」[18]傑克森與索仁森亦舉例說明相對獲益即是，我竭盡所能做到最好，但前提是別人不能超越我。例如，美國未來十年經濟成長為10%，而中國未來的經濟成長則為10.3%，[19]從相對利益的觀點言，這樣的結果令美國難以接受，故美中兩國的合作難以達成。

新自由主義認為假如國家有共同的利益，就不用擔心相對獲益的問題，因為制度可以促進國家之間的合作。[20]傑氏與索氏進一步指出絕對獲益即竭盡所能做好自我，別人做得比我好也無妨。例如，美國未來十年的經濟成長為25%，而中國的經濟成長高達75%，從絕對獲益的角度觀之，中國的高度經濟發展並不會減低美國合作的意願。[21]包德溫（David Baldwin）指出新現實主義學派傾向相對利益，而新自由主義學派則追求絕對利益，這就是為什麼前者認為體系無政府狀態使國家的合作變得不可能，而後者總是認為國家的合作是可能的。

新現實主義延續現實主義的觀點，咸認安全、主權、權力、競爭、生存、國家利益與軍事等「高階政治」的議題，是其關注的焦點，這些攸關國家利益的議題，是國家應當優先考量與處理的事項，在國際無政府狀態，國家對這些議題沒有退讓的空間，尤其國家面臨鄰國可能的欺騙，均使得國家的合作難以達成與持久。反觀，新自由主義則主張透過透明與公

---

[18] Kenneth Waltz, *Theory of International Politic*, p.105.
[19] Robert Jackson and Georg Sorensen, *Introduction to International Relations*, p.129.
[20] *Ibid.*, p.128.
[21] *Ibid.*, p.129.

開的機制，約束行爲體的行爲，此有利於國家間合作行爲的推展，其所關注者皆爲「低階政治」的範疇，如經濟、環境、貧窮、傳染病、社會發展、非傳統安全等議題。以國際政治主流理論的核心概念檢視美國國家安全戰略所揭櫫三項核心目標：安全、繁榮與民主之內涵，有助吾人深入了解美國的戰略思維，以及美國在各項議題所可能產生的決策模式。

第二節　柯、布政府國家安全戰略理論檢視

國際政治主流理論對於美國戰略與外交決策影響深遠，此處以柯林頓及小布希政府時期國家安全戰略爲檢視對象，亦發現兩個政府時期國家安全戰略也是深受國際政治主流理論的影響。惟兩任政府分屬不同黨派，受其黨派意識，以及當時國內外安全情勢的影響，在戰略的思維上，究竟安全爲重抑或經濟發展爲重，時常是國際政治討論與辯論的重心。柯林頓總統在其任內公佈七本國家安全戰略報告，可謂是自1986年「高尼法案」通過要求歷任總統必須於就任後150天內向國會提出國家安全戰略報告以來，做得最爲完整的總統。柯林頓總統在《接觸與擴大的國家安全戰略》、《新世紀的國家安全戰略》與《全球時代的國家安全戰略》中，明確說明美國國家安全戰略的三個核心目標：提升安全、促進繁榮與促進民主，此三者實爲一體的三面，意即若無安全的環境何以發展經濟，無經濟發展條件則難以有一個穩定的社會環境，無穩定的社會環境則無法開創民主滋長的環境，而一個成熟與穩定的民主體制又成爲營造安全環境的基石，故三者同等重要，唯有三者相輔相成，則國家安全戰略的目標才能眞正實現。然而，理想的戰略構想，有時難免與眞實世界有所落差。若從新現實主義的角度言，國家安全仍是最重要的事務，否則，柯林頓政府國家安全戰略也不會將其列爲首要論述的對象，故吾人可以獲得一個簡單的結論，即美國國家安全戰略會依國家利益，以及當時所處的安全環境，對於相關議題的抉擇會有先後緩急之分。因此，本節希望透過對於兩任政府國家安全戰略內容的檢視，從國際政治主流理論的視角，剖析美國國家安全戰

略的深層意涵。

（一）新現實主義

柯林頓總統任內將其所公佈的國家安全戰略區分《接觸與擴大的國家安全戰略》（1994-1996）、《新世紀的國家安全戰略》（1997-1999）、《全球時代的國家安全戰略》（2000）等三個階段的國家安全戰略，整體而言，在每一個時期所使用的名稱雖不盡相同，然其內容仍是緊扣提升安全、促進繁榮與促進民主等三個核心目標，而這樣的目標事實上是要維護美國的國家利益。因此，在安全的層面，美國須以積極的手段完成下列諸事項，包括保護國土、建立國家飛彈防禦系統、反制國外情報蒐集、打擊恐怖主義、反制大規模毀滅性武器、重要基礎設施的防護、國家安全緊急準備、較小規模的應變行動、主要戰區的作戰、運用部隊的決策與國際執法合作。[22]其中，對於如何防範大規模武器的擴散，在國家安全戰略中均有明述，例如，生物武器公約（Biological Weapons Convention, BWC）、化學武器公約（Chemical Weapons Convention, CWC）、瓦瑟納傳統武器與兩用物品技術外銷管制協議（Wassenaar Agreement on Export Controls for Conventional Arms and Dual-Use Goods and Technologies）、澳大利亞團體（Australia Group）、飛彈技術管制機制（Missile Technology Control Regime, MTCR）、詹格委員會（Zangger Committee）、全面禁止核試爆條約（Comprehensive Test Ban Treaty, CTBT），[23]前述戰略所闡釋者，主要經由戰略指導，維護美國國家利益，並經由相關反制大規模毀滅性武器之國際規範，降低對美國安全與利益的威脅。故柯林頓政府國家安全戰略，在提升安全層面與國際政治新現實主義強化國家安全的論述，有異曲同工之妙，同時也體現新現實主義的內涵。

反觀，小布希政府國家安全戰略，因受911恐怖攻擊的衝擊，故其所公佈的國家安全戰略就以反恐戰爭為主軸，例如，2002年國家安全戰略開

[22] 曹雄源、廖舜右譯，《柯林頓政府時期全球時代的國家安全戰略》（桃園：國防部軍備局401廠，2007），頁43-64。
[23] 前揭書，頁32-33。

宗明義說明打擊恐怖分子與暴政是我們保衛世界和平的手段，美國為擊潰恐怖組織的威脅，將竭盡各種手段，包括更佳之國土防衛措施、執法手段、情報、切斷恐怖分子財源等。該戰略指出：「全球反恐戰爭是一場沒有確切期程的全球性創舉，美國將盡力協助需要幫助的國家對抗恐怖行為，同時讓那些向恐怖分子妥協的國家，包含窩藏恐怖分子的國家，對自己的行為負責任，因為恐怖分子的盟友就是文明的敵人。美國和所有合作的盟邦絕不容許恐怖分子建立新的基地，同時透過共同力量，利用一切機會讓恐怖分子無處可藏。」[24]另外，該戰略亦明示，美國將致力圍堵、消滅恐怖分子透過不同的管道獲得大規模毀滅性武器，以及其他投射工具，[25]冀求從源頭限制恐怖組織與大規模毀滅性武器的結合。

延續全球反恐戰爭的脈絡，2006年國家安全戰略指出：「我們持續打擊恐怖網路，雖然已削弱敵人，但卻尚未將其擊潰。」[26]此外，該戰略亦認為美國必須保持無與倫比的軍事力量，以便在威脅及挑戰造成國家利益及人民傷害前加以因應，美國應採更積極作為，選擇在海外打擊敵人，而非在國內坐以待斃。[27]因此，如何有效解決伊拉克與阿富汗反恐問題，已是國家安全戰略念茲在茲的重大議題，也是美國部隊責無旁貸的任務。

簡言之，柯林頓與小布希政府國家安全戰略，雖然兩者都強調提升安全的重要，惟兩者因安全環境的變遷與反恐戰爭的持續，小布希政府在安全概念的建立、成立國土安全部、確立敵人目標（如恐怖組織與大規模毀滅性武器）、反制方法與手段、與盟邦、友邦及友好國家的合作等都更為具體。從國家安全戰略的思維出發，小布希政府在提升美國海內外安全上，投入更多資源，在手段上亦較柯林頓政府時期更為多元。兩個政府國家安全戰略雖然都具體反映新現實主義的主張，然就提升安全的角度觀之，小布希政府國家安全戰略的佈局實較柯林頓政府更為積極與全面。

[24] 曹雄源、黃文啟譯，《小布希政府時期國家安全戰略》（桃園：國防部軍備局401廠，2008），頁2-3。
[25] 前揭書，頁3。
[26] 前揭書，頁65。
[27] 前揭書，頁67。

（二）新自由主義

新自由主義與新現實主義分享如下的三個假設：國際體系無政府狀態、各行爲者均有自助的傾向與各行爲者的能力不同，但新自由主義認爲即使在無政府狀態，國家是以自我爲中心，國家的合作是可能，而這樣的合作可共同解決彼此利益相關的問題。誠如，柯林頓政府「接觸與擴大的國家安全戰略」所言，美國國內的繁榮繫於海外的繁榮，因此美國必須透過雙邊、區域與多邊協議，提升美國企業對於國外市場的使用，例如，「北美自由貿易協定」、「亞太經濟合作」、「關稅貿易總協定」、「美日架構協議」、「美洲高峰會」，[28]經由上述的協議，擴大美國對國外市場的使用，並回饋改善美國人民的生活水準，前述觀點與作法與新自由主義所強調的合作觀，有其不可分離的關係。其次，對於環境的倡議，柯林頓政府「新世紀的國家安全戰略」指出美國可與雙邊及多邊合作，以積極回應環境的威脅，而「全球環境設施」（Global Environmental Facilities, GEF）是這種合作的一個重要機制，其他重要的合作機制包括「蒙特婁議定書」（Montreal Protocol）、「海洋法公約」（Law of the Sea Convention）、「聯合國跨漁業儲備協議」（UN Straddling Stock Agreement）、「對抗沙漠化公約」（Convention to Combat Desertification）與「瀕於絕種動物之國際貿易公約」（Convention on International Trade in Endangered Species），在上述機制的合作基礎上，使美國與夥伴國家，共同攜手解決環境的問題，降低跨國界環境的損害。[29]在對抗傳染病（如愛滋病）方面，美國領導聯合國安理會舉行非洲首次愛滋病會議，承諾努力發展對愛滋病與其它影響開發中國家疾病疫苗的注射，經由與非洲國家合作提供愛滋病教育的協助，領導八大工業國關於債務的減免，以預防愛滋病及其它傳染病的計畫，[30]美國強化與其它國

---

[28] 曹雄源、廖舜右譯，《柯林頓政府時期接觸與擴大的國家安全戰略》（桃園：國防部軍備局401廠，2008），頁58-60。

[29] 曹雄源、廖舜右譯，《柯林頓政府新世紀的國家安全戰略》（桃園：國防部軍備局401廠，2007），頁99-101。

[30] 曹雄源、廖舜右譯，《柯林頓政府全球時代的國家安全戰略》，頁41。

家在健康議題的合作，亦有效降低疾病對美國的威脅。

反觀，小布希政府國家安全戰略雖然也強調合作的重要，然若檢視其國家安全戰略的內容，吾人發現其重點置於如何化解區域衝突，例如，蘇丹衝突、賴比瑞亞衝突、以巴衝突、印巴衝突、印尼亞齊省問題與北愛問題。此外，尚包括哥倫比亞、委內瑞拉、古巴、烏干達、尼泊爾等國內部問題，以及伊索匹亞及厄利垂亞邊界衝突等。[31]然而，小布希政府對於經濟合作、環境倡議、健康議題著墨較少。例如，在經濟合作方面，僅強調透過七大工業國、「國際貨幣基金會」、「世界貿易組織」、「北美自由貿易協定」促進自由貿易。[32]另外，該戰略提及美國需與能源生產國合作，持續強化自身能源安全與全球經濟共享的榮景，以擴大全球能源的供應來源與種類，特別是對西半球、非洲、中亞及裏海地區。[33]在環境倡議方面，2002年國家安全戰略僅提及繼續致力推動聯合國在國際合作方面的「架構公約」（Framework Convention）。[34]在對抗愛滋病與其它傳染病方面，2006年國家安全戰略提出爲期五年共一百五十億美元的「消除愛滋病緊急計畫」，可提供預防七百萬新感染病例及二百萬已感染者治療的機會。美國亦倡導成立「全球對抗愛滋病、肺結核與瘧疾基金」，[35]以有效防範傳染病的擴散。

簡言之，柯林頓與小布希政府國家安全戰略都強調合作的重要，然檢視兩任政府國家安全戰略，得知柯林頓政府國家安全戰略在經濟合作的面向，鉅細靡遺指出如何透過各式雙邊、區域與國際協議，經由合作共創美國國內與海外的經濟繁榮，除了在其七份國家安全戰略報告中做有系統介紹外，另將其具體作法進行層次分明的闡釋，使吾人對於美國促進全球經濟繁榮有更清楚的輪廓，報告顯示柯林頓政府國家安全戰略在合作的面向，將重心置於「低階政治」的範疇。簡言之，從柯林頓政府國家安全戰

---

[31] 曹雄源、黃文啟譯，《小布希政府時期國家安全戰略》，頁95-97。
[32] 前揭書，頁37-38。
[33] 前揭書，頁41。
[34] 前揭書，頁41。
[35] 前揭書，頁130。

略得知，從新自由主義合作的角度言，柯林頓政府較強調經濟繁榮的重要性，而軍事與安全等議題則居於次要地位。對照小布希政府因受其政黨屬性與當時國際安全環境，2002與2006年國家安全戰略大篇幅論述反恐與大規模毀滅性武器等議題，小布希政府雖也強調合作的重要，但其將重心置於「高階政治」的範疇，對於諸如促進經濟繁榮的議題，並未像柯林頓政府做有系統與層次分明的論述。簡言之，從新自由主義合作的角度言，小布希較強調安全、反恐與防制大規模毀滅性武器，而對於經濟、環境與傳染病等議題，在戰略報告中則居於較次要的地位。

第三節　民主和平理論及其影響

一、民主和平理論

在國際無政府狀態（Anarchy）中，自由主義學派篤信「民主和平理論」。「民主和平理論」大多與麥可・多伊（Michael Doyle）和布魯斯・盧塞特（Bruce Russett）的著作有關，該理論認爲民主國家不會兵戎相見。[36] 多伊指出康德（Immanuel Kant）於1795年論文中闡明永久和平（perpetual peace）見解的重要性，渠聲稱民主代表的就是對於人權思想體系的承諾，同時跨國的相互依賴提供民主國家和平趨勢的解釋。多伊更認爲透過規範與機制的運作，民主國家之間不會因爲彼此有緊張的爭論就動用武裝力量或對其它國家隨意使用武力。[37] 他也列舉五十個民主國家，發現在過去一百五十年民主國家之間並沒有發生戰爭。[38] 另外，盧塞特認爲「民主和平理論」不全然拒絕現實主義，而是強調自由的民主國家

[36] John Baylis and Steve Smith, *The Globalization of World Politics* (New York: Oxford University Press, 1997）, p.202.
[37] Michael Doyle, “On the Democratic Peace,” *International Security*, 1995, pp.180-184.
[38] James E. Dougherty & Robert L. Pfaltzgraff, *Contending Theories of International Relations: A Comprehensive Survey* (U.S.: Priscilla McGeehon, 2001）, p.315.

在國際政治上對歧見的化解比現實主義學者所能接受的範圍更廣。[39] 盧氏參考史牟與辛格（Small and Singer）研究資料指出「經濟合作發展組織」（Organization for Economic Cooperation and Development, OECD）成員，如西歐、北美、日本、澳大利亞、紐西蘭等國家，以及工業化較低的民主國家，在第二次世界大戰結束之後四十五年中（1945-1989）並沒有發生戰爭，[40] 以此證明民主國家間不會發生戰爭。

爲何民主國家間可以和平共處？對此問題，多伊以康德古典自由學派的理論爲基礎，曾做出系統性的回答。渠認爲三個要素使得民主國家之間能和睦相處，首先，即是植基於和平解決衝突的國內政治文化，民主鼓舞和平的國際關係，因爲民主的政府是受人民的監督，人民並不會贊同或支持政府與其它民主國家的戰爭。第二，民主國家持有共同的道德價值，產生如康德所謂的「和平聯盟」（pacific union），此聯盟並非一個正式的條約，而是民主國家基於共同道德基礎的一個領域，以和平方法解決內部衝突在道德層面更優於暴力行爲，而這樣的態度也轉嫁於民主社群的國際關係。言論與通信自由促進國際的相互瞭解，並且有助政治代表的行爲是依其人民觀點行事的保證。第三，民主國家的和平經由經濟合作與相互依賴而強化，「和平聯盟」鼓舞如康德所謂的「商業精神」（the spirit of commerce）是可能的，此精神即是參與國際合作與交流的相互獲得。[41]

二、對柯、布政府國家安全戰略的影響

柯林頓總統認爲冷戰後民主國家數量已經增加，但是部份國家仍徘徊於轉型的陣痛。所以，美國的戰略須聚焦於強化國家履行民主改革、保護人權、打擊貪腐、增加政府透明度的承諾與能力。[42] 因此美國民主戰略的

[39] Bruce Russett, “The Democratic Peace,” *International Security*, 1995, p.175.

[40] Bruce Russett, “Controlling the Sword”, in Marc A. Genest ed., *Conflict and Cooperation: Evolving Theories of International Relations* (Beijing: Peking University Press, 2003）, pp.309-310.

[41] Robert Jackson & Georg Sorenson, Introduction to International Relations: Theories and Approaches (New York: Oxford University Press, 2003）, p.121.

[42] The White House, *A national Security Strategy for a Global Age* (Washington D.C.: The White House, 2000）, p.25.

優先順序，係與這些新興民主國家合作，並促進這些國家在經濟與安全議題的合作，同時尋求他們的支持，以擴大民主國家的範圍。柯林頓總統在其歷次發佈的「國家安全戰略」不斷強調「促進民主」的重要性。此外，促進各國的民主化，亦是小布希總統的政策，對此，渠於2006年「國家安全戰略」強調：「使每一個國家與文化支持民主運動與制度，是美國的國策，最終目的即在結束暴政。在今日的世界，政權的基本地位與權力分配同等重要，美國運籌帷幄的目標，就是要促成一個由民主與善政國家所構成的世界，可充分滿足百姓的需要，同時在國際中負起應有之責任。」[43] 另小布希總統亦在該戰略說明：「與許多國際夥伴共同合作，建立與維持民主及治理良好的國家，以解決人民需要並成爲國際體系中負責任的成員。長期發展必須包括鼓勵政府做出明智抉擇，並協助其加以完成。」[44]

促進民主是美國「國家安全戰略」的第三個核心目標，美國經由援助手段，催促各國的政治透明與民主的改革，同時協助這些國家民主之轉型與鞏固。因爲，民主是和平最大的保證，如果全世界都變成民主國家，則對各項爭端便可透過談判程序，找出雙方可接受的方案消弭潛在暴力行爲。從民主和平的觀點言，民主的國家數量愈多，則國際的和平希望愈高。因此，民主和平理論對美國「國家安全戰略」思維產生深遠的影響。基於這樣的認知，美國樂於在全世界每個角落推動西方式的民主。所以，如何使各國民主化，便成爲美國推動和平、增進利益與降低威脅的基本手段。

從促進民主的面向言，柯、布政府雖因國內外時空環境的不同，但兩任政府對於「民主」的基本理念是一致的。基於民主國家之間不會發生戰爭的「民主和平」理念，兩任政府都相信，在民主政治體制的制度與既有機制規範之下，民主國家會理性的處理各種衝突與危機。小布希總統更深信推廣民主是預防及解決衝突最有效的長遠之計；因而兩任政府均積極致力於國際間經濟的整合與民主的促進與發展，藉以達成國家安全與全球和

---

[43] The White House, *The National Security Strategy of the United States of America* (Washington D.C.: The White House, 2006）, p.1.

[44] *Ibid*., p.33.

平穩定的最終利益。強調國家安全與經濟的繁榮發展，是直接受惠於民主的擴大，唯有將促進海外民主與國家戰略結合在一起，才能有效達成「國家安全戰略」的整體目標，確保美國整體的戰略利益及長遠的和平穩定。因此，柯、布政府時期在推動「民主」的觀點是一致的。

第四節　小　結

柯林頓政府依「高尼法案」之規定，每年定期提出國家安全戰略報告，在其任內共提出七份國家安全戰略，該報告清楚闡述美國國家安全戰略的三項核心目標：安全、繁榮與民主。小布希政府任內分別於2002年與2006年提出兩份國家安全戰略，小布希政府雖未像柯林頓政府明確說明美國國家安全戰略：安全、繁榮與民主三項核心目標，惟將其內容歸納，發現其主軸仍是環繞在此三大核心目標，柯林頓與小布希政府時期國家安全戰略比較，如圖3.1。

首先，在傳統安全的面向，柯林頓政府強調維持強大防衛力量的重要，在國家安全戰略中提及，美國必須部署強大與有彈性的兵力，才能達成各式各樣的任務，確保美國在全球各地的利益。而該戰略亦說明儘管危機管理是外交政策的一個重要功能，危機預防更是較佳的選擇，美國將爭端帶上談判桌，較發生戰爭代價爲小，協助失能國家比重建失敗國家的代價爲小，故透過外交手段解決國際爭端，也是提升安全一個不可或缺的手段。柯林頓政府國家安全戰略亦特別提出武器管制與不擴散機制，是美國促進海內外安全一個重要的因素，美國將持續致力武器的裁減，以及與國際合作建立制度約束大規模毀滅性武器的擴散。柯林頓政府闡述透過軍事活動，進行與各國的交流與互動，同時達成嚇阻的目標，此種作法對於預防戰爭與衝突，達成一定的效果。柯林頓政府國家安全戰略亦舉出國際執法合作，對於防制跨國恐怖主義、毒品、非法移民、走私等國際犯罪問題，具有相當程度的嚇阻作用。在非傳統安全的面向，柯林頓政府國家安全戰略特別強調環境與健康的問題，美國認爲唯有透過國際合作，改善氣

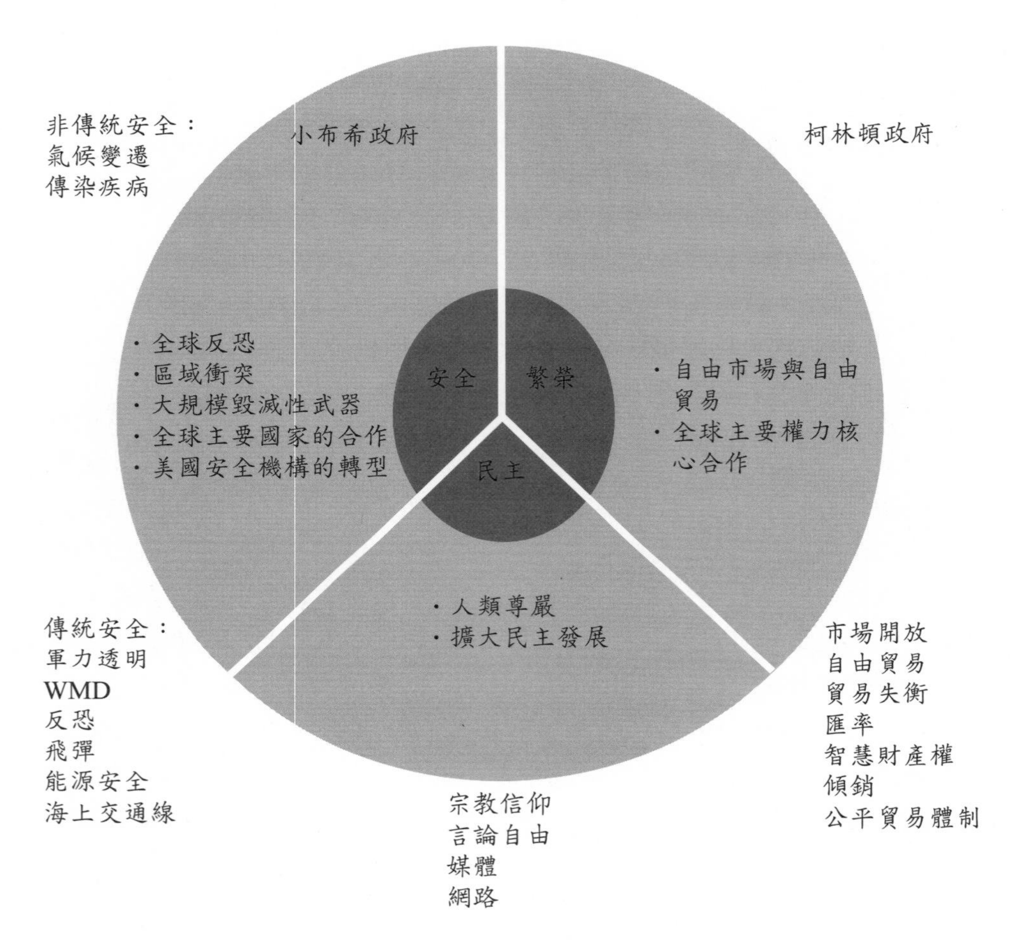

圖3.1　柯、布政府國家安全戰略核心目標比較

資料來源：作者整理

候變遷的惡化，以及促進全體人民的健康，才有利於國際政經、民主化與政治穩定的發展。小布希政府因受到911恐怖攻擊的影響，在安全的層面特重全球反恐，希望透過與各國在反恐的合作，抑制恐怖組織獲得大規模毀滅性武器，以及透過與全球主要國家的合作強化區域衝突的預防。同時，為強化美國政府機關統合與反應能力，積極推動美國安全機構的轉型，國土安全部的成立即是一例，該單位可有效整合美國政府各部門資

源，防範美國可能遭受之恐怖攻擊。從柯、布政府國家安全戰略之闡述，吾人瞭解其戰略關注國家安全之高階政治議題，與新現實主義學派安全理念不約而同。

第二，在經濟繁榮的層面上，柯林頓政府國家安全戰略提出市場開放、自由貿易、貿易失衡、匯率、智慧財產權、傾銷與公平貿易體制等議題，美國認為只有與其它國家合作建立公平的貿易體系，方能有利世界經濟的發展，而美國經濟的發展也須仰賴其它國家的經濟發展。柯林頓政府國家安全戰略亦說明，提升美國競爭力、保持技術優勢，對於美國產品的擴展，亦有其不可分割的關係。小布希政府國家安全戰略則認為，為了擴大經濟自由與繁榮，美國不斷促進自由與公平的貿易、開放的市場、穩定的金融體系、全球經濟的整合，以及安全與乾淨能源的開發。柯、布政府國家安全戰略在經濟繁榮的議題上，不斷強調與全球主要國家合作的重要性，與新自由主義學派主張透過合作、國際組織與國際制度，解決國際爭端的理念不謀而合。

第三，在推動民主的面向，柯林頓政府國家安全戰略強調宗教信仰、言論自由、媒體與網路的自由、打擊貪腐、人道援助計畫，以及呼籲專制政體遵守民主原則與人權，致力提升世界各國政府的廉能與民主改革。美國認為只有致力世界各國促進民主與深化民主，則對世界和平愈有助益。小布希政府國家安全戰略指出，美國將以實際行動致力伸張人性尊嚴，大聲支持自由並反對違反人權的行為，並將投入更多資源闡揚民主的理念。其具體作法則是藉由外援，推動諸如臺灣、南韓、愛爾蘭、斯洛伐克、智利與波茲瓦納等國外援與民主轉型成功的經驗，以建立基本民主架構擴大發展範圍。美國在推動世界各國提升民主的過程，頗能呼應民主和平理論的精神，因為世界上民主國家愈多，則和平的願景更能達成；民主的國家愈多，則衝突的機率將會相對降低，充分體現民主和平理論所言，民主國家之間家不會因糾紛而起衝突，其解決紛爭與衝突的方式是透過談判與仲裁。

綜言之，柯林頓與小布希政府分屬不同政黨，對於處理國際事務所採取的方式也不同，身為民主黨的柯林頓政府傾向以合作的方式解決國際紛爭，故在理念上較爲接近新自由主義的核心價值。而小布希政府身在共和黨陣營，該黨對於國際衝突影響美國利益者，向來主張運用武力解決，故其作爲趨近於新現實主義的概念。惟前述謹爲概略的劃分，由於美國爲世界強權，其利益分布於全球各地，兩黨所組成的政府，因利益考量，對於處理國際問題的手段亦有不同，如柯林頓政府傾向以多邊主義推動經濟繁榮，北美自由貿易協定即是一例。反觀，小布希政府提出「先制攻擊」及「非友即敵」之攻勢戰略，對付恐怖組織及資助恐怖活動的國家，即是採行單邊主義的最佳例證。

第四章　冷戰後的國際情勢

As we approach the beginning of the 21st century, the United States remains the world's most powerful force for peace, prosperity and the universal values of democracy and freedom. Our nation's challenge-and our responsibility-is to sustain that role by harnessing the forces of global integration for the benefit of our own people and people around the world.

William J. Clinton

當我們邁向21世紀的開端，美國仍是全世界維持和平、繁榮與民主及自由普世價值最有力量的國家，我們國家的挑戰——與我們的責任——是持續掌握全球整合的力量，以為我國及全球人民謀福利。

（柯林頓・1998年國家安全戰略）

冷戰的結束帶動以俄羅斯爲核心的15個自治共和國、8個自治州、10個民族自治區及128個州和邊疆區組成之「蘇聯」的解體，[1]這樣的劇烈變動促使國際從較爲穩定的「兩極體系」，轉向「一超多極」的體系。使得原來在共產集團統治下，種族、族群、宗教與領土糾紛等受到長期壓抑的問題，一時間渲洩開來。伴隨種族、族群、宗教與領土所帶來的衝突，動輒以武力相向與恣意屠殺，造成數百萬人的傷亡，這樣的結果正應驗（新）現實主義所謂的國際無政府狀態。原本以爲共產主義的滅亡，可爲人類帶來更美好的生活與和平，然而這樣的願望，在冷戰結束的初期無疑緣木求魚。幸運的是，美國對全世界各地的介入及干預活動，適時阻止上述衝突的持續擴大，將冷戰後所衍生的衝突限制在雙邊與區域的層次。

美國1997年「國家安全戰略」曾說：「進入21世紀時，有大好的機會使國家更安全及繁榮，美國的軍事力量是無與匹敵的，而熱絡的全球經濟亦提供人民工作及投資的大好機會。民主國家社群持續增加，提升政治穩定度的樂觀願景、和平解決衝突及爲全世界人類帶來更大的希望。同時，我們所面對的危險及複雜程度是前所未見的，種族衝突及流氓國家威脅區域安全，跨國境之恐怖主義、毒品、組織犯罪及大規模毀滅性武器的擴散是全球所憂慮的，環境破壞及人口快速成長，削弱許多國家的經濟繁榮與政治穩定。」。[2]

美國在2001年9月11日遭受恐怖攻擊事件，造成數千人的傷亡，而恐怖分子對美國的恐怖攻擊，同時也激起美國打擊恐怖主義的決心，小布希總統以軍事行動剷除以阿富汗爲根據地的賓拉登（Osama Bin Laden）集團恐怖組織，同時結合其他國家展開全球反恐行動，雖然尚無法徹底解決恐怖主義的問題，但是對抑制恐怖活動所帶來的破壞，已收到相當的成效。是以，21世紀的國際安全情勢，在以美國霸權爲穩定核心的國際體系，在某種程度上而言，確實已較上一個十年更趨於穩定。此外，在（新）自由主義思潮的推波助瀾下，經濟的合作已取代以往權力的對抗，國際組織與

---

[1] 趙明義，《國際區域研究》（台北：黎明文化事業公司，1996），頁90-91。

[2] The White House, *A National Security Strategy for a New Century* (Washington D.C.: The White House, 1997), pp.8-9.

國際合作的案例呈現大幅成長的趨勢，其中最明顯的就是世界貿易組織的成立，此一組織設立貿易的規範，是現今最重要之國際經貿組織，至2007年7月27日止，全世界共有150個國家加入該組織，[3]使全球經濟的發展有一個可共同依循的方針。在此同時，各國為有效解決陳年已久的糾紛、大規模毀滅性武器的擴散與環境的惡化，各式各樣的國際機制，也如雨後春筍般設立，並且普獲各國的認同與實踐。本章試圖從美國「國家安全戰略」視角，分國際安全情勢、經濟整合與國際機制等三個面向，闡述冷戰後的國際情勢。

第一節　國際安全情勢趨於複雜

冷戰後，美國認為對其全球利益的挑戰，未隨冷戰的結束而消失，美國甚至認為，今天所面對的威脅是既廣泛且不確定，衝突是隨時可能發生且經常難以預測。從軍力部署的面向而言，部隊須具有應付四個主要威脅的特點：區域的不穩定、大規模毀滅性武器的擴散、跨國危險如毒品的非法走私與恐怖主義及前蘇聯、東歐與其他地區民主的威脅及改革。[4]事實上，冷戰結束前蘇聯解體，兩極對抗的態勢不復存在，繼之而起的是非國家行為體更鬆散、更難以預測的多元威脅。當然，此種威脅形式對美國國家安全造成莫大的挑戰。

雖然美國認為冷戰後全世界安全均勢已改變，但同時也認為美國作為全球的強權擁有全球利益的事實並沒有改變。保護這些利益需要美國對全球的安全承諾，並且在美國利益遭受威脅時，有意願使用美國的軍事力量。美國認為這些安全需求，可從三個面向的挑戰來界定。首先，第一個

---

[3] World Trade Organization, internet available from http://www.wto.org/english/thewto_e/whatis_e/tif_e/org6_e.htm, accessed January 23, 2008.

[4] *National Military Strategy of the United States of America 1995: A Strategy of Flexible and Selective Engagement*, internet available from http://www.au.af.mil/au/awc/awcgate/nms/nms_feb95.htm, accessed on February 19, 2008.

挑戰是採取每一個適當的行動，防止美國在冷戰時期所受到核威脅的死灰復燃；其次，第二個挑戰是爲新世紀決定適當的戰略與兵力結構，並且持續適當管理冷戰後美國兵力的縮減，而不會犧牲這些部隊回應愈來愈複雜威脅的戰備能力；第三個挑戰是重新制定使用部隊的政策。[5]

美國也認爲在新世紀到來的前夕，國際環境較歷史上任何一個時期更爲複雜與整合，國家、組織與其他行爲體對影響力的競爭持續增加。同時，全球經濟相互依賴的程度也愈來愈緊密，此不僅提供美國較大的繁榮，也比先前美國境外安全與福祉關係更爲密切。當今，以前對美國安全無關緊要的事件，如種族與宗教衝突的擴散，法律與秩序的崩潰，或者是在偏遠地區貿易的破壞，都足以造成美國的威脅。同樣地，與有志一同的國家合作，以促進長期的利益及提升重要地區的穩定，對美國而言，新的機會已到來。[6]

雖然美國贏得冷戰，但持續強化諸如「北約」、「美日聯盟」、「美韓聯盟」對美國的安全是重要的，而這樣的關係也持續調整中，以成功應付今日的挑戰。另一方面，持續的全球經濟動能正轉型商務、文化與全球的互動。美國認爲縱使有這些正面的發展，世界仍是一個複雜、有活力與危險的地方，當對安全環境將會如何演變有很大不確定的同時，美國預判某些重要的趨勢。第一，大規模、跨邊境的威脅，某些國家將會持續威脅鄰國領土主權。在西南亞，伊拉克與伊朗持續加諸對區域的威脅與石油在本區的自由流通。在東亞，由於北韓持續在南韓邊界部署攻擊性的兵力、日趨惡化的經濟、人道情況所加諸的巨大壓力，仍然造成一個高度難以預測的威脅，東亞的其他地方，主權問題及一些領土的爭議，仍然是衝突的來源。第二，失能國家，美國情報社群預期某些民族國家將會在2015年以前成爲失能國家，造成不穩定、內部衝突與人道危機。就如前南斯拉夫，從阿爾巴尼亞到前薩伊共和國，其政府將會喪失維持公共秩序與爲他們人

[5] William Perry, *Annual Report to the President and the Congress* (Washington D.C.: Government Printing Office, 1995), p.6.

[6] William Perry, *Annual Report to the President and the Congress* (Washington D.C.: Government Printing Office, 1996), p.1.

民提供需求的能力，造成民間不安、饑荒、跨國際邊境的人口大量外移、鄰國侵略行動與甚至大屠殺的情況。第三，跨國威脅，次國家或超國家各式各樣的行爲體，影響安全環境的數量與能力將會持續增加。暴力與由宗教所激勵的恐怖組織，已使傳統及由政治所激勵的運動黯然失色，後者由於害怕失去選民的支持或缺乏物質及技藝，經常制約大規模傷亡行動，並且提出他們的議題；而宗教狂熱分子很少受到這樣的制約，並且積極尋求擴大殺戮。第四，潛在危險技術的流通，先進武器與技術的擴散，有許多均可做爲軍事用途，儘管國際社會的努力，這樣的趨勢將會持續。特別關注的是核生化武器及輸送手段的擴散、資訊作戰的能力、先進及演變中的武器、隱形能力、使用與拒絕使用太空的能力。[7]

美國挾其高科技能力，對國際情勢及可能的威脅來源，均能詳加監控。但是，2001年9月11日，恐怖分子以劫持的民航客機充作炸彈，對美國紐約世貿大樓及華府美國國防部展開攻擊，此一突如其來的恐怖攻擊震驚世界，而「911」恐怖攻擊已清楚說明許多的威脅衝著美國與人民而來，這樣的威脅有許多不同的形式，其範圍從主要戰爭的威脅到特性不明的恐怖威脅。[8]美國國防部2005年的「國防戰略」，說明美國在遭逢恐怖攻擊之後對當前國際安全環境的看法，即大規模的軍事行動發生的機率已較上一個世紀來的低，除了一般傳統威脅仍然存在外，取而代之的是國家行爲體或非國家行爲體所加諸的非正規挑戰、災難性與破壞性的挑戰。[9]

首先，非正規的挑戰如恐怖主義與叛亂等愈來愈複雜的非正規方法挑戰美國的安全利益，敵人運用非正規方法旨在腐蝕美國的影響力、耐心與政治意志。非正規的敵人通常採取一個長期的方法，意圖加諸美國人員、物質、財政與政治過高的代價，以迫使美國在主要區域或行動方針（course of action）的戰略撤退。兩個增加非正規挑戰危險的因素，是極

---

[7] William S. Cohen, *Annual Report to the President and the Congress* (Washington D.C.: Government Printing Office, 1998), pp.1-2.

[8] Donald H. Rumsfeld, *Annual Report to the President and the Congress* (Washington D.C.: Government Printing Office, 2002), p.9.

[9] Donald H. Rumsfeld, *National Defense Strategy of the United States of America 2005* (Washington D.C.: Government Printing Office, 2005), p.2.

端主義者意識型態的興起及缺乏有效能的治理，政治、宗教與種族極端主義持續激起全世界的衝突。全世界許多區域缺乏有效能的治理爲恐怖分子、罪犯與暴動者建立避難所，許多國家無法及不願意，對其領土及邊境地區行使有效的治理，因此使這些區域成爲敵人的利用場所，[10]助長極端主義分子遂行其全球的恐怖破壞活動。

第二，災難性的挑戰意指縱然美國在傳統戰爭的支配，某些敵人的部隊正尋求獲得災難性的能力，特別是對大規模毀滅性武器。國際邊境的滲透、無效的國際管制與容易接觸資訊的相關技術，都刺激災難性武器獲得的努力。[11]恐怖分子深知傳統武力無法與美國先進的戰力相抗衡，遂轉而獲取大規模毀滅性武器爲目標，想要以此做爲對美進行報復的最佳手段。

第三，破壞性的廣泛挑戰，革命性的技術與有關的軍事革新可根本改變長期建立的戰爭概念，這樣的例子並不多見。某些潛在的敵人正尋求破壞性的能力，利用美國的弱點抵銷美國及其夥伴現行的優勢。某些破壞性技術的突破，包括生物技術、網路作戰、太空或定向能量武器（directed-energy weapons）的進步，可能使美國的安全遭受嚴重的危害。美國也認知這些突破是難以預測的，所以應該認識它們可能的後果，並且阻止它們在技術上的發展。[12]

從美國政府所出版的官方文件，可清楚看出今日世界的安全情勢，確實迥異於上一個世紀，暴力極端主義分子與恐怖分子利用宗教、意識型態，鼓舞其追隨者向美國及西方世界發起恐怖攻擊，此舉確實已經改變傳統所認知的安全形貌，2002年「國家安全戰略」曾說明：「美國目前受到窮兵黷武國家之威脅程度遠不及那些失能的國度，而我們受敵軍艦隊與軍隊之威脅，遠遠不及少數滿懷仇恨者所擁有之毀滅性科技」，[13]而2005年美國「國防戰略」則謂：「不確定是今天戰略環境的一個關鍵特徵，我們

[10] *Ibid.*, p.3.
[11] *Ibid.*, p.3.
[12] *Ibid.*, p.2.
[13] The White House, *The National Security Strategy of the United States of America* (Washington D.C.: The White House, 2002), p.1.

可以辨識趨勢，但是無法準確預測特定的事件。」[14] 2006年美國國安會公佈「911事件後五年：成就與挑戰」直陳，美國除賡續在阿富汗及伊拉克促進有效率的民主外，美國也應該預防國際恐怖分子的攻擊，瓦解國內、外恐怖分子的攻擊，瓦解對恐怖組織金錢資助的管道，確保邊境與運輸的安全，並強化重要基礎設施的保護。同時該報告也提及預防大規模毀滅性武器及全面防堵對恐怖組織的支援，美國亦提及透過國內制度的改革及國際多邊的努力，制度化全球反恐戰爭。[15] 以上三個官方文件已說明21世紀國際安全的威脅，可能走向一個變動、不確定、難應付的型態，而這樣的威脅型態已使國際安全環境變得更為複雜。當然應對此趨勢，美國除持續強化其兵力整建與情報蒐集外，與盟邦、友邦及友好國家的合作，或者透過各種國際機制處理國際間有關安全、經濟、環保、健康等議題，都是未來美國努力的一個方向。

第二節　經濟合作愈來愈趨縝密

第二次世界大戰後，各國檢討戰爭發生的原因，除政治因素外，經濟因素亦是主因，特別是1930年代世界經濟大蕭條，各國貿易保護主義盛行。因此，各國均認為極須建立一套國際經貿組織網，解決彼此間之經貿問題。有鑑於此，各國除同意成立聯合國外，並進一步建構所謂「布列敦森林機構」（The Bretton Woods Institutions）做為聯合國之特別機構，擬議中之經貿組織包括：「世界銀行」（World Bank, WB）、「國際貨幣基金會」與「國際貿易組織」（International Trade Organization, ITO）。並於1948年3月在哈瓦那舉行之聯合國貿易與就業會議中通過ITO憲章草案。惟後來因為美國成立ITO之條約送請國會批准時，遭到國會反對，致使ITO未能成立，雖然最後ITO的構想功虧一簣，惟在創始會員國的努力下達成

14 *Ibid.*, p.2.

15 The White House, *9/11 Five Years Later: Success and Challenges*, (Washington D.C.: The White House, 2006), pp.9-43.

「關稅及貿易總協定」。

一、關稅及貿易總協定

「國際貿易組織」雖然未能成立，但當時23個創始會員國爲籌組該組織，曾在1947年展開關稅減讓談判，談判結果達成45,000項關稅減讓，影響達100億美元，約占當時世界貿易額十分之一，各國籌組「國際貿易組織」之努力雖然未竟全功，但是美國政府參與關稅減讓部分之談判，卻獲得國會之授權，因此包括美國在內之各國最後協議，將該關稅談判結果，加上原國際貿易組織憲章草案中，有關貿易規則之部分條文，彙整成爲眾所熟知之「關稅及貿易總協定」；另鑑於美國國會並未批准加入「國際貿易組織」，各國亦同意以「暫時適用議定書」（Provisional Protocol of Application, PPA）之方式簽署該協定。雖然「關稅及貿易總協定」之適用法律基礎係臨時性質，且係一個多邊協定並無國際法上之法人地位，但卻是自1948年以來成爲唯一管理國際貿易之多邊機制。

由於「關稅及貿易總協定」僅爲一項多邊國際協定，以協定爲論壇所進行之歷次多邊談判，雖係以關稅談判爲主，惟新的協定均是對原有的協定進行修正而已，因此每一次之多邊談判稱爲回合談判，自「關稅及貿易總協定」1948年成立以來，共舉行八次回合談判，其中以第七回合（東京回合）與第八回合（烏拉圭回合）談判最爲重要，因該兩回合之談判除包括關稅談判外，亦對其他之貿易規範進行廣泛討論。

綜觀「關稅及貿易總協定」一至六回合之談判主題都是針對關稅，第七回合談判自1973年開始迄1979年完成，除了持續降低關稅障礙外，最大的成就在於達成多項非關稅規約（code），使「關稅及貿易總協定」談判之觸角伸入非關稅領域。

「關稅及貿易總協定」第八回合談判則自1986年開始，於1993年12月15日完成，爲該協定史上規模最大、影響最深遠之回合談判。談判之內容包括貨物貿易、服務貿易、智慧財產權與爭端解決等。該回合之談判並決議成立「世界貿易組織」，使「關稅及貿易總協定」多年來扮演國際貿易論壇之角色，正式取得法制化與國際組織的地位。更重要的是，「世界貿易組織」爭端解決機構所作之裁決對各會員國發生拘束力，因此使「世界貿易組織」所轄各項國際貿易規範得以有效地落實與執行，「關稅及貿易總協定」歷次談判內容詳如表4.1。[16]

表4.1　「關稅及貿易總協定」歷次回合談判摘要

年度	回合	談判主題	參加國家數
1947	第一回合	關稅	23
1949	第二回合	關稅	13
1951	第三回合	關稅	38
1956	第四回合	關稅	26
1960-1961	第五回合	關稅	26
1964-1967	第六回合	關稅	62
1973-1979	第七回合	關稅、非關稅措施及各項架構性規約，如：輸入許可證程序、海關估價、技術性貿易障礙、牛肉及國際乳品協定等	102
1986-1994	第八回合	關稅、非關稅措施、服務業、智慧財產權、爭端解決、紡織品、農業、設立世界貿易組織等	123

資料來源：世界貿易組織秘書處出版之「世界貿易組織貿易體系的十大益處」。

從表4.1「關稅及貿易總協定」歷次談判內容，可看出二戰後在經濟上的整合，更有組織、更多元與制度化。尤其冷戰後第八回合的談判，參與的國家從成立之初的23個國家增加到123個國家，討論的議題也跳脫關稅的範疇，涵蓋範圍包括：關稅、非關稅措施、服務業、智慧財產權、爭端解決、紡織品、農業、設立「世界貿易組織」等。這樣的發展也說明全球經濟合作的必然趨勢。

當然，這樣的趨勢與前蘇聯及東歐國家持續的轉型，成為市場經濟有密切的關係，有的國家成功轉型，有的國家則是遭遇困難。南斯拉夫、匈

[16] The World Trade Organization, *10 benefits of the WTO trading system*, internet available from http://cwto.trade.gov.tw/webpage.asp?ctNode=632&CtUnit=127&BaseDSD=7&CuItem=11541, accessed March 12, 2008.

牙利與波蘭在私有制的過程中，已根本轉變所有制的結構，特別是有關經濟、金融、法律制度所需的法規等，國家的角色也做了根本的轉變，以提供市場經濟的基礎。[17]這些前共產主義國家在國內政治與經濟改革的重大轉變，都直接或間接促使國際經濟的合作。

促成世界各國在經濟的合作，除了共產主義的崩解之外，另外就是有關於技術的發展，技術的重大轉變、持續下降的運輸及通訊成本，都是促成全球整合的主要動力。技術的更新促使服務業的革命，最顯著的例子即爲國際金融，貨幣的流通不再受國界藩籬的束縛，某一經濟體匯率的調整，影響其他經濟體的投資。全球市場決定資源的配置，技術轉變對世界的影響是難以想像的。例如，美國75%的工作是與服務業有關，這需要較高層次的勞工方能從事競爭，自1987年起，在美國只有具碩士學位及專業技術人士，才享有收入持續增加的待遇。[18]

1990年之後世界轉變的速度，比二次世界大戰之後有過之而無不及，隨著蘇聯的瓦解，兩極對抗的態勢也不復見。美國在冷戰時期軍事與經濟優勢已沒有挑戰的對象。在美國的推動下，加以通訊技術的革命發展，打破距離所產生的疏離，這是形塑21世紀上半世紀最大的力量，其影響就如汽車的大量生產，形塑20世紀上半世紀最重要的力量一樣，許多的服務變得國際化，貨物的運輸較以往更便捷，遠在數千里外的地方也可提供立即的服務，無論偏遠國家或位於經濟活動中心的區域，因此更爲受益，發展中國家也可留住有技術及教育程度好的勞工。[19]由於多數國家的經濟政策轉型，以及上述技術的重大轉變，也連帶促進區域經濟的蓬勃發展，其中較大的區域經濟整合組織計有「歐盟」、「北美自由貿易區」與「亞太經濟合作會議」與「世界貿易組織」。

---

[17] Martin C. Schnitzer, *Comparative Economic Systems* (7th Edition), (Ohio: South-Western College Publishing, 1997), p*iii*.

[18] *Ibid*., p.435.

[19] *Ibid*., pp.453-54.

二、歐盟

歐盟從最早於1950年代成立的「歐洲煤鋼共同體」（European Coal and Steel Company, ECSC）開始，其目的有兩個。首先，即歐洲的土地上不要再有戰爭，希望經由共同體的建立，達到歐洲的永久和平。另外，加速歐洲經濟的發展，集群體之力，團結在一起，增進經濟繁榮。[20]從「歐盟」成立之初，到擴大爲能源與金融領域的合作，再到各式組織的相繼成立，「歐盟」的規模持續擴大，現今「歐盟」可說是全世界最重要的區域貿易集團，[21]「歐盟」之國內生產總值已超越美國成爲全世界第一大經濟體，迄2007年爲止共有27個成員國，[22]此一組織在國際政治的影響力更是舉足輕重。

三、北美自由貿易協定

由美國、加拿大與墨西哥所組成的「北美自由貿易協定」（NAFTA）是世界第二大區域貿易集團。上一世紀90年代中期美國與加拿大、美國與墨西哥雙邊的貿易，呈現大幅度成長，加拿大名列美國最重要的貿易夥伴，而墨西哥則名列美國第三大貿易夥伴。美國與這兩個貿易夥伴的經貿總合，在這一段時間已超過與歐盟的雙邊貿易。[23]另外，從擴大市場的範圍及促進勞工技能交流的觀點來看，「北美自由貿易協定」代表一個明顯的成就，同時它也是一個法律化的正式自由貿易協定典範。[24]在此一協定的規範下，促進所有成員國更自由的貿易與降低貿易障礙，本協定也進一步取消對重要產業的投資限制，並且關稅及進口配額也將陸續解除。墨西哥同意逐漸對美國及加拿大開放金融服務業，同時三個國家也都同意對環境法律的執行，長期而言，「北美自由貿易協定」將擴及拉丁

---

[20] 張亞中主編，《歐盟全球戰略與對外關係》（台北：晶典文化事業出版社，2006），頁2。

[21] Martin C. Schnitzer, *Comparative Economic Systems* (7th Edition), p.464.

[22] U.S. Department of State, *European Union Profile*, internet available from http://www.state.gov/p/eur/rls/fs/54126.htm, accessed March 12, 2008.

[23] Martin C. Schnitzer, *Comparative Economic Systems* (7th Edition), p.466.

[24] P. J. Simmons & Chantal De Jonge Oudraat, eds., *Managing Global Issues: Lessons Learned* (Washington D.C: The Brookings Institution Press, 2001), p.244.

美洲國家。[25]

四、亞太經濟合作

相較之下，在亞太地區，「亞太經濟合作」（APEC）是一個柔性與鬆散的形式，雖然該組織自1989年即成立，但是直到1993年各成員國的領袖才於西雅圖聚會商討提升該組織的角色，其過程對烏拉圭回合談判是一強勁的推力。自那時候起，1994年11月在印尼發起的「茂物宣言」（Bogor Declaration）——2010年之前達成已開發國家貿易與投資的自由化與便捷化；2020年之前達成開發中國家貿易與投資的自由化與便捷化。「茂物宣言」也支持在「世界貿易組織」之下加速履行承諾，促進「開放的區域主義」這樣的概念，並且要求擴大貿易與投資。此一概念與發展和歐盟「封閉的區域主義」有所不同，「亞太經濟合作」開放的概念是建立該會須為較廣泛的「關稅及貿易總協定」／「世界貿易組織」部分信念上，以促成進一步的自由化。[26]

五、世界貿易組織

在區域經濟合作及「世界貿易組織」成立的雙重力量牽引下，加快世界性的經濟合作，於此同時網路及衛星通訊等技術日新月異，均對全球經濟的合作產生正面助益。然不可諱言，全球的高度相互依賴，確實也帶來許多的問題。有人甚至認為全球化已造成「富者愈富、貧者愈貧」的境地，世界各地反對全球化的聲浪，於1999年在西雅圖所舉行「世界貿易組織」年會，引發警察與反全球化示威者的衝突事件而達到最高點。[27]然而，此一組織在1994年「烏拉圭回合談判」決議推動，並在1995年1月1日正式成立。「世界貿易組織」主要管理貿易協定、舉辦貿易談判的論壇、處理貿易摩擦、監督國家的貿易政策、對發展中國家技術協助與訓練及與

---

[25] Martin C. Schnitzer, *Comparative Economic Systems* (7th Edition), p.466.
[26] P. J. Simmons & Chantal De Jonge Oudraat, eds., *Managing Global Issues: Lessons Learned*, p.244.
[27] Diana Ayton-Shenker (ed.), *A Global Agenda: Issues Before the 7th Assembly of the United Nations* (U.S.: Rowman & Littlefield Publishers, 2002), p.124.

其他國際組織合作。該組織經過多年的努力，迄2007年7月27日止，共有152個會員國（含香港與澳門）。[28]

目前聯合國由192個國家所組成，[29]而加入「世界貿易組織」者近乎80%，如果將包含俄羅斯與烏克蘭等31個觀察員國家列計，則聯合國會員國參與「世界貿易組織」的國家接近94%，[30]可見該組織成員的普遍性參與。「世界貿易組織」多邊貿易體系之基本理念，在於創造一個自由、公平之國際貿易環境，使資源依照永續發展之原則，做最佳使用以提升生活水準，確保充分就業，並擴大生產與貿易開放、平等、互惠與互利，期能透過貿易提升開發中與低度開發國家之經濟發展，其基本理念與規範準則有不歧視原則、漸進式開放市場、對關稅與非關稅措施予以約束、促進公平競爭及鼓勵發展與經濟轉型等五項。[31]由於「世界貿易組織」的成立，提供各國促進經濟、貿易公平與互惠的一個平台，所以國際經濟的互動較該組織成立之初更為活絡，未來隨著互賴程度的加深，勢必會進一步深化各國在經濟領域的密切合作及整合。

第三節　國際機制的作用與影響

克拉思納（Stephen Krasner）認為在特定的國際關係領域中，行為者願望匯集而成的一套明示或默示原則（principles）、規範（norms）、規則（rules）與決策程序（decision-making procedures），是國際機制一般性的定義。「原則」是指對世界如何運作的理論性論述，例如「世界貿易組

[28] World Trade Organization, *What is the WTO?*, internet available from http://www.wto.org/english/thewto_e/whatis_e/whatis_e.htm#intro, accessed March 12, 2008.

[29] United Nations, *Membership of Principal United Nations Organs in 2007*, internet available from http://www.un.org/News/Press/docs//2007/org1479.doc.htm, accessed March 12, 2008.

[30] World Trade Organization, *Members and Observers*, internet available from, http://www.wto.org/english/thewto_e/whatis_e/tif_e/org6_e.htm, accessed March 12, 2008.

[31] The World Trade Organization, *10 benefits of the WTO trading system*, internet available from http://cwto.trade.gov.tw/webpage.asp?ctNode=632&CtUnit=127&BaseDSD=7&CuItem=11541, accessed March 12, 2008.

織」是依據自由貿易的原則來成立與運作。「規範」是明確的行為標準，並且確立國家的權利與義務，例如「世界貿易組織」的會員須降低關稅並消除非關稅貿易障礙。規範與原則確立了國際機制的根本特徵，並且在沒有改變國際機制的內涵之前，不能改變機制所遵循的規範與原則。「規則」是用來協調原則與規範間的可能衝突，在原則及規範下進行操作，例如在「世界貿易組織」中，開發中國家希望能夠對已開發國家及開發中國家採用不同規則。「決策程序」則確立了對行為的確切規定。規則與決策程序的改變，亦顯示出機制在不同階段的實質演進，例如「關稅及貿易總協定」的規則與決策程序在舉行過許多回合的談判後，最後演化為世界貿易組織，有關世界貿易的國際機制其規則與規範仍是一致，不過其規則與決策程序有所不同。[32]

安全是國際關係最主要的探討問題，如何確保國內外的安全，更是美國「國家安全戰略」最重要核心目標，以美國2000年「國家安全戰略」為例，提升美國安全的戰略包括三個部分：即形塑國際環境；回應威脅與危機；及為不確定的將來未雨綢繆。在此三個部分中對於安全、經濟與環保暨健康等攸關美國切身利益的事項，都作了明確的說明，當然這些構想的落實還有賴於國際、區域或雙邊機制的建立。所以就美國的觀點，如何透過國內、外各種有效的手段，建立一個安全的國際環境、堅實的軍事力量與隨時嚴陣以待的部隊，便成為美國國家安全最重要的思考面向。

一、形塑國際環境

美國2000年「國家安全戰略」指出，美國接觸戰略已協助形成一個新的國際體系，以促進和平、穩定與繁榮，此包含改造與形塑冷戰兩極對抗後的國際體系。其意味著改造盟邦與鼓勵其他國家的重新適應，包括宿敵。在美國領導下，冷戰時期最重要的盟邦——北約，已正式轉變其戰略概念，讓新成員加入盟邦並成功阻止波士尼亞與科索沃的境內種族衝突，

[32] 陳欣之，〈新自由制度主義、社會建構主義及英國學派〉，張亞中主編，《國際關係總論》（台北：揚智文化，2007），頁87-88。

同時維持進一步擴大的展望，其已愈來愈追求新的機制與任務。諸如和夥伴國家之「和平夥伴關係」（Partnership for Peace, PFP）與維和行動，以協助穩定歐洲大陸。歷史宿敵有意加入北約的新對話，已協助調解區域國家一些長久的爭端，雖然進一步的挑戰仍然存在，但美國正鼓勵進步的象徵與改變的本質。

美國在冷戰時期形成的其他重要安全協議，在冷戰後仍然堅若磐石。譬如，1997年美國與日本修訂防衛合作的方針，對於南韓與澳大利亞的其他承諾仍是堅定的，就如與泰國及菲律賓的防衛關係所做的一樣，另在波灣地區友好國家存在的安全合作關係。

冷戰期間，與美國對立的國家正經歷巨大的政經轉變，過去美國與這些國家的接觸，集中在鼓勵它們從事重要的政經改革，同時勸阻它們結束對抗的關係。美國對這些全世界人口最多國家的努力——中國與俄羅斯——對它們主動參與提供機會與動機，同時也鼓勵它們在國際社會做一個負責任的成員，此意味著尊重個人、國家自由的進展與多元的環境、人道議題、法治與經濟上的公平，當這些國家轉型的結果並不是完全確定，美國與這些國家接觸對區域及全球穩定，兩者皆有正面的影響。

藉由鼓勵民主化、開放市場、自由貿易與持續發展，美國已尋求強化冷戰後的國際體系，這些努力已產生重要的結果，於1992年民主國家在世界各國的百分比已上升14%。這在歷史上是第一次，超過一半的人口生活在民主治理之下，美國國家的安全直接受惠於民主的擴大，就如民主國家較不可能彼此相互交戰，且較可能變成和平與穩定的夥伴，並且更可能追求以和平方式解決內部衝突，以促進國內與區域的穩定。

全球化的投資與貿易受到新技術、自由貿易及愈來愈開放的社會所鼓舞，是21世紀世界的重要資產。美國擴大與傳統及新夥伴貿易和投資的努力，以刺激美國經濟的成長，藉由增加經濟合作、活化改革國家與促進海外的開放與民主，美國擴大了前宿敵與中立國家市場改革的努力。經濟自由通常促進政治自由，除了這些機會，經濟全球化也為擁護者帶來嚴格的挑戰，諸如協助那些擁抱全球化，卻被全球化動力拋在後面的國家，或與那些因害怕失去它們文化和國家認同，而拒絕全球化動力的國家合作。

在接觸戰略下，預防衝突是美國外交政策的標誌。美國使用外交方法、經濟援助、軍事部署與嚇阻，做爲促進和平的工具，美國也透過外交與安全援助，計畫協助其他國家發展它們的防衛能力。爲達到此目標，美國已集中於最有關利益與價值上的威脅與機會，並將資源投入最關鍵的地方。[33]

二、威脅與危機的回應

在回應威脅與危機方面，美國認爲國家間持續的衝突，需要美國維持反制潛在區域侵略者的手段。朝鮮半島長久緊張與領土的分裂及波灣的領土野心，是現行界定此一需求的主要原則。在可預期的將來，美國傾向與盟邦一致，須有能力可以嚇阻，假如在嚇阻失敗時，可在時間重疊的架構下，戰勝兩場大規模的遠距跨境侵略戰爭。

由於邊界更易滲透、技術的快速改變、大量的資訊流通，對於小國家、團體與個人獲得大規模毀滅性武器的潛在威脅，美國發現自己面對利益與價值挑戰的新威脅，這些包括大規模毀滅性武器的持續擴散與輸送方式、小型武器與輕兵器的擴散、威脅美國資訊／網路安全、對於人口的國際走私與非法交易，以及破壞重要基礎設施的能力。於是防衛國土並反制大規模毀滅性武器的恐怖主義，已成爲一個重點。協調聯邦、州與地方政府的努力，是必須的，國內準備計畫已獲得相當重要的資源，以應付對安全的立即威脅。在「國家飛彈防禦」（National Missile Defense, NMD）計畫的持續努力下，正發展足以防衛50個州，反制來自威脅國際和平與安全之國家有限飛彈攻擊能力。防患未然仍是防衛的優先選項，以減低這些侵略性國家尋求獲得大規模毀滅性武器。爲達此一目標，美國將持續與俄羅斯合作，以管制可能從前蘇聯流出的核武、生化物質與專門技術給擴散的國家。

美國也積極尋求強化「核不擴散條約」、「化學與生物武器公約」

---

[33] The White House, *A National Security Strategy for a Global Age* (Washington D.C.: The White House, 2000), pp.7-9.

（Chemical and Biological Weapons Conventions, CBWC）、「飛彈技術管制機制」（Missile Technology Control Regime, MTCR）與「全面禁止核試爆條約」（Comprehensive Nuclear Test Ban Treaty, CTBT）的儘早實施，其他對美國承平時期安全之持續威脅，包括國際恐怖主義、毒品走私、其他組織犯罪與環境的惡化，美國在建構本身國家安全機制已向前邁出一大步，以因應外交、經濟與軍事手段新的威脅。

一些國家的分裂促使冷戰兩極結盟的崩解，引起某些區域的混亂，這些混亂是重新喚醒種族與宗教不同及領土野心的結果，燃起舊恨並導致大量流血衝突。美國在國際和平與穩定行動上的領導，已恢復及保持某些區域的和平。當美國的利益與價值瀕臨險境及資源可以對具體的進展產生作用時，美國將更傾向行動，就如在波士尼亞與科索沃。在這些例子中，殘暴行爲與驅逐歐洲心臟地帶的人民，破壞美國在兩次世界大戰與冷戰戰鬥的價值。如果任其發展，它們可能向全歐洲擴展並傷害北約盟邦。因此，美國看到自身的利益與價值將受到一定程度的影響，使美國有正當的理由介入波士尼亞與科索沃兩地的事務。

所以，當美國面向未來，美國的戰略須有足夠的力量。故2000年「全球時代國家安全戰略」強調：「如此，當我們選擇接觸時，美國可以預防衝突，協助失能國家，或者當需要時反制潛在的區域侵略國家。」。[34]

三、為不確定的將來未雨綢繆

在爲不確定的將來未雨綢繆上，美國認爲應付這一系列對美國安全廣泛的新威脅，美國部隊將需要能力與組織的轉型，此一轉型可用某些形式實施：諸如集中科學與技術的努力，有概念地發展與軍種、作戰司令部與聯參的實驗，以健全的程序執行此一改變，並用新的方式促進大膽革新的文化及有活力的領導。

假如美國無法應付敵人所獲得潛在或實際快速改變技術的新威脅，轉型的過程不能僅以國防爲目標，也須包括外交、情報、執法與經濟等方面

[34] *Ibid.*, pp.9-10.

的努力。因此，政府執行跨部門的規劃，然後執行政策與計畫，以處理可能的意外事件。除了預防外交，通常也藉由所有嚇阻的軍事能力來加強，在它們爆發成危機或應變作戰時，可協助控制或解決問題。[35]

美國在該「國家安全戰略」也對接觸戰略有所說明：「接觸的要素——改造盟邦、鼓勵其他國家新的方向、鼓勵民主化、開放市場、自由貿易與持續發展、預防衝突、反制潛在區域侵略國家、應付新的威脅與導引國際和平與穩定行動——界定國家接觸戰略的藍圖。這些要素支持接觸戰略的三個概念：形塑國際環境、回應威脅與危機及為不確定的將來未雨綢繆，其支持的藍圖與概念已成為美國在快速變遷世界中一個好的指導，經由經驗的淬鍊，此戰略對21世紀國家安全是一個可行的路徑。」。[36]

四、國際機制維護安全的效能

總體而言，美國如要確保其安全及經濟繁榮，最有效的方式還是要與各國合作，透過國際機制這樣的平台，才能收事半功倍之效。例如在1999年「國家安全戰略」也說明在安全領域，必須加強武器管制與核不擴散的努力，這些機制包括「戰略武器裁減條約第一階段」（Strategic Arms Reduction Treaty, START I）及第二階段（START II）、「反彈道飛彈條約」（ABM Treaty）、「全面禁止核試爆條約」、「核不擴散條約」、「國際原子能總署」（International Atomic Energy Agency, IAEA）、「納恩．盧格降低威脅合作計畫」（Nunn-Lugar Cooperative Test Reduction Program, CTR）、「裂解物質斷絕條約」（Fissile Material Cutoff Treaty, FMCT）、「核物質實體保護公約」（Convention on Physical Protection of Nuclear Material）、「擴大降低威脅機制」（Expanded Threat Reduction Initiative, ETRI）、「生物武器條約」（Biological Weapons Convention, BWC）、「化學武器條約」（Chemical Weapons Convention,CWC）、「華瑟納傳統武器與兩用物品技術外銷管制機制」（Wassenaar

[35] *Ibid.*, pp.10-11.
[36] *Ibid.*, p.11.

Agreement on Export Control for Conventional Arms and Dual-Use Goods and Technologies）、「飛彈技術管制機制」、「歐洲傳統武力條約」（Conventional Armed Forces in Europe, CFE）與「人員殺傷雷」（Anti-personnel Landmines, APLs）等，以管制大規模毀滅性武器的擴散，降低敵人、恐怖分子與極端主義分子對於美國可能產生的危害。

該戰略亦認爲武器管制與不擴散機制是「國家安全戰略」重要的要素，也是致力以軍事力量防衛國家一個重要的輔助。美國追求可檢驗的武器管制與不擴散之協議，支持防範大規模毀滅性武器使用與擴散，防止製造該等武器物質與專門技術，以及發射載具的擴散，終止引起無謂災難之傳統武器的使用，並以少量軍備維持區域穩定。此外，美國應增進在軍力規模、組織與操作上的透明化，與其他國家建立互信機制，武器管制協議與信心建立措施制約危險武器的存量，降低率先發起攻擊的動機與機會，降低源起於軍備競爭的相互猜忌，協助提供安全需求的保證以強化合作的關係，以及引導資源用於較安全與更有效果的努力。

裁減戰略攻擊武器及維持較穩定的體系，對美國「國家安全戰略」仍是重要的，1994年12月「戰略核武裁減條約第一階段」（START I Treaty）生效，使美、俄兩國裁減已部署戰略核武。其他前蘇聯擁有核武國家：白俄羅斯、哈薩克及烏克蘭已成爲無核武器國家，只要「戰略核武裁減條約第二階段」（START II Treaty）生效，美國與俄羅斯雙方將會被限定只能擁有3,000至3,500枚戰略核彈頭，此階段也將消除陸基不穩定多重彈頭與大型飛彈。1997年9月26日，美國與俄羅斯簽署戰略核武裁減會談第二階段議定書，延長其裁減期限至2007年，並將原在2003年初要銷毀的戰略核武載具系統延至2007年。

1997年3月在赫爾辛基高峰會，柯林頓與葉爾辛（Boris Nikolayevich Yeltsin）總統同意裁減戰略核武會談第三階段綱要，如採行此綱要，至2007年結束前將會裁減兩國部署戰略核彈頭最高限量在2,000至2,500枚之間，降低兩國在冷戰時期高峰點數量的80%。兩國也同意促進既定的裁減，裁減戰略核武會談第三階段包括：關於戰略核彈頭庫存與銷毀戰略核彈頭的清單、雙方共同聲明也承諾探索關於建立非戰略核武的信心建立與透明措施。

美國認爲「反彈道飛彈條約」仍爲戰略穩定的基石，承諾在提升條約的可行性與效率上持續努力，在赫爾辛基高峰會中，柯林頓與葉爾辛總統重申對反彈道飛彈的承諾，與在區分反戰略彈道飛彈與反戰區彈道飛彈的協議原則上，承認戰區飛彈防禦的需要。

1997年9月26日，美國、俄羅斯、白俄羅斯、哈薩克與烏克蘭的代表簽定關於反彈道飛彈的五個協議，1999年6月，在科隆舉行的「八大工業國高峰會」（Cologne G-8 Summit），柯林頓與葉爾辛重申共同達到儘早簽署及執行協議的決心，在俄羅斯簽署裁減戰略核武會談第二階段後，這些區別及其後續的協議將會提交參議院尋求同意。

柯、葉兩位總統也在科隆重申兩國在「反彈道飛彈條約」第8款中現行的責任，以考慮戰略情況可能的改變，對本條約的影響及提升本條約可行性之適當方案，他們也同意開始討論「反彈道飛彈條約」，並與「裁減戰略核武會談第二階段」共同進行討論。美國提議修正「反彈道飛彈條約」，以允許「國家飛彈防禦系統」（National Missile Defense, NMD）的部署，此將可反制流氓國家的威脅同時維持戰略穩定。

1998年9月在莫斯科高峰會，柯林頓與葉爾辛總統同意飛彈發射早期預警資訊交換的新議案，這項協議顯著降低預警錯誤時彈道飛彈不慎發射的危險，該議案也會提升雙方對彼此彈道飛彈預警能力的信心。美俄兩國也將達成協議，提供彼此預警系統偵測到的彈道飛彈與太空載具的資訊。在此議案中，美俄兩國正在俄國建立「聯合預警中心」（Joint Warning Center），以持續監控早期預警數據，美俄兩國也朝建立彈道飛彈與太空發射載具發射事先告知機制，此機制也會邀請其他國家共同參與。

爲確保安全，美國不僅須有一個強大的軍事力量，也須率先領導建立一個較安全與負責任的世界，美國有責任限制核武的擴散與降低核戰的危險，爲了達到此目的，美國有責任將「全面禁止核試爆條約」付諸實施。至目前爲止共有一百五十餘國簽署此一條約，並同意禁止核試爆，本條約制約核武發展，也防止核武技術向其他國家擴散，美國在1992年已終止核試爆，「全面禁止核試爆條約」也將要求禁止其他國家的試爆。對核武器美國已發展出經由非核測試與電腦模擬等新的方式，而不是經由核爆進行測試，美國每年也花費45億美元，以確保核武是安全與可靠的。

「全面禁止核試爆條約」將會建立全世界偵測核爆的網路，全球超過300餘座偵測站，包括俄羅斯31座、中國11座及中東地區17座，此國際偵測系統會增進美國偵測可疑活動與捕獲欺騙者的能力。美國已有數十座偵測站，「全面禁止核試爆條約」將允許美國利用其他國家的偵測站並建立新的偵測站，此條約也給予美國對其他可能進行核試爆的國家，要求現地檢查的權利。

美國將持續終止其核試爆及鼓勵其他國家也能終止核試爆，鼓勵尚未參加的國家簽署「全面禁止核試爆條約」，爭取獲得參議院的同意簽署全面禁止核試爆條約。美國簽署此條約將會鼓勵其他國家加入，而美國也得以領導國際致力履行此條約，以及強化反核試爆的國際規範。

美國說明「核不擴散條約」是國際核不擴散努力的基礎，簽約國的非核承諾也強化區域及全球安全。對烏克蘭、哈薩克、白俄羅斯與南非之去核化，此條約是必要的前提。經由促成簽約國完全遵守它們的義務，美國尋求核不擴散條約爲確保全球安全堅強的重要因素。在2000年召開成功的檢視會議，對此重要條約的未來將是重要的，美國積極推動「核不擴散條約」以防止核武擴散，同時持續降低美國依賴核武及最終銷毀核武的政策。

強化國際核不擴散機制，美國尋求加強「國際原子能總署」（International Atomic Energy Agency, IAEA）預防措施體系及達成日內瓦裁軍會議之「裂解物質斷絕條約」（Fissile Material Cutoff Treaty），制止核爆分裂物質的生產，將可限制全世界核武器相關物質的供應，對制止核武的擴散是重要的一步。情報社群及執法單位應聯手偵測、預防與嚇阻分裂物質的非法交易，另外執行「物質保護與管制清點計畫」，加強管制對恐怖分子可能運用的核物質，這對反擴散的努力而言也是重要的。

透過「納恩・盧格降低威脅合作計畫」與其他機制，美國針對強化在可用於武器分裂物質的管制及預防自前蘇聯偷竊或轉移大規模毀滅性武器相關物質與技術，降低威脅合作計畫已有效提升前蘇聯核武及分裂物質、安全、清點與集中管制措施。此計畫協助烏克蘭、哈薩克與白俄羅斯成為非核國家，以及持續協助俄羅斯履行戰略武器裁減會談之義務。此計畫也是消除或防止化武的擴散及生物武器相關能力的輔助措施，並且也持續協助前蘇聯部隊裁減與改革措施。美國正致力強化「核物質實體保護會議」，以提升其效能與保護力，並補強提升國際原子能總署預防措施的努力。

1999年，美國總統發起「擴大降低威脅機制」，此努力是設計應對來自俄羅斯及其他新興獨立國家因金融危機所引起的安全挑戰，包括預防大規模毀滅性武器的擴散，降低遺留大規模毀滅性武器所引起的威脅及在軍事上的穩定。此機制植基在現行計畫的成功上，如降低威脅合作計畫、分裂物質的保護、管制與清點計畫與科學中心，以應對俄羅斯及新興獨立國家更多安全挑戰的進展。「擴大降低威脅機制」將進一步消除新興獨立國家的大規模毀滅性武器並防止擴散。美國核安全計畫新的作法是將核分裂物質集中在少數及保護得宜的地點以提高其安全性，新的計畫將會增強前蘇聯生物武器設施及人員安全。

1999年6月「科隆高峰會」，八大工業國元首倡議簽署協定，以保護及安全管理不再專用於武器的分裂物質，尤其是鈽的使用。他們強烈表達支持此由8個國家所推動的機制、其他國家在科學與技術的合作及對將來大規模清除計畫所需的支援，邀請所有有利害關係的國家支持以利早日完成本計畫，以及催促建立大規模清除合作計畫的聯合策略，他們也確認各國在資金上的支持將是必須的，包括來自政府與民間基金，以及同意在2000年7月「八國高峰會」（G-8）先行檢視增加資源的承諾。

美國購買數噸由前蘇聯核武器解體之高純度濃縮鈾，轉換為商用反應爐燃料，以及與俄羅斯合作移除前蘇聯各加盟國核武計畫34公噸的鈽，轉換使其無法再用於核武器上，並重新引導數十個前蘇聯大規模毀滅性武器設施與成千上萬東歐及歐亞大規模毀滅性武器的科學家，從軍事用途轉為民用研究，這些努力包括完成新生物技術機制，以增加前蘇聯生物武器設施的透明度，且重新引導這些科學家以民用商業、農業與大眾健康活動為目的。支持美國在防止由國際犯罪集團、新興獨立國家與東歐個別國家所引起大規模毀滅性武器擴散的努力，國防部、能源部、商業部、海關總署及聯邦調查局正致力於協助政府在有效外交管制體系與能力的計畫，以防止、嚇阻或偵測大規模毀滅性武器的擴散及武器相關物質流向海外。這些計畫提供上述區域國家在執法與邊境安全單位之訓練、裝備、建議與勤務之協助。

美國以一個新的國際機制尋求強化「生物武器公約」，以確保共同遵守，並正與「生物武器公約」簽約國談判致力達成議定書的共識，此將完成一個檢查體系，以提升共同遵守及促進透明度。美國也努力完成與實施「化學武器公約」，美國國會於1998年10月藉由完成立法，強調這些努力的重要性，使美國遵守化學武器公約在商用聲明與檢查要求變得可能。

美國也尋求防止傳統武器所帶來的不穩定，以及藉由強化國際機制，包括「華瑟納傳統武器」與「兩用物品技術外銷管制協議」、「澳大利亞集團」（生化武器）、「飛彈技術管制機制」、「核提供國集團與詹格委員會」（Zangger Committee），此確保原子能總署預防措施可運用於核子的出口，限制接觸機敏技術資料、裝備與技術。在北約50週年高峰會上，盟邦領袖同意增進北約能力，以處理大規模毀滅性武器及其運送方式之政軍議題。

美國認為區域不擴散的努力在三個主要擴散區是特別重要的，在朝鮮半島，美國正完成「1994一致架構」（1994 Agreed Framework），要求北韓全面遵守不擴散義務，並且也尋求說服北韓終止國內飛彈計畫及外銷飛彈系統與技術。在中東及西南亞，美國鼓勵區域信心建立措施及處理各國安全考量的武器管制協議，持續反對伊朗大規模毀滅性武器與長程飛彈的發展，以及擊退伊拉克重組其大規模毀滅性武器的意圖。在南亞，美國尋求說服印、巴放棄其核子武器或部署核武、測試或部署足以攜帶核武的飛彈和進一步製造核武之分裂物質，以及全面遵守國際不擴散標準與簽署「全面禁止核試爆條約」。

美國已致力確保1990年「歐洲傳統武力條約」，此條約仍是歐洲進入21世紀和平、安全與穩定的基石。1999年11月19日，美國與歐洲29個國家簽署調適協議，消除過時集團對集團的限制，而以國家的最高限制取代，透過更多資訊與檢查將會提升其透明度，強化外國部隊駐防當地國的要求，以及使其他歐洲國家參與此條約。伴隨「歐洲傳統武力的最後法案」（CFE Final Act）反映許多重要的承諾，包括俄羅斯部隊從摩爾達維亞（Moldova）撤離與從喬治亞（Georgia）部分撤離。柯林頓總統已聲明，當俄羅斯部隊已降至適應協議所提及的水準，他才會將此協議提交參議院的同意與簽署。

柯林頓總統承諾終止「人員殺傷雷」對無辜百姓的威脅，美國已朝此目標採取步驟，確保美國的能力能承擔國際義務及提供服役之男女軍士官兵的安全。柯林頓總統指示國防部終止使用人員殺傷雷，包含自我破壞人員殺傷雷（self-destructing APLs），並且積極追求人員殺傷雷的代替目標。美國也積極尋求混合反坦克系統，包含反人員子母彈的代替方案，美國政府的立場很清楚，假如那時美軍成功獲得自我破壞人員殺傷雷及混合反坦克系統的適當替代品，美國將於2006年以前簽署「渥太華公約」。

1999年5月，國防部獲得參議院的同意簽署修訂「傳統化學武器公約地雷議定書」（Amended Mines Protocol to the Convention on Conventional Weapons），此一協議針對全世界由人員殺傷雷所引起的人道難題，禁止無法偵測的人員殺傷雷，嚴格限制長效期人員殺傷雷的使用，以清楚標示及監督雷區有效避開平民。美國倡議永久禁止人員殺傷雷的外銷，以及透過日內瓦裁軍會議（Conference on Disarmament in Geneva）尋求建立全世界廣泛禁止外銷該產品。透過與雷區問題國家及國際社會及美國「2010除雷計畫」（Demining 2010）加快移除威脅百姓地雷之效率與效能，並且支持全世界人道排雷計畫。[37]

---

[37] The White House, *A National Security Strategy for a New Century* (Washington D.C.: The White House, 1999), pp.7-11.

五、國際機制對於經濟發展的重要性

在經濟的面向，美國也將透過「布列敦森林體系」、「國際貨幣基金會」、「資訊科技協議」（Information Technology Agreement）、「經濟合作暨發展組織」（Organization of Economic and Cooperative Development, OECD）、「國際勞工組織」（International Labor Organization, ILO）、「亞太經濟合作」、「美洲自由貿易區」（Free Trade Area of the American, FTAA）及「世界貿易組織」等機制，來促進一個開放的貿易體系。透過海內外的努力，維護美國國家安全第二項核心目標——美國的繁榮。美國經濟與安全利益的關係密切。美國國內的繁榮依恃這些地區從事貿易及進口重要商品，如石油與天然氣的主要產區的穩定。繁榮也需要美國領導國際發展、金融與貿易制度。反過來說，美國外交的力量、維持一個沒有對手的軍事實力與美國價值對海外的吸引力，大部分依賴美國的經濟實力。故如何強化金融合作及開放的貿易體系，都是促進美國海內外繁榮的重要手段。

（一）加強金融合作

當國家經濟與國際更為整合，美國的繁榮更依賴海外的經濟發展時，與其他國家及國際組織合作，對於維護全球經濟體系的健全與因應金融危機是重要的。如1997年發生之國際金融危機所顯示，全球金融市場由流動私有資本提供之機會與風險所掌握，美國的目標是建立一個穩定、彈性的金融體系，促進強勁的經濟成長提供所有國家廣大的利益。美國與七大工業夥伴國家與其他國際社會合作以追求改革六大領域：加強與改革國際組織及約定，提升透明及促進最佳的實踐，強化工業國家金融規則，加強崛起市場宏觀經濟政策及金融體系，增進包含私有部門危機之預防與管理，以及提升社會政策以保護貧窮及弱勢族群。

美國認為其在發起較廣泛參與金融制度的討論過程中扮演一個重要角色，包含為數可觀的崛起經濟體。在推進此一目標上，美國同意在「布列敦森林體系」架構下，成立二十大工業國非正式對話的新機制，以擴大在主要經濟及金融政策議題與促進合作，達成一個穩定與持續經濟成長的世界。國際金融制度特別是「國際貨幣基金會」在建立一個更強固的全球金融體系扮演著重要角色。美國正追求「國際貨幣基金會」的改革，以確保其在較佳的位置可應對變動世界的挑戰。包括需要較大的開放與透明度，建立堅固國家金融體系，促進私有部門一個適當的角色以預防及解決金融危機，對於「國際貨幣基金會」國家治理計畫、降低貧窮、社會、勞工與環境給予較大關懷。

（二）促進開放的貿易體系

美國認爲因爲大部分的消費者都居於美國之外，所以，須持續擴大國際貿易以維持國內的經濟成長，快速擴張的全球經濟給予美國公司與工人大量的機會，特別是在崛起的市場。做爲一個國家，美國21世紀的繁榮將依靠美國在國際市場的有效競爭能力。美國政府仍承諾在「關稅及貿易總協定」上持續烏拉圭回合的成就，及以「世界貿易組織」做爲公開解決紛爭的論壇。美國完成「資訊科技協議」（Information Technology Agreement）將進一步取消高科技產品關稅，以及總結「世界貿易組織」的里程碑，將使通訊服務大力的自由化。「世界貿易組織」的議程包含進一步談判改革農業貿易，自由化服務業市場，鼓勵發展自由的電子商業服務，以及加強保護智慧財產權。美國也與尋求進入世貿的各經濟體入會議程談判，美國在遵守規定與市場開放上正設定高標準，入世提供機會協助新經濟體，建立以規則爲基礎的貿易體系，以及強化它們自我改革規劃。

「經濟合作發展組織協定」 將於1999年執行對外國官員賄賂宣告違犯法行爲。美國與其他十六個國家是現行的成員國，其依據同儕的檢視提供監控的過程，以評估成員國是否履行協定，當成員國制定反賄法，對外國官員賄賂則取消優惠的稅率，美國正尋求在世界貿易組織政府採購透明化的協議。美國在勞工議題上也向前邁出一大步，世貿成員國申明它們恪遵勞工標準的承諾、組織與集體協議的權利、禁止雇用的歧視，以及禁止童工與強制勞工。美國會持續催促將國際重要的勞工標準整合入世界貿易組織，包含透過「世界貿易組織」與「國際勞工組織」有較密切的互動。

美國表示會持續確保貿易自由化，不會犧牲國家安全或環境保護，例如國家安全、執法與貿易政策制訂人士共同合作，以確認世貿協議在通訊自由化上的全球投資是符合美國國家安全利益的。此外，美國在烏拉圭回合談判的領導地位引導環境相關條款納入世界貿易組織協議與成立貿易與環境委員會，持續追求確保貿易與環境政策是相互支持的目標。雖然顯著的差異仍存在，1999年於西雅圖所舉行世貿部長會議，美國在此一廣泛的議題頗有進展，美國會持續致力於確保一個新回合全球貿易談判，包括終止農業、製造業與服務業、商務電子的免關稅，確保貿易提升全世界勞工生活水準同時保護環境，美國仍堅決在自由貿易與經濟成長的道路上前進。除了與「世界貿易組織」合作，透過區域組織如「亞太經濟合作會議論壇」、「泛大西洋經濟夥伴關係」（the Transatlantic Economic Partnership）、「總統與非洲次撒哈拉經濟夥伴關係」（the President's Economic Partnership with sub-Saharan Africa）與「美洲自由貿易區」，政府會持續催促更加開放的市場。貿易協定履行權力對促進國家經濟利益是重要的。國會始終認定總統須有權解除國外貿易壁壘與增加工作的機會。因此，行政部門將與國會共同努力，俾能獲得適當授權，加速談判工作。[38]

六、國際機制對於環境及健康的影響

在環境與健康方面，美國認為有關環境惡化及傳染性疾病的擴散威脅美國的利益，並且在1999年「國家安全戰略」強調環境與天然資源的決策影響美國數個世代的安全，環境威脅不受限於國家的邊境，國外環境的危險可能造成美國安全與福祉長期的危險，天然資源的短缺可能引起並惡化衝突。環境威脅如天候的改變、同溫層臭氧的耗盡、引進令人頭痛的動植物種、過度捕魚及開墾森林與其他生活所使用之天然資源、跨國運行之危險化學物質及廢棄物，均直接威脅美國人民健康與經濟福祉。美國對環境威脅有全盤積極因應的外交議程，例如，在1997年12月成立的「京都議定

[38] *Ibid.*, pp.21-23.

書」，全世界工業化國家首次同意遵守引起溫室效應氣體的限制，這是重要的轉捩點。美國必須敦請主要發展中國家的加入，但是美國也明白表示，在其他國家同意加入並致力於應對全球的暖化前，美國不會提交簽署「京都議定書」。

疾病與健康的風險不能再被視為僅是國內關懷的議題，就像全球經濟一般，人民的健康與福祉變得愈來愈相關，在數百萬人每日跨過邊境及國際貿易的擴張下，強調危險性傳染疾病與生物恐怖主義的防範，對美國的國家安全有深遠影響。除了降低疾病對美國人民的直接威脅，對各國而言，健康的人口對經濟發展、民主化與政治穩定提供一個重要的支柱，因此，美國樂於率先促進國際在健康議題的合作。美國也重申除了一般關懷之外，一些特定的國際健康議題對於國家安全是重要的，因為美國食物的供應來自國外的比例正在增加中，對確保食物的安全必須列為優先，在「總統食物安全委員會」（President's Council on Food Safety）之監督下，政府已宣布一個新的且較好的計畫，以確保進口食物與國內生產一樣安全。新型的傳染疾病如抗藥性的肺結核與伊波拉（Ebola）病毒可藉由噴射客機傳染，美國積極與「國際衛生社群」與「世界衛生組織」阻止這些危險疾病的擴散。

世界性的傳染疾病如愛滋病（HIV/AIDS）正以史無前例的規模摧毀人類及經濟，並且引起非洲每天5,500人死亡，美國政府已採行新的步驟以對抗這一災難性的傳染病，包括與八大工業國1999年在「科隆協議」以預防愛滋病等相關計畫，作為金援計畫之一部分。在1999年9月聯合國大會上，柯林頓總統承諾美國將致力加速研發及運送愛滋病、瘧疾、肺結核及其他疾病的疫苗至疫情嚴重的開發中國家。柯林頓總統宣布白宮特別會議的計畫，以強化與私人部門合作的動機，在共同目標下來對抗這些疾病。[39]

---

[39] *Ibid.*, pp.13-4.

第四節　小　結

冷戰後的國際情勢大體而言走向和平，但不可諱言，各式各樣的威脅也無處不在，美國認為除了國際恐怖組織威脅外，其他主要的威脅包括：擁有大規模毀滅性武器國家的潛在威脅，分散在全世界各地的游擊隊、恐怖組織與極端主義分子可能對美國的攻擊，崛起大國對於美國霸權的潛在挑戰，鄰近國家的民主弱化、非法移民及毒品等非傳統威脅，以及少數國家政治惡化、政治紛爭、種族衝突、暴動、通貨膨脹，都可能對美國在當地的利益產生威脅。[40]

面對這些總類繁多，涵蓋國家行為體與非國家行為體、傳統與非傳統，其可能的威脅挑戰具有跨國性質，有些問題難以單一國家的力量來處理。所以，以上這些問題除了強化美國整體國力來因應之外，還是得仰賴國際、區域與雙邊組織共同努力防範這些威脅的挑戰，此由前述各項公約普受各國認同可看出，世界各國也冀望透過一個公平、平等參與的組織來解決大家所關心的安全問題。

另外在經濟的面向，就是成立「世界貿易組織」對於全球經濟發展的重要意義，該組織自1995年1月1日成立以來，經過十餘年的發展，由原先112個發起會員國，逐漸擴大參與，迄2007年7月27日止，共有150個會員國（不含香港、澳門）及31個觀察員（國），由參與國持續增加的情況來看，「世界貿易組織」不啻為僅次於聯合國的國際組織，其也成為21世紀解決經濟議題的最佳場所，「世界貿易組織」會員國及觀察員統計如表4.2。[41]

---

[40] J. Michael McConnell, *Annual Threat Assessment of the Intelligence Community for the House Permanent Select Committee on Intelligence*, February 7, 2008.

[41] World Trade Organization, *Members and Observers*, internet available from, http://www.wto.org/english/thewto_e/whatis_e/tif_e/org6_e.htm, accessed March 13, 2008.

表4.2　世界貿易組織會員及觀察員統計

年份	會員國數	備　註
1995	112	不含香港、澳門
1996	17	
1997	3	
1998	2	
1999	2	
2000	5	
2001	3	
2002	1	台灣以中華台北加入
2003	2	
2004	2	
2005	1	
2007	2	
觀察員	31	
總數	181	

資料來源：作者自行整理。

由「世界貿易組織」的不斷擴大，我們瞭解世界各國對於此組織寄予厚望，也瞭解國際機制普獲各國的認同，而這樣的發展趨勢對於解決國際爭端，有其正面的意涵。當然多數會員國也希望在以大國主導的國際體系中，能提供較弱小國家發聲的舞台，徹底解決資源分配、貿易不公的情況，如此才能眞正解決經濟的問題。「世界貿易組織」如能發揮其應有的功能，對於世界經濟的持續發展，絕對有其正面效益，在此正面效益的驅動下，也有助於解決諸如貧窮、疾病與環境惡化造成政治不穩定及恐怖主義孳生的問題。

第五章　美國國家利益

Since there are always many demands for U.S. action, our national interests must be clear. These interests fall into three categories: vital interests, important national interests, and humanitarian as well as other interests.

William J. Clinton

因為總是有許多對美國行動的需求，我們國家利益必須清楚，這些利益可分為三類：至關重要的利益、重要的國家利益、人道及其他利益。

（柯林頓・1999年國家安全戰略）

要界定「國家利益」實屬不易，因其所涵蓋的面向甚廣，而且每一個國家所強調者又不盡相同。若從國際關係的角度來看，現實主義學派認爲，國家對外行爲的基本動因是「國家利益」。摩根索曾說：「只要世界政治還是由國家所構成，那麼國際政治中最後的語言就只能是國家利益。」國家利益關係到外交政策的本質及全部政治學說的基本問題，追求國家利益似乎已成爲政治家和外交家們的行爲信條。19世紀在英國主持國務和外交長達三十多年之久的帕麥斯頓（Palmerston）曾言：「國家沒有永久的朋友，也沒有永久的敵人，只有永久的利益。」喬治・華盛頓（George Washington）則謂：「只要對人類的本質稍加認識，就可使我們確信，對大多數人來說，利益仍是占支配地位的原則。」[1]美國1995年「接觸與擴大的國家安全戰略」說明：「我們的國家安全戰略反映出美國的利益與價值，美國對自由、平等與人性尊嚴的付出，將持續做爲全世界人們的燈塔。在愈來愈受資訊與理念驅使的全球經濟下，活力、創造力與多樣化的美國社會，是我們國家力量的重要來源。」。[2]

然而，國家利益作爲西方國際關係分析中的一個基本概念，卻無法得到一個統一的、明確的規定與表達。有人把它看作外交政策的基本目標，有人把它當成對國家政治與外交進行全面分析和占領的核心概念或綜合價值標準；有人認爲它是一個歷史條件和國內政治環境所規定客觀存在的東西，也有人視其爲可由政治家們隨意解釋，並爲他們的政策與行爲提供支持和辯解的虛構之物。[3]因爲對於國家利益的不同詮釋，所以難以一言蔽之，只能從學者的觀點歸納出其梗概，本章試圖從國家利益的界定、國家利益的分類及追求國家利益的手段等三個面向探討美國的國家利益。

---

[1] 陳漢文，《在國際舞台上》（台北：谷風出版社，1987），頁26-27。

[2] The White House, *A National Security Strategy of Engagement and Enlargement* (Washington D.C.: The White House, 1995), p.*iii*.

[3] 陳漢文，《在國際舞台上》，頁27。

第一節　國家利益的界定

學者林嘉程與朱浤源將國家利益解釋爲：「國家在外交政策中，所使用的安全與福祉概念。人們若採用國家利益眼光以推行外交政策，要求以實際手段解決國際問題，其基礎則爲強大武力，後者在使用時，必須與道德原則及價值分開。在國際體系中，解決國家利益之衝突，須藉著外交手段、國際法、國際制度，當然最後解決方式，還是使用戰爭手段。」。[4]

學者彭懷恩則謂：「國家利益是泛指國民的福祉，以及保持本國政治理想和民族生活方式而言。」美國學者羅森諾（James N. Rosenau）認爲國家利益這個名詞可以因其應用目的，而分別爲政治分析的概念或政治行動的概念，他說：「當作分析工具，國家利益用來描寫、解釋和估量國家對外政策的本源或當作政治行動的手段，它用以辯護、宣布或贊成某些政策。這兩種用法，都是涉及使國家社團有利的事物。」。[5]

美國「國家安全戰略」的要素，包括國家利益（national interest）、國家戰略目標、國家實力和遂行戰略目標的手段，以及制定與實施「國家安全戰略」的環境等。在「國家安全戰略」的要素中，國家利益是第一大要素，因爲國家利益決定基本需求和具體的國家目標。因此在探討國家利益時，首重何謂「利益」的解釋，質言之，「利益」即是好處。依照韋伯（Marx Weber）的說法：「利益（唯物與唯心）並不是理念，是直接由人的行動所支配，但是由這些理念所生之世界的圖像，經常做爲決定促使行動之利益動力軌道的轉轍器。」[6]在國際關係中，國家是主要行爲體，行爲體所追求的「好處」是多樣的。就不同的行爲體而言，有些利益是可以共享的，諸如兩國共同發展貿易、聯合打擊恐怖主義、控制二氧化碳排放量；但也有許多「好處」是排他的，只能由單一行爲體所獨享，諸如主權、領土與軍事優勢等。

---

[4] 林嘉程、朱浤源編著，《政治學辭典》（台北：五南圖書，1990），頁228。

[5] 彭懷恩編著，《國際關係與國際現勢Q & A》（台北：風雲論壇有限公司，2005），頁101。

[6] Hans J. Morgenthau, *Politics Among Nations: The Struggle for Power and Peace* (New York: Alfred A., 1968), p.8.

國防大學對國家追求「好處」，在「國軍軍語辭典」給國家利益下了一個最好的解釋：「國家利益即為國家對於其國民之生存與發展，極關切之事項。」[7]簡言之，生存與發展就是國家行為體所追求的目標。

中國學者王逸舟對於國家利益的界定是：「國家利益是指民族國家追求的主要好處、權利或受益點，反映國家全體國民及各種利益集團的需求與興趣。」閻學通認為：「國家利益是一切滿足民族國家全體人民物質與精神需要的東西。」。[8]

美國學者保羅・必亞提（Paul Viotti）與馬克・考畢（Mark Kauppi）認為利益對於單位體（unit），如國家、階級、團體或個人是重要的，其通常包括最低的生存需求。國家利益是有關那些對於國家而言是重要的事務。[9]喬徐瓦・高德斯坦（Joshua S. Goldstein）則將國家利益視為國家的整體利益，而非國內某個政黨或派系的利益。[10]

而美國學者馬克・阿姆斯特茨（Mark R. Amstutz）在論述國家利益時，就是從生存與發展的角度來界定，他認為國家利益的概念通常指國家相對其他國家而言的基本需求（need）和欲求（want）。必要的條件不存在，國家就不能生存，例如國土、人口、主權等。需要的條件不存在，國家就不能發展，例如和平的周邊環境、充分的能源供應、平等的貿易關係等。[11]

一般而言，研究國家利益有兩種途徑，一種是肯定國家利益客觀的存在，或至少認為藉客觀的標準可以界定國家利益的存在，此種看法稱之為「客觀者」（objectivist）的看法。另外一種看法，卻視國家利益為個人主觀上的癖好，特別是具有左右國家大政的決策者（decision-maker）的

---

7 國防大學編，《國軍軍語辭典——國軍準則：通用001》（台北：國防部軍備局北部印製廠，2004年3月），頁1-1。

8 李少軍主編，《國防戰略報告——理論體系、現實挑戰與中國的選擇》（北京：中國社會科學出版社，2005年1月），頁40。

9 Paul Viotti & Mark Kauppi, *International Relations Theory: Realism, Pluralism, Globalism* (New York: Macmillan Publishing Company, 1987), p.594.

10 Joshua S. Goldstein著，歐信宏、胡祖慶譯，《國際關係》（台北：雙葉書廊有限公司，2006），頁596。

11 李少軍主編，《國際戰略報告——理論體系，現實挑戰與中國的選擇》，頁40。

嗜好，便被視做國家利益，這派想法便是「主觀者」（subjectivist）的論調。[12]

此外，對於國家利益也可以分析層次做區別，約瑟夫‧法蘭克爾（Joseph Frankel）建議把國家利益一詞，按其用途，分成期望的、運作的、解析和論證的（polemical）三種範疇。分述於後：

一、企望的層次：國家利益乃指國家所企求，但卻無從實現完美生活的夢想，或一種暫難實現的理想狀態。但在很多時候，卻足以鼓舞人心進取，而且有政治重要性，像前蘇聯揚言赤化全球，或自由世界揚言解放鐵幕國家等等。這類的國家利益特徵是：

（一）長期的而不是短暫的；

（二）常根植於傳統或義理；

（三）常是反對黨所主張而不受現實牽制；

（四）雖不直接影響實際政治，但提供人們希望；

（五）常是缺乏調整平衡，而趨於自相矛盾；

（六）沒有考慮到實行的可能性；

（七）這種利益不受國家的決定，卻受制於政治意願。[13]

二、運作的利益：運作的利益是指國家實際追求的利益或付諸實行的政策，這類利益的特徵爲：

（一）短期的，容易在可見的未來付諸實行的；

（二）源之於便利或必要；

（三）通常是執政的黨派所深切關懷的；

（四）這類利益常是描述的，而非規範的；

（五）由於實行的方便，儘量避免內在的矛盾；

（六）由於必須考慮到可實行性，所以考慮到所付出的代價；

（七）此類利益的關鍵在於國家實力的能力，而非政治意志，亦即儘量不沾義理的色彩；

[12] 彭懷恩編著，《國際關係與國際現勢Q & A》，頁101。

[13] 前揭書，頁102。

（八）這類利益可以有系統的歸納於最大限度與最小限度的計畫裡，以免耽擱進行。[14]

三、解析和論證的層次：國家利益一詞用於解釋、評估、辯護或批評外交政策，其目的在於證實發言人本身的正確與對方的錯誤，這時使用論據的目的也在自我證實，而不是用於描寫或指令，這類利益可由官方出版的文書證件、宣言等窺知。簡言之，此類官方的論據或辯論無須與企望或運作的利益相衝突。[15]

美國學者葛南・哈斯鐵德（Glenn P. Hastedt）則認爲，國家利益是作者用來特徵化國家外交事務政策的概念。然而，渠也認爲牢記規範性與描述性國家利益之不同，係瞭解關於美國外交政策辯論本質的第一步，而第二步則是瞭解國家利益可在不同抽象的層次來定義。在高抽象的層次，國家利益被運用於國家目的、國家認同與國家生存的問題；在中抽象的層次，則運用於優先的事務及廣泛政策的假設。而國家利益的概念用於最低抽象層次，便是將重心置於每日問題的關懷上：如戰略、戰術與作戰假設。[16]質言之，國家利益的界定範疇甚廣，每位學者對其之界定也不同，然概括言之，即與國家安全及福祉有關的事項皆謂之。

第二節　國家利益的分類

一、學界的觀點

美國著名國際安全研究專家羅伯特・阿特（Robert J. Art）在《美國大戰略》論及美國六項首要的國家利益：

第一項是至關重要的國家利益。第二、三項是非常重要的國家利益。

[14] 前揭書，頁102-103。
[15] 前揭書，頁103。
[16] Glenn P. Hastedt, *American Foreign Policy: Past, Present, Future* (New Jersey: Upper Saddle River, 2003), pp.21-23.

第四、五、六項是重要的國家利益。爲了防止美國國家利益遭受打擊或損失，使美國的價值及傳統得以延續，羅伯特更提出了以下各項國家利益的考量因素：

第一，防止任何力量對美國本土的進攻。

第二，防止歐亞大陸大國之間爆發戰爭，並儘可能消弭及預防足以引發此類戰爭的軍備競賽。

第三，保證美國的石油供應來源，航道安全暢通無阻，並能消費合理的油價。

第四，持續維持自由開放的國際金融（經濟）秩序。

第五，促進全球民主化和人權自由，防止因內戰而實施種族屠殺。

第六，保護全球自然環境，特別是全球暖化問題。

美國爲了保護第一項「生死攸關利益」和第二、三項「高度重要利益」不受上述各種威脅的侵害，羅伯特強調，應於和平時期在波斯灣、歐洲和東南亞駐軍，在這些地區建立核心聯盟並以此爲前沿部署兵力，且保持一支強大的軍事力量隨時準備向海外部隊增援。美國的軍事聯盟與海外駐軍保證了盟國安全，威懾潛在和現存的敵人，從而促進這三項核心地區的穩定。因此，前沿部署的兵力、聯盟及海外基地直接用於維護三項美國最關鍵的利益。[17]

羅賓遜（Thomas Robinson）區分國家利益的標準有三個，即優先性、特殊性與持久性，按照這三項標準進行判斷，可區分六種不同類別的利益：

第一，至關重要的利益（vital interests），這種利益稱爲核心利益或戰略利益，涉及的是國家的基本與長期的目標，諸如國家安全，在這種利益上，國家是不能妥協的。

第二，非重大利益（non-vital interests），這種利益涉及的是國家需求的各個具體方面，在這種利益上，國家是可以進行談判或做出妥協的。

[17] 羅伯特・阿特（Robert J. Art）著，郭樹勇譯，《美國大戰略》（北京：北京大學出版社，2005年7月），頁6-8。

第三，一般利益（general interests），這種涉及是廣泛的、全球的利害關係，諸如維護地區和平，增進經濟繁榮等。

第四，特定利益（specific interests），這種涉及的是國家明確界定的有限目標。

第五，永久利益（permanent interests），這種利益是指國家的不變目標，諸如保護領土邊界等。

第六，可變利益（variable interests），這種利益是指國家針對特殊的地理或政治發展所做出的反應。[18]

美國學者薩克宣則將國家利益區分三個層次（order），即至關重要的利益（vital interests）、非常重要的利益（critical interests）及嚴肅的利益（serious interests）。首先，至關重要的利益是保衛本土、區域及事件直接影響這樣的利益，而這需要國家全面的軍事動員及資源的承諾；其次，重要的利益意指區域或事件沒有直接影響國家的生存及本土的安危，但長期而言極可能轉變爲第一個層次的利益，在最近的將來，這些對於第一層次的利益有一個直接的影響，諸如此類的利益主要是由它們維持、培養及擴大開放體系程度來衡量；第三，嚴肅的利益是指那些區域及事件不會嚴重影響第一及第二層次的利益，美國努力聚焦在建立一個有利的環境，以防止這些利益成爲第一、二層次的利益，而這一個層次利益的不利因素可做爲第二層次利益的警示。[19]

摩根索曾說：「國家利益的概念包括兩種因素，一種因素是邏輯上所要求的，在邏輯意義上必不可少的；另一種因素則是由環境所決定的，是可變的。因此，前者有相對永恆存在之必然性，後者將依環境而改變。」所謂相對永恆的利益也可叫做國家利益的「內核」（hard core），它用一句話來表示，就是國家的生存。在一個許多主權國家爲了爭奪權力而競爭和對抗的世界裡，任何一國的對外政策都必然把自己的生存當作最低限度

---

[18] 李少軍主編，《國防戰略報告——理論體系、現實挑戰與中國的選擇》，頁46。

[19] Sam Sarkesian, *U.S. National Security: Policymakers, Processes, and Politics* (Colorado: Lynne Rienner Publishers, 1995), pp.7-8.

的要求。國家做為一種政治實體的生存，包括國家領土、政治制度和文化的完整。[20]

羅伯特・奥古斯德把國家利益具體化為以下要素：

（一）國家的生存或自保，包括領土完整、政治獨立和基本政治制度的保持。

（二）經濟自給自足。

（三）國家威信。

（四）對外擴張。[21]

另外一位學者伊佛・杜查希克（Ivo D. Duchacek）把國家利益歸結為五項：

（一）國家有形本體的保持。這主要指國民的生存，因為只有國民存在，國家與民族才能存在。

（二）信仰系統，如民主、自由、獨立、和平等。

（三）政治制度。

（四）經濟系統，如經濟的進步，社會的繁榮。

（五）領土完整。[22]

摩根索以國家在國際社會上爭取權力，做為國際政治的理論基礎。國家權力的中心問題卻是國家利益，摩氏的國家利益學說後來再經過湯瑪斯・羅賓遜（Thomas W. Robinson）的綜合整理，體系益顯完整，立論精闢。其分析利益有下列九項：

（一）基本利益：包括保護國家有形的，政治、文化的本體，以及避免國家受到外來的侵害。這類利益幾乎沒有讓步或商榷的餘地。國家無分大小，必定全力以赴，來保持基本利益。

（二）次要利益：例如保護本國在外僑民及駐外使館人員之安全等

---

[20] 陳漢文，《在國際舞台上》，頁28。
[21] 前揭書，頁28-29。
[22] 前揭書，頁29。

等，只有強國才能維護此等次要利益。

（三）永久利益：係在時間過程中頗爲穩定不變或變化不多的利益。例如英國幾世紀來，一直視航海自由及縮小領海範圍爲其國家利益。

（四）變動利益：乃受人們的喜惡、輿論、黨派利益、習俗等影響的利益，常隨時間與環境而變化。例如英國在1938年時，不認爲捷克安全受影響，對英國國家利益有損。

（五）一般利益：國家可以廣泛施之於其領土，或與多數國家共通、或應用範圍甚大的利益（例如經濟、商務、外交關係、國際法等）。像英國維持歐陸權力平衡，就是顯例。

（六）特殊利益：少數特殊的時、地、物所限制，而專注某項事實所產生的利益。例如英國一向認爲只有保持荷蘭、比利時、盧森堡等低地國家的獨立，方才能夠達到歐陸權力的平衡。

（七）認同利益：乃是兩個或以上國家共同的利益，例如英國和美國共同阻止歐陸被任何一個強國所控制。

（八）互補利益：國家間截長補短、相輔相成的利益。例如英國視葡萄牙之不受西班牙控制，亦即葡萄牙的獨立自主爲其利益之所在，其目的在使大西洋能受英國左右。就葡萄牙而言，則藉英國海上霸權的運用，來防止被西班牙所併吞。

（九）爭執利益：係國家間志在必得，彼此發生爭執的利益。例如喀什米爾爲印、巴兩國的爭執利益。[23]

二、美國國家安全戰略

冷戰後，美國無論在國際政治、經濟與軍事上，都是無與匹敵的超級強權，雖然短期間不會有任何國家挑戰美國霸權地位，但在國際間愈來愈趨相互依賴的時代，如何在其國家重要文件中闡釋國家利益，而不會掉入美國霸權的迷思，又能警示潛在的競爭對手；對內做爲「國防戰略」與

[23] 彭懷恩編著，《國際關係與國際現勢Q＆A》，頁104-105。

「國家軍事戰略」之指導原則，在外又成爲盟國、友邦關係維護之力量，確實是值得思量的。以下試就柯林頓及小布希政府「國家安全戰略」所揭櫫的國家利益，摘述如後：

（一）柯林頓政府時期

柯林頓在1993年1月20日就職演說中，針對美國至關重要的利益提出了維護手段，他說：「當我們至關重要利益受到挑戰的時候，或者當國際社會的意志和良知遭受蔑視的時候，只要可能，我們將採取和平外交活動，或有必要時就使用武力。今天在波斯灣、索馬利亞及任何其他地方，爲我們國家效力的美國勇士們，就是我們決心的證明。」[24]柯林頓在就職時，即明確將如何維持美國至關重要的國家利益、堅持海外駐軍的正當性、合理性，向全國近三億人口及世界上每個國家發表美國立場。

柯林頓在任期中所公布的「國家安全戰略」，更言簡意賅在國家利益的前提下，考量政府未來國際環境威脅，如何實現國家戰略目標的走向，研訂此一國家階層指導性的戰略，此「國家安全戰略」所揭櫫的國家利益可概分爲下列三種：

1.至關重要的利益（vital interests）

任何威脅美國國家實體生存、安全因素，爲至關重要的利益；必要時果斷的以單邊與決定性的使用軍事力量，爲維護至關重要利益的必須手段。1995年「接觸與擴大的國家安全戰略」序言更指出，保護美國國家安全，是美國政府最重要的使命與憲法責任。[25]開啓了對國家生存與安全重視的鎖鏈。正如美國學者・菲德力克・皮爾遜（Frederic S. Pearson）和馬丁・羅傑斯特（J. Martin Rochester）認爲主權國家的國家利益，有三項基本內容：[26]

---

[24] 岳西寬、張衛星譯，《美國歷屆總統就職演說集》（北京：中央編譯出版社，2002年4月），頁360。

[25] The White House, *A National Security Strategy of Engagement and Enlargement 1995* (Washington D.C.: The White House, 1995), p.i.

[26] 李少軍主編，《國防戰略報告——理論體系、現實挑戰與中國的選擇》，頁45。

(1)確保自身的生存，包括保護其公民的生命和維持領土完整。

(2)促進人民的經濟福利與幸福。

(3)保持其政府體系的自覺與自主。

此一觀點即是呼應美國「國家安全戰略」至關重要的利益，對於威脅國家實體生存及安全的重視與學者將領土完整，列爲第一項主權國家的國家利益，不謀而合。

2.重要的利益（important interests）

當利益瀕臨危險惟不威脅國家生存；但威脅重要的國家利益，即影響美國重要的國家福祉及美國所居世界的角色（character），[27]此爲重要的利益。美國對重要利益的重視，雖不若至關重要的利益來得急迫，但在此範圍內考量其影響成本與風險，如不即時解決此類利益，可能擴及影響最高階層的國家利益。反之，重要利益的維護及鞏固可做爲至關重要利益的基石。如1994年柯林頓政府，支持海地民選總統阿里斯蒂德（Jean-Bertrand Aristide），推翻在海地獨裁統治長達三十年之久杜瓦利埃家族（Jean-Claude Duvalier），[28]以及北約組織對波士尼亞軍事行動等任務。雖然任務遂行不在美國本土或海外駐軍駐紮處，但是中南美的不穩定或歐洲安全的失調，都將帶來美國國家安全的成本與風險，間接影響美國至關重要的利益。

3.人道救援利益（humanitarian relief）

諸如天然及人爲災難或嚴重違反人權，爲了遂行美國價值，而可能採取行動以維護人道利益。美國對此類利益希望透過國際組織、區域合作來達成並遂行美國的價值，如執行非洲盧安達人道救援。而1994年4月柯林頓在第一任期間，因處理「北約」對波士尼亞的軍事行動，同一時間盧安達總統座機失事墜毀，總統當場罹難。鄰國蒲隆地煽動胡圖族大開殺

---

[27] The White House, *A National Security Strategy of Engagement and Enlargement 1995* (Washington D.C.: The White House, 1995), p.12.

[28] William Blum著，羅會鈞等譯，《誰是無賴國家》（北京：新華出版社，2000年10月），頁159。

戒。一百天之內盧國800萬人口死亡80多萬人。柯林頓在其回憶錄《我的人生》乙書中自責，未能及時阻止盧安達悲劇是總統任內最大的遺憾之一。[29]

總之，生死攸關的利益或至關重要的利益，是指對美國國家的生存，但影響美國的安寧和美國的外部環境，基於美國價值觀的要求所遂行的是人道利益與其他利益。[30]綜觀柯林頓兩任總統八年任期，對於至關重要的利益、重要的利益與人道利益可歸納如表5.1。

表5.1　柯林頓政府時期國家安全利益

區分	年代	國家安全利益
接觸與擴大的國家安全戰略	1995	至關重要的利益——沙漠風暴 重要的利益——出兵海地 人道的利益——盧安達救援
接觸與擴大的國家安全戰略	1996	至關重要的利益——沙漠風暴 重要的利益——海地及波士尼亞 人道的利益——盧安達救援
新世紀的國家安全戰略	1997	至關重要的利益——生存安全與國家生命力有關者 重要國家利益瀕於險境——海地及波士尼亞 人道的利益——災害及人權行動
新世紀的國家安全戰略	1998	至關重要的利益——生存安全與國家生命力 國家重要利益瀕臨險境——海地及波士尼亞 人道與其他長期利益——災害及人權行動
新世紀的國家安全戰略	1999	至關重要的利益——生存安全與國家生命力 國家重要利益瀕臨險境——海地及波士尼亞與支持東帝汶民主轉型 人道與其他長期利益——災害及人權行動
全球時代的國家安全戰略	2000	至關重要的利益——生存安全與國家生命力 國家重要利益——海地及波士尼亞與支持東帝汶民主轉型 人道的利益——災害及人權行動、加快人道除雷

Sources: U.S. National Security Strategy (1995-2000).

[29] William Jefferson Clinton, *My Life* (New York: Alfred A Knopf, 2004), pp.592-593.
[30] 李少軍主編，《國防戰略報告——理論體系、現實挑戰與中國的選擇》，頁47。

二、小布希政府時期

2000年美國總統大選在選票的爭議下，最高法院裁定共和黨小布希獲勝。小布希最後在2000年12月13日宣布當選。[31]小布希總統並於2001年元月進駐華府，渠就任後意圖將國家優先要務，改成對付新興的安全威脅，尤其是彈道飛彈和大規模毀滅性武器所構成的威脅。此一戰略特別重視恐怖分子與流氓國家所構成的威脅，但也非常重視如何化解區域衝突、遏制大規模毀滅性武器的威脅、與其他大國發展合作關係，以及強化經濟發展和民生基礎。小布希時期的「國家安全戰略」明白指出，美國將維持其優異的經濟和軍事力量，並以此促成「有利於自由的權力平衡」。[32]

因爲主政者的替換，美國「國家安全戰略」所強調的國家利益有所調整，尤其小布希在上台後不久即遭逢2001年「911」恐怖事件的挑戰，改變了美國對於安全的認知，使得原本偏向保守主義的共和黨，決定採取更積極的「國家安全戰略」，然而2002年9月「國家安全戰略」發布後，有許多語焉不詳的地方，與柯林頓政府時期不同，全文並無明確指出，美國利益爲何？如何區分三大利益？就如同2002年「國家安全戰略」所提出的目標是：「政治與經濟自由、與其他國家之和平關係、尊重人類尊嚴」，[33]而這樣的說法事實上是依循柯林頓政府時期「國家安全戰略」的大架構，即提升安全、增進經濟繁榮、促進民主三項議題，雖然在內容鋪陳有所不同，但可看出小布希的「國家安全戰略」目標，與柯林頓政府的「國家安全戰略」並無二致。

尤其，在2001年「911」恐怖攻擊事件之後，美國對於國內外的安全有不同的認知，譬如說，同年9月30日國防部出版的「四年期國防總檢報告」曾明白指出：「美國三軍部隊建軍宗旨爲保護與促進美國的國家利益，並在軍事嚇阻不成後，決定性的擊潰對美國利益的威脅」，此外也聲

[31] James Macpherson著，伊宏毅等譯，《總統的力量——從殖民地到超級大國》（北京：中國友誼出版公司，2007年6月），頁308。

[32] Lynn E. Savys、Jeremy Shapiro著，高一中譯，《美國陸軍與新國家安全戰略》（台北：國防部部長辦公室，2006年9月），頁21。

[33] The White House, *The National Security Strategy of the United States of America* (Washington D.C.: The White House, 2002), p.3.

明美國國防態勢的發展必須將下列數項長遠的國家利益納入考量。

第一，確保美國的安全及行動自由。包括：美國領土主權完整及自由、美國公民在國內與國外的安全及美國重要設施的保護。

第二，信守國際承諾。包括盟邦及友邦的安全與福祉、排除敵對國家在歐洲、東北亞、東亞、中東與西南亞等重要地區宰制行爲及西半球的和平與穩定。

第三，致力促進經濟福祉。包括全球經濟活力與生產力、國際海上、空中、太空與資訊通路的安全及掌握主要市場與獲取戰略資源。[34]

小布希政府所認爲的國家利益仍以美國安全、盟國及友邦的安全、增進經濟繁榮爲主。然而，2002年至2006年間所發生的一些恐怖攻擊事件，使得美國從行動中學習到許多經驗。因此在2006年「國家安全戰略」序言中，明白指出該戰略的基石是增進自由、正義與人性尊嚴和領導茁壯的民主社會所構成，[35]更加凸顯出自由、人權、民主對於美國國家利益維持的重要性。然而是什麼事情影響美國國家安全利益層面的擴展？與此相關的事件如愛滋病和SARS的擴散、非法貿易（如毒品、人口貿易）對秩序的破壞、人爲或天然災害（如Katrina、Rita颶風、東南亞大海嘯、南亞大地震），這些都讓小布希政府認知並學習到有效率的民主國家較能面對與處理這些挑戰，因而開始強調對茁壯中民主國家的領導。所以2006年的「國家安全戰略」明確將民主、自由、人性尊嚴列爲戰略重點，也成爲美國所追求的國家利益之一。小布希總統時期「國家安全戰略」所強調的利益，可歸納如表5.2。

[34] Department of Defense, *Quadrennial Defense Review*, internet available from http://www.comw.org/qdr/01qdr.html, accessed March 25, 2008.

[35] The White House, *The National Security Strategy of the United States of America* (Washington D.C.: The White House, 2006), p.*ii*.

表5.2　小布希政府時期國家安全利益

區分	國家安全利益
2002年國家安全戰略	一、確保美國的安全及行動自由 二、信守國際承諾（盟國及友邦安全） 三、致力促進經濟福祉
2006 年國家安全戰略	一、確保美國的安全及行動自由 二、信守國際承諾（盟國及友邦安全） 三、致力促進經濟福祉 四、增進自由、正義與人性尊嚴 五、領導茁壯中的民主社會

Sources: U.S. National Security Strategy (2002、2006).

第三節　追求國家利益的手段

做爲冷戰後世界第一強國的總統，柯林頓與小布希都明白美國的責任是什麼，在國際舞台中如何扮演一個受到國際歡迎的對象，而不是處處受到掣肘的對象。在現代國際關係中，國家利益構成了國家間互動的一個最重要的因素。實際上，國家之所以形成互動，質言之，就是因爲國家在不斷滿足自己的需求與欲求的過程中，必然會導致與其他國家接觸與互動。而一旦發生這樣的接觸與互動，國家實現自身利益的行動，就變成了對外政策行爲。[36]

在此理念下，柯林頓與小布希維護美國國家利益宗旨上，均將國家利益區分主從與先後關係，它絕不是跳躍式或可分階段完成，更不可能只實踐所謂重要利益或次要利益，而放棄至關重要利益。在「安全」及「發展」傳統國家利益的雙頭馬車拉扯下，以「安全」爲主要的轡頭，隨著國際關係學者對國家利益先後順序的詳細註解，國家利益仍是當今國際關係重要的課題。

在安全考量下，2007年7月美國「國家安全會議」（National Security

[36] 李少軍主編，《國防戰略報告——理論體系、現實挑戰與中國的選擇》，頁96。

Council, NSC），從國家利益的角度，將未來十年美國國家利益面臨的挑戰與機遇劃分爲五個區域，當然也包括中國與台灣所在的東亞地區，並將與美國在東亞主要的潛在對手中國建立建設性關係，列爲此地區第一級生死攸關的利益，而維持台灣海峽和朝鮮半島的和平列爲第二級極端重要的利益。[37] 美國國家利益雖然有不同的詮釋，然若將其作一比較，仍不脫離安全與經濟的利益，惟維護國家利益究竟要以何種手段方可達成，以下將以柯林頓及小布希政府所揭示的國家利益爲例，分析其達成利益的手段。

一、從單極走向多極

2000年7月美國「國家安全會議」，在柯林頓任期最後一年，集美國29位著名學者，共同編纂出版的「美國國家利益報告」，將美國國家利益區分四種不同的利益：第一，生死攸關的利益；第二，極端重要的利益；第三，重要的利益；第四，次要的利益。首先，生死攸關的利益包括：防止威懾和減少核生化攻擊美國及其海外駐軍，防止美國周邊出現敵對大國及衰敗國家，確保全球主要體系的活力與穩定，與可能成爲美國戰略對手的國家——中國與俄羅斯建立建設性的兩國關係等五項。[38]

極端重要的利益包含：防止重要地區出現霸權、促進美國盟友的繁榮保護其免受外來侵略、促進世界接受國際法準則、以和平方式解決或處理紛爭的機制及防止、處理並儘可能以合理的代價結束重要地區的大規模衝突等十一項。

以上的論述與國防大學「軍語辭典」對於國家利益所下的定義：「國家對於其國民之生存與發展，極關切之事項」有異曲同工之妙。此也與柯林頓政府「國家安全戰略」所揭櫫的三大利益，至關重要的利益、重要的利益、人道利益殊途同歸。以上三種國家利益用以做爲美國政府使用軍事力量的考量，在柯林頓政府「國家安全戰略」對於國家利益的定義調整不大，惟在人道利益上，由1995年「接觸與擴大的國家安全戰略」中運用軍

[37] 陳舟，《美國的安全戰略與東亞》（北京：世界知識出版社，2002年1月），頁224。
[38] 前揭書，頁206。

事的獨特力量，於適當的時機介入救援，[39]於1997年「新世紀的國家安全戰略」則做了些微的調整，除了重申違反人權問題外，增加了人爲及天然災難問題，並且修訂爲透過外交與許多夥伴國家合作，包括他國政府、國際組織或非政府組織，[40]由此可見，柯林頓對運用軍事力量於人道救援行動，從單極走向多極的手段，已有所修正。

綜觀柯林頓政府促進國家利益的方式爲：形塑國際環境、回應威脅與危機及爲不確定的將來未雨綢繆。首先，在形塑國際環境的手段包括：外交、公眾外交、國際援助、武器管制與不擴散、軍事活動、國際執法合作及環境與健康機制。其次，回應威脅與危機則包括：跨國威脅、恐怖主義、毒品走私與其他國際犯罪、國土防衛、國家飛彈防禦、反制國外情報蒐集、反制大規模毀滅性武器、重要基礎設施的保護、國家安全緊急準備、較小規模的應變行動、主要戰區的戰爭及部隊運用的決策。第三，在爲不確定的將來未雨綢繆方面，此即意味著美國須有一個強固、競爭、技術領先、革新、回應的產業及研發基地，以及均衡預算確保部隊戰力，同時，美國部隊也要轉型以應對任何的挑戰。此外，美國對未來的戰略需要發展新的調查方式與方法，並努力加快政府海內外各階層執法單位的整合。[41]

二、「布希主義」的意涵

小布希總統在其競選期間，即已清楚表明其反對前任所支持的多邊機制。譬如說，促進北愛爾蘭問題的解決、促成中東的和平、與北韓會談及撤出科索沃的維和行動，在這些議題上小布希與柯林頓是格格不入。況且，「911」恐怖攻擊活動，加深小布希與邪惡對抗的決心，於焉「布希主義」便應運而生。克勞塞默（Charles Krauthammer）指出，小布希政府

---

[39] The White House, *A National Security Strategy of Engagement and Enlargement* (Washington D.C.: The White House, 1995), p.12.

[40] The White House, *A National Security Strategy for a New Century* (Washington D.C.: The White House, 1997), p.22.

[41] The White House, *A National Security Strategy for a New Century* (Washington D.C.: The White House, 1999), pp.5-21.

奉行單邊主義政策，旨在恢復美國的行動自由，保持美國的卓越地位，其具體目標包括：美國在世界各地作爲起平衡作用獨一無二的力量，制止大規模毀滅性武器的擴散，對謀求此類武器的無賴國家發動先發制人打擊，在全球擴展民主自由制度。在此邏輯下，克氏認爲布希主義的本質特徵就是單邊主義。[42]從「布希主義」的意涵，我們清楚看出小布希總統將危害其國家海內外利益的事項，列爲最優先處理，而其思維仍不脫離安全議題，特別是國家戰略利益等高階政治的範疇。[43]

第四節　小　結

雖然學者對國家利益的看法迥異，但美國「國家安全戰略」對國家利益做出清楚的陳述，該戰略將國家利益區分爲三類：至關重要的、重要的與人道的利益。第一類至關重要的利益是那些直接與生存、安全與國家生命力（vitality）有關者。這些包括美國與盟邦國土實體的安全、海內外百姓的安全，反制大規模毀滅性武器的擴散，美國社會經濟的福祉，以及保護重要的基礎設施，包括能源、銀行與金融、通訊、運輸、自來水系統、重要的人道服務與政府服務。美國會竭盡所能防衛這些利益，可能包含軍事力量的使用，以及當美國認爲必須及適當之單邊行動。第二類重要的國家利益是指影響國家與所生活世界的福祉。原則上，這可能包括美國握有重要政治與經濟利益區域的發展，對全球環境有顯著影響的議題、基礎設施的破壞使經濟陷入不穩定，但沒有癱瘓平順的經濟活動，以及可能引起經濟混亂或人道行動的危機。美國將以行動保護重要的國家利益，例子包括成功致力結束殘暴的衝突並恢復科索沃的和平，支持亞洲及太平洋盟邦恢復秩序及東帝汶成爲國家狀態的轉移。第三類爲人道及其他長期利益。例子包括對於天然與人爲的災難、回應並制止嚴重破壞人權、支持新興民

[42] Charles Krauthammer, “The Bush Doctrine,” the Weekly Standard, June 4, 2001. 轉引自劉阿明著《布希主義與新帝國論》，頁88。

[43] Paul Viotti & Mark Kauppi, *International Relations Theory: Realism, Pluralism, Globalism* (New York: Macmillan Publishing Company, 1987), p.592.

主國家、鼓勵遵守法治與文人領軍、促進持續發展與環境保護，或加快人道的除雷。由於以上三類國家利益與其「國家安全戰略」所論述三個核心目標，有其緊密的關係。易言之，至關重要的利益不脫離安全的議題，而重要的利益則可能橫跨政治與經濟的議題。另外，人道救援旨在協助受援國恢復秩序，並協助國家的轉型，其又與促進民主有著緊密關係。

綜觀柯林頓與小布希兩位總統的國家利益觀，在表述的層次上或有不同，但只要國際政治無政府狀態的本質沒有改變，美國對於其國家利益的維護，不會因政黨執政輪替而改變。雖然柯林頓政府時期保守派對其維護美國利益的政策大加撻伐，批評者認為柯林頓多邊主義及對於美國國家利益的解讀，肇因於沒有經驗。[44]柯林頓政府較注意內部事務及經濟議題的處理，然而，其外交政策面對來自批評者，如伍佛維茲（Paul Wolfowitz）與曼多包姆（Michael Mandelbaum）的強烈批判。依照柯根（Robert Kogan）的說法，渠確認柯林頓政府四個面向的弱點（failings）：一、未能圍堵中國；二、未能解除海珊政權；三、未能維持美國適當軍事力量；四、未能部署飛彈防禦系統。[45]柯林頓雖然面對保守派的攻詰，以及對於捍衛美國不力的批評，但實際上，柯林頓政府「國家安全戰略」所揭示的三項核心目標是既明確又務實，並且在國家利益的闡述上也是言簡意賅。

柯林頓及小布希總統雖然因黨派不同，但是他們對於「國家安全戰略」所強調的安全、經濟與民主等三項核心目標卻是一致的，只是差別在兩者表述與使用手段的不同（相關內容詳見第十章）。對於小布希總統而言，打擊恐怖主義、大規模毀滅性武器及應付流氓國家才是當務之急的議題。但是未來無論政黨如何輪替，與高階政治有關之生存、安全與國家戰略利益等問題仍然是美國至關重要的利益，而有關經濟、福祉、環境與健康等低階政治議題[46]，仍然是美國重要利益所在。

[44] Glenn P. Hastedt, *American Foreign Policy: Past, Present, Future* (New Jersey: Upper Saddle River, 2003), p.81.
[45] *Ibid.*, p.82.
[46] Paul Viotti & Mark Kauppi, *International Relations Theory: Realism, Pluralism, Globalism* (New York: Macmillan Publishing Company, 1987), p.592.

第六章　安全是至關重要的利益

There are clear indicators that engagement is achieving our national security goals in this rapidly changing world. First, engagement has produced many benefits that enhance our security at home and abroad. The overseas presence of our military forces helps deter or even prevent conflicts. It assures our allies of our support and displays our resolve to potential enemies.

William J. Clinton

在此一快速變動的世界，接觸是達成我們國家安全目標一個清楚的指標，首先，接觸產生許多提升我們海內外安全的利益，我們部隊的海外駐軍有助於嚇阻或甚至預防衝突，其保證我們對盟邦的支持，或展示我們對於潛在敵人的決心。

（柯林頓・2000年國家安全戰略）

古典現實主義及結構現實主義，僅強調追求權力的企圖與安全的國際結構，以米爾斯海默為首的攻勢現實主義學派則認為，在國際無政府狀態下，國家安全是永遠缺乏而且不足的。因此，強國必須追求權力的極大化，以維護本身的安全。該學派學者史提芬・沃特（Stephen Walt）即從科技角度、地理位置、攻擊能力以及企圖認知，以界定威脅資訊與主要來源，並論述國家通常透過理性地追求安全。[1]這樣的論述便成為國家對外戰略的理論基礎，不容置疑地，美國「國家安全戰略」的論述融合了理想主義、古典現實主義、結構現實主義、自由主義的論述，但是在該戰略中，美國也不時提醒，必要時單邊行動的可能，就是攻勢現實主義的體現。

依據美國「國家安全戰略」的劃分，國家安全是至關重要的利益。隨著冷戰的結束，美蘇兩國長期以來，核武對峙與準備大規模傳統戰爭已不復見。然而，種族衝突導致內戰使人民暴露於大規模的暴力之中，高科技技術的競爭及可能轉用於軍事的憂慮，移民與難民考驗國家的處理能力，環境惡化威脅影響國家的福祉。[2]其次，流氓國家（rogue states）對於人權、宗教與自由的迫害，以及尋求大規模毀滅性武器，都使得冷戰後的國際安全環境產生更複雜的因子與面對更多的挑戰。再者，美國2005年「國防戰略」則認為：「20世紀的安全威脅起於進行侵略路線的強權國家，而21世紀的主要面向是全球化及潛在大規模毀滅性武器的擴散，意味著較大的危險可能起於或源自相對較弱的國家及治理不善的地區。美國及盟邦與夥伴須對那些缺乏治理能力的國家保持警戒，主權國家有責任去管理，以確保它們的領土不會用於做為攻擊其他國家的基地。」。[3]

沒有一個國家可獨自擊敗現行各式的威脅，因此，美國「國家安全戰略」中心目標是調整美國與主要國家的安全關係，以對抗共同利益的威

1 廖舜右、曹雄源，〈現實主義〉，張亞中主編，《國際關係總論》（台北：揚智文化，2003年1月），頁53-54。

2 Peter Katzenstein (ed), *The Culture of National Security: Normsand Identity in World Politics* (New York: Columbia University Press, 1996), p.7.

3 Donald H. Rumsfeld, *The National Defense Strategy of the United States of America* (Washington D.C.: Government Printing Office, 2005), p.1.

脅，即是尋求強化與友好國家及盟邦的合作，以應付這些威脅。譬如說，阻絕恐怖分子的安全庇護所、取締洗錢非法活動及加緊與友好國家及盟邦的情報合作，以防武器擴散、恐怖分子攻擊與國際犯罪。此外，美國也認為與看法相同的國家建立有效率的合作關係是不夠的，這就是為什麼美國必須強化自身能力。所以美國可有效地領導國際社會以回應這些威脅，當需要時美國也可單獨行動，美國對這些威脅的回應並不侷限於政府中的某一個機關，尤其當內政與外交政策的界線已變得模糊時，在此新時期國家安全的準備上，美國必須致力於政府各單位的整合，以提升美國國家安全。該戰略的許多面向聚焦於形塑國際環境，以防止或嚇阻威脅，外交、國際援助、武器管制計畫、不擴散機制與海外駐軍，均為典型的例子。整合的第二個要素需要保持能力，以因應全面可能的危機，包括同時打贏兩場主要戰爭。最後，美國必須蓄勢以待，因應明日不確定的挑戰。[4]

美國身為全球唯一強權，其國家利益遍佈全世界，影響力更是無處不在。所以，如何確保其海、內外利益、駐外人員、駐軍、盟邦與友好國家的安全，都成為美國「國家安全戰略」最優先的考量因素。本章首先論述美國如何形塑一個有利的國際環境，以確保美國的安全。其次說明美國如何建構其部隊，以回應危機的威脅，並且闡述美國如何為不確定的將來未雨綢繆。

第一節　形塑國際環境

美國配置一系列的方法，以形塑有利於美國國家利益及全球安全的國際環境，藉由提升區域安全與防止及降低上述眾多的威脅。形塑行動有助提升美國的安全，這些措施改造及強化盟邦，保持美國在主要區域的影響力，並鼓勵信守國際規範。當可能衝突之徵兆或潛在威脅出現時，美國採

[4] The White House, *A National Security Strategy for A New Century* (Washington D.C.: The White House, 1997), pp.11-12.

取主動來防止或降低這些威脅，這些主要針對防止各國的武器競賽，阻止大規模毀滅性武器的擴散，以及降低重要地區的緊張，形塑行動可採取諸如外交、國際援助、武器管制與不擴散機制、軍事活動等多元方式進行。[5]

一、透過外交

柯林頓政府1997年、1998年「新世紀的國家安全戰略」強調：「外交是反制國家安全威脅的重要手段，透過美國在世界各地的使節團與代表，傳達外交例行事務是無法取代的形塑活動，這些努力包括強而有力表達美國的利益、和平解決區域爭端、避免人道災難、嚇阻針對美國、盟邦及友好國家的侵略、創造美國公司貿易與投資的機會，投射美國的影響力至全世界，這些對維持美國盟邦是重要的。預防外交在處理衝突與複雜緊急事件的重要性，是美國學到的諸多課題之一。」[6]1998年「國家安全戰略」則認爲：「協助預防國家的失敗，比內部危機後的重建來得更有效率，協助人們留在國內，要比在難民營提供食宿來得有利；協助救援單位與國際組織強化衝突解決制度，比癒合已擴大成流血事件的種族與社會分離要來得更好。簡言之，當危機管理與危機解決成爲外交政策必須的任務時，預防外交顯然是更好的選擇。[7]可靠的軍力與使用意志的展現，對防衛重要的利益與保護美國人民的安全是重要的，但是僅憑恃軍力無法解決所有的問題，只有在軍事、外交和其他政策手段相輔相成，方能產生最大成效，因爲將來有許多「場合」與「地方」必須依賴外交形塑活動，以保護及促進美國的利益。」。[8]

柯林頓在其任內處理國際事務遭致保守主義的批評，並歸咎於缺乏經驗與政策的善變，沒有經驗被視爲要對過度擁抱多邊主義負責任及過

[5] *Ibid.*, p.12.
[6] *Ibid.*, p.12.
[7] The White House, *A National Security Strategy for A New Century* (Washington D.C.: The White House, 1998), p.15.
[8] *Ibid.*, p.16.

度定義國家利益，而經常及突然改變政策則被視爲柯林頓個人性格及管理風格的結果。伍佛維茲催促柯林頓政府在支持維和上要更加小心翼翼，並且對支持美國基本利益的國際共識要更熱心。曼多包姆（Michael Mandelbaum）抨擊柯林頓政府對海地（Haiti）、波士尼亞（Bosnia）與索馬利亞（Somalia）政策的錯誤，此皆歸因於柯林頓無能聚焦其外交政策在眞正國家利益這一個問題上。[9]

保守主義與自由國際主義者雖然對柯林頓的外交政策多所批評，但是沃特卻提出一個較正面的評價，他確認柯林頓總統在外交政策所促進的四個目標：減輕安全的競爭與降低戰爭的風險，降低大規模毀滅性武器的威脅，促進一個開放的世界經濟體系，以及建立一個符合美國價值的世界秩序。他認爲柯林頓政府的外交政策，頗適合一個沒有什麼可以獲得但可能失去很多的年代，美國人民瞭解，並且清楚表明他們既不要孤立主義，也不要代價不菲的國際救世主。[10]沃氏的中肯評論，已道出柯林頓政府透過外交來處理，並非美國單一國家可處理的繁瑣國際事務。

小布希政府的國家安全戰略，則認爲，「自由國家所提供的調停或外援，有時可預防衝突或在衝突爆發之後協助解決。此類及早採取的措施，可避免問題惡化成危機與危機轉變成戰爭，美國在適當時機樂於扮演這樣的角色。」此外，美國也認爲：「某些衝突對美國的廣泛利益及價值構成威脅，必須對衝突進行干預，爲了制止血腥衝突難免使用軍事手段，但唯有隨後秩序與作爲的成功，才能獲得永續和平與成功。」[11]這樣的說明顯示出美國以外交及軍事外交落實對衝突預防、解決、干預及重建措施的作用。

---

[9] Glenn P. Hastedt, *American Foreign Policy: Past, Present, Future* (New Jersey: Upper Saddle River, 2003), p.81.

[10] *Ibid.*, p.81.

[11] The White House, *The National Security Strategy of the United States of America* (Washington D.C.: The White House, 2006), p.16.

二、國際援助

柯林頓總統在1997年「國情咨文」說明：「美國也須更新外交承諾，並且支付國際金融組織如世界銀行的欠款及改革聯合國，每一分美國貢獻的錢，是防止衝突、促進民主、防止疾病與肌餓的擴散，以在安全及積蓄獲得回報。然而，美國在國際事務的支出占聯邦預算的1%，僅占美國在冷戰初期選擇領導而不是逃避現實所投入外交費用的一小部分，假如美國要持續領導世界，必須找出我們願意支付的方式。」。[12]

1998年「國家安全戰略」對美國之國際援助有清楚的描述：「從美國領導動員重建戰後的歐洲，到最近建立橫跨亞洲、美洲與非洲增進外銷的機會，美國的外銷援助已協助新興民主國家，擴大自由市場，降低國際犯罪的成長，遏制主要的健康威脅，改進環境與天然資源的保護，緩和人口成長與解除人道危機。當諸如科學與技術合作計畫等有效的雙邊或多邊活動相結合時，美國主動降低所費不貲的軍事及人道干預，當外援成功鞏固自由市場政策，美國外銷的穩定成長常尾隨而至。在危機發生時，諸如『非洲鉅角方案』（Greater Horn of Africa Initiative）已協助制止大規模的災難，另外通過重點救援也為深陷衝突與流離失所的難民鋪設坦途，其他的外援計畫也已實施，俾協助恢復基本安全與政府機關的運作。」。[13]

此外，在1998年八大工業國高峰會提出的「科隆債務議案」（Colonge Debt Initiative），與先前債務解除承諾加起來，總共減免嚴重負債國家70%的債務，此一減免將從總數1,270億美元降至370億美元，包括八大工業國取消官方發展援助及其他雙邊債權人的債務。同年9月，柯林頓總統在債務解除的努力上更向前推進，他指示政府100%免除積欠美國債務的國家。[14]

小布希總統在2006年「國家安全戰略」提出「消除愛滋病緊急計畫」

---

[12] William J. Clinton, *1997 State of the Union Address*, internet available from http://partners.nytimes.com/library/politics/uniontext.html, accessed April 12, 2008.

[13] The White House, *A National Security Strategy for A New Century* (Washington D.C.: The White House, 1998), p.16.

[14] The White House, *A National Security Strategy for A New Century* (Washington D.C.: The White House, 1999), p.7.

（Emergency Plan for AIDS Relief），此計畫是一項爲期五年，高達150億美元的創舉，可降低愛滋病的傳染。另外，美國也是「全球對抗愛滋病、肺結核與瘧疾基金」（Global Fund to Fight HIV/ADIS, Tuberculosis, and Malaria）的最大捐助國，旨在預防上述疾病的傳染。再者，美國領導世界提供食物援助，發起「終止非洲飢餓方案」（End Hunger in Africa），解決飢餓問題，並且進行「非洲教育方案」（Africa Education Initiative），以擴大非洲學童受教育的機會。最後，小布希政府也透過如「全球發展聯盟」（Global Development Alliance）等方案，與私人企業組成夥伴關係，達成發展目標，以及如創造繁榮自願組織，集合美國最強的專業人士，爲開發中國家擬定發展策略。[15]美國經由國際援助及負債減免措施，降低重度負債國家的負擔，使得各國可在食物、健康、愛滋病與其他傳染病的預防及教育等問題，做更有效率的管制。

三、武器管制與不擴散機制

柯林頓總統在1998年「國情咨文」中，曾抨擊伊拉克獨裁者海珊（Saddam Hussein）在過去十餘年來花費國家財富在發展核生化武器及投射的飛彈，而不是用於人民身上。聯合國的武器檢查官在發現與摧毀武器的數量，更甚於整個波灣戰爭全期的數量，他們在此方面的作爲是非常卓越的。美國參議院於1997年已批准「化學武器公約」，以保護美國的將士及人民免於化學毒害，雖然「生物武器公約」已於1975年生效，但是美國現在必須行動，以防止病毒使用於戰爭及恐怖活動。該公約的規定是好的，但在執行上卻是成效不彰，美國必須與新的國際檢查體系合作來強化它，以偵測及嚇阻欺瞞的行爲。[16]

此外，柯林頓政府2000年「全球時代的國家安全戰略」提及：「透過

[15] The White House, *The National Security Strategy of the United States of America* (Washington D.C.: The White House, 2006), pp.31-32.

[16] William J. Clinton, *Text of President Clinton's 1998 State of the Union Address*, internet available from http://www.washingtonpost.com/wp-srv/politics/special/states/docs/sou98.htm, accessed April 13, 2008.

如『戰略武器裁減會談第一階段條約』、『戰略武器裁減會談第二階段條約』、『戰略武器裁減會談第三階段條約』（START III Treaty）、『核不擴散條約』、『反彈道飛彈條約』、『全面禁止核試爆條約』、『納恩．盧格合作降低威脅計畫』、『不擴散、擴大威脅降低機制』、『八大工業國不擴散專家小組與裁軍基金』，包括『瓦瑟納傳統武器與兩用物品技術外銷管制協議』，針對生化武器之『澳大利亞團體』、『飛彈技術管制機制』、『核供應團體』（Nuclear Supplies Group, NSG）、『詹格委員會』、『北約大規模毀滅性武器中心』（NATO WMD Center）及『北約資深政軍與不擴散防衛小組』（NATO Senior Political Military and Defense Group on Proliferation）等機制來管制大規模毀滅性武器及討論不擴散等議題。」。[17]

小布希總統在2002年「國情咨文」中指出，對國家尋求提供大規模毀滅性武器，將會造成極大的危險，並且認爲它們會提供恐怖分子這些武器，而這些武器提供恐怖分子與仇恨相配的手段，恐怖分子獲得這些武器後，便可攻擊美國的盟邦或勒索美國，在任何這些例子中，冷漠的代價將會是一場災難。美國與聯合部隊緊密合作，以拒止恐怖分子及贊助國的物質、技術、與輸送大規模毀滅性武器的專門技術，美國將會發展及部署飛彈防禦保護美國及盟邦免於突然的攻擊，每一個國家必須瞭解，美國將會竭盡所能，以確保國家安全。[18]

另外，小布希總統2002年的「國家安全戰略」則呼籲：「美國絕不允許敵人獲得大規模毀滅性武器，美國將建立防衛系統對付彈道飛彈及任何其他形式的投射工具，美國也將和其他國家合作，設法阻止、侷限與封鎖敵人獲致危險科技的一切作爲。不論就常識（common sense）與自衛（self defense）的考量而言，美國必須不待威脅完全成形即先採取行動，美國必須隨時做好準備，利用最佳情報與周密作爲摧毀敵人的計畫。」[19]

---

17 The White House, *A National Security Strategy for A Global Age* (Washington D.C.: The White House, 2000), pp.21-29.

18 George W. Bush, *President Delivers State of the Union Address*, internet available from http://www.whitehouse.gov/news/releases/2002/01/20020129-11.html, accessed April 13, 2008.

19 The White House, *The National Security Strategy of the United States of America* (Washington D.C.:

2006年的「國家安全戰略」則強調：「美國要領導不斷擴大的民主社會，迎接當代的各種挑戰，今日所面對的許多問題，如大規模毀滅性武器等，都已超越國家疆界。」。[20]

2006年的「打擊恐怖主義的國家戰略」則闡述：「大規模毀滅性武器落入恐怖分子手中是美國面對最嚴重的威脅之一，美國已採取積極的努力以拒止恐怖分子接近大規模毀滅性武器相關的物質、裝備與專門技術，然而，美國將透過一個整合政府、私人部門和美國海外夥伴的機制，以趕在恐怖分子的行動轉變成威脅之前阻止他們。」[21]由美國總統的「國情咨文」、「國家安全戰略」及「打擊恐怖主義的國家戰略」的陳述，美國瞭解大規模毀滅性武器可能造成的傷害。因此，美國一方面強調自我防衛及保持軍力優勢與不排除單邊行動的可能性，但同時也希望透過多邊機制，共同處理此一棘手的問題，美國處理「北韓核武」問題，應是這種思維的體現。

四、軍事活動

柯林頓總統在1996年「國情咨文」中曾明確表示：「美國不必然是世界警察，但是我們可以也應該是世界最好的和平製造者，藉由保持我們強大的軍事，藉由在我們可隨時運用外交與必要時使用武力，藉由與其他國家分擔風險與成本，美國正對全世界的人們發揮影響力。」[22]而這樣的論述實已透露出美國在全世界軍事活動的內涵。

此外，柯林頓政府1997年「新世紀的國家安全戰略」對美國與各國的軍事活動做如下的說明：「在建立聯盟及形塑國際環境中，美國軍事力量扮演一個重要角色，以保護及提升美國的利益。透過諸如前進部署等方

The White House, 2002), p.*v*.

[20] The White House, *The National Security Strategy of the United States of America* (Washington D.C.: The White House, 2006), p.*ii*.

[21] The White House, *National Strategy for Combating Terrorism*, internet available from http://www.whitehouse.gov/nsc/nsct/2006/, accessed April 14, 2008, pp.13-14.

[22] William J. Clinton, *1996 State of the Union Address*, internet available from http://www.washingtonpost.com/wp-srv/politics/special/states/docs/sou96.ht,#defense, accessed April 14, 2008.

式，防衛合作及安全協助，以及與盟邦及友好國家的演訓，美國部隊協力促進區域的穩定，嚇阻侵略及威懾，防止及降低衝突與威脅，並且做為新興民主政體軍隊的模範。」。[23]

2000年國防部「呈總統與國會的年度報告」也載明：「除了國力的其他手段，如外交、經濟貿易與投資，國防部在形塑國際安全環境也扮演一個重要的角色，以促進及保護美國國家利益，國防部運用眾多的手段以執行形塑活動，這些手段包括：部隊永久駐紮海外；部隊輪流部署海外；部隊短暫部署參與演習、聯合訓練或軍事上的互動；防衛合作與軍事援助計畫（如國際軍事教育與訓練及軍售計畫）及國際武器的合作；區域學術中心（目前共有四個：馬歇爾中心、西半球研究中心、亞太中心與非洲戰略研究中心），以提供西方文人領軍的概念、衝突解決及對外國軍隊及文官完善國防資源的管理。」[24]透過實質的軍事互動，以及各種的援助計畫，美國冀望達成他國在軍事觀念的轉變，進而形塑有利於美國的安全環境。

小布希政府上任之初遭逢「911」恐怖攻擊，19名劫機者奪取多架飛機且將其做為摧毀紐約世界貿易中心及攻擊華盛頓特區的武器。美國經由反恐戰爭以反制蓋達組織、暴力恐怖分子的網路與那些提供安全避難所的人。「我們運用國力的每一個手段：外交、情報、執法與軍事手段，來瓦解及擊潰其全球網路。」[25]在遭受「911」恐怖攻擊後不到一個月時間，美軍在10月7日發起阿富汗持久自由作戰行動（Operation Enduring Freedom in Afghanistan），以解放阿富汗及拒止恐怖分子的庇護所。[26]

小布希政府2002年的「國家安全戰略」對恐怖主義則強調：「美國不能單靠嚇阻讓恐怖分子無計可施，也無法單靠防禦措施消滅他們，美國必須正面迎戰敵人，迫其走投無路。為獲致此項作為的成功，美國需要友

---

[23] The White House, *A National Security Strategy for A New Century* (Washington D.C.: The White House, 1997), pp.15-16.

[24] William S. Cohen, *Annual Report to the President and the Congress* (Washington D.C.: DOD, 2000), p.4.

[25] The White House, *9/11 Five Years Later: Successes and Challenges* (Washington D.C.:The White House, 2006), p.1

[26] Donald H. Rumsfeld, *Annual Report to the President and the Congress* (Washington D.C. DOD, 2002), p.27.

邦與盟邦的支持與行動配合。同時必須配合其他國家斷絕恐怖分子的命脈：包含藏身處所、資金來源、和某些民族國家長期對其提供之支持與保護。」[27] 2006年的「國家安全戰略」對恐怖主義則謂：「各國已形成廣泛的共識，對蓄意殺害無辜平民百姓行爲絕對是天理難容，完全喪失訴求的正當性，許多國家透過執法、情報、軍事、外交等領域的空前合作，群策群力打擊恐怖主義。」[28] 事實上，美國的軍事活動在911恐怖攻擊之前，主要透過軍事活動建立與各國的軍事關係，並協助民主轉型的國家穩固其民主成就。然而，「911」恐怖攻擊之後，美國囿於恐怖主義及其黨羽的威脅，必須改弦易轍，轉而發起全球反恐戰爭，而這樣的軍事行動實奠基於美軍平時與各國的軍事互動之上。

第二節　回應危機的威脅

雖然美國貴爲全球唯一強權，但是它本身也認爲美國單獨形塑的努力，不能夠保證國際安全環境，美國尋求必須能夠回應國內外可能崛起的全面威脅與危機，同時美國也認爲本身資源的有限，所以對回應威脅必須有所選擇，聚焦在對美國利益有最直接影響的地方，並在美國最有可能改變的地區投入，美國的回應可能是外交、經濟、執法或是軍事性質，或者是上述的一些組合。[29] 依照柯林頓政府「新世紀的國家安全戰略」，將美國可能面對的威脅區分如下：跨國威脅（如恐怖主義、國際犯罪、毒品非法交易）、國內新興的威脅（如處理大規模毀滅性武器事件的後果、保護重要的基礎設施）、較小規模的應變行動與主要戰區的戰爭等。[30] 以下將針對上述威脅分述如後：

---

[27] The White House, *The National Security Strategy of the United States of America* (Washington D.C.: The White House, 2006), p.8.

[28] *Ibid.*, p.8.

[29] The White House, *A National Security Strategy for A New Century* (Washington D.C.: The White House, 1997), p.17.

[30] The White House, *A National Security Strategy for A New Century* (Washington D.C.: The White House, 1998), pp.26-38.

一、跨國威脅

柯林頓政府1995年「接觸與擴大的國家安全戰略」強調：「只要恐怖分子團體持續以美國人民與利益爲目標，美國將會需要有可用的特種單位以擊敗這些團體。有時候，我們也必須打擊恐怖分子的海外基地，或攻擊資助他們的政府的重要資產。此外，美國政府已針對全球毒品氾濫及非法交易根源採取一個新的方式，此方式將會較佳整合國內與國際活動，以降低毒品之供給與需求。最後，美國也認爲打擊毒品非法交易的成功將會是大眾、各階層政府、美國私人部門、他國政府、私人團體與國際機構的共同努力及夥伴關係。」[31] 1996年「接觸與擴大的國家安全戰略」對跨國威脅議題，曾經提及：「美國人民的安全、我們的邊境與民主制度遭受諸如恐怖分子與毒品走私者等破壞性力量的挑戰，由於現代技術的容易獲得，且更具破壞性。因此，政府各部門與其他國家的合作打擊這些從事非法買賣的組織暴力群體是重要的。」。[32]

柯林頓政府1997年「新世紀的國家安全戰略」強調：「美國將會持續與其他國家分享情報與資訊，以反制恐怖主義、貪腐、洗錢活動與打擊毒品走私，美國也會進一步防止武器交易，以免區域衝突加劇。同時也聲明對破壞國際禁運、資助恐怖主義的國家實施經濟制裁。美國認爲對建構下一世紀的安全，國際合作對抗跨國威脅將是重要的。該戰略也強調美國反制國際恐怖分子依恃下列原則：『對恐怖分子絕不讓步、對資助恐怖分子活動的國家全力施壓、運用所有可用的法律機制嚴懲恐怖分子、協助其他政府提升其對抗恐怖主義的能力。』此外，在毒品走私方面，美國從內、外兩方面著手。國內方面，美國尋求透過教育使年輕人拒絕非法毒品，藉由具體降低毒品相關的犯罪及暴力事件，增進美國人民安全，降低大眾吸食非法毒品所產生之健康及社會成本，從陸海空防衛美國使免受毒品之威

[31] The White House, *A National Security Strategy of Engagement and Enlargement* (Washington D.C.: The White House, 1995), pp.10-11.
[32] The White House, *A National Security Strategy of Engagement and Enlargement* (Washington D.C.: The White House, 1996), p.25.

脅。」。[33]

1998年「新世紀的國家安全戰略」說明：「1997年6月在丹佛的八國高峰會，加拿大、法國、德國、義大利、日本、俄羅斯、英國與美國的領袖重申他們的決心，以打擊所有形式的恐怖主義，他們反對恐怖分子要求的讓步與拒絕恐怖分子以人質獲得利益的決心。各國領袖也同意加強外交努力，以確保2000年以前所有國家，已加入1996年聯合國反恐怖主義措施決議詳細說明之『國際反制恐怖主義公約』（International Counterterrorism Conventions），八國領袖也同意強化人質談判專家與反恐應變單位的能力，交換偵測及嚇阻恐怖分子使用大規模毀滅性武器技術攻擊的訊息，發展嚇阻恐怖分子攻擊電子與電腦基礎設施的方法，強化海上安全，交換在國際特別事件執行上的資訊，並強化與擴大應對恐怖主義之國際合作與諮詢。」此外，該戰略亦提及：「1998年5月在伯明罕的高峰會上，八國領袖採取廣泛的措施，以強化兩年前在里昂高峰會所發起的反制國際犯罪措施，各國領袖同意在跨國高科技犯罪、洗錢與金融犯罪、貪污、環境犯罪與在毒品、武器、婦女與小孩的非法交易上加強合作。他們也同意全面支持『聯合國跨國組織犯罪會議』（UN Convention on Transnational Organized Crime）的談判，此談判將會強化八大工業國於目前國際社會正在進行的許多項作爲。」在毒品非法交易方面，該戰略提及「美國國家毒品管制戰略（U.S. National Drug Control Strategy）的目標是透過擴大預防措施的努力、改善治療計畫、加強執法與較嚴格的禁止。在未來十年減少一半的毒品，同時降低25%的毒品使用與販售。」。[34]

1999年「新世紀的國家安全戰略」則闡明：「美國在回應恐怖主義事件上，由國務院領導一個跨單位小組、『海外緊急支援組』（Foreign Emergency Support Team, FEST），其主要著眼在短時間於事件現場完成部署，海外緊急支援組是依據事件的本質編成，成員來自國務院、國防

[33] The White House, *A National Security Strategy for A New Century* (Washington D.C.: The White House, 1997), pp.18-21.
[34] The White House, *A National Security Strategy for A New Century* (Washington D.C.: The White House, 1998), pp.26-32.

部、聯邦調查局與其他適宜的單位。此外，聯邦調查局有五個『快速部署小組』（Rapid Deployment Team）隨時備便以回應世界各地的恐怖事件，國務院也與其他國家在回應大規模毀滅性武器進行合作協議。在防止毒品走私與其他國際犯罪上，美國的戰略包括與海外執法單位建立合作關係，加強民主制度，協助產毒國及轉運國根除貪腐，保護人權及崇尚法治。此外，美國從事與國際組織、金融組織與非政府組織在反毒上的合作。」[35]

柯林頓政府2000年「全球時代的國家安全戰略」對應付恐怖主義載明：「當任何時候只要可能，美國會用法治、外交與經濟手段對恐怖分子進行打擊。 此外，美國必須對打擊恐怖主義戰略投入必要的資源，亦即應整合預防與回應措施，並且包含提升執法的區分等級與情報蒐集、強而有力的外交，同時，當需要時能適時採取軍事行動。」。[36]

小布希政府2006年「國家安全戰略」則認爲：「在反恐的優先任務中，首要之務是阻擾並摧毀全球各地的恐怖分子組織，並打擊其領導階層；指揮、管制及通信設施；物質支援；以及資金來源，此舉將使恐怖分子完全失去計畫及作戰能力。美國將鼓勵全球各地的區域夥伴採取孤困恐怖分子的同步作爲。一旦區域行動已將恐怖分子侷限於某個國家，我們會設法確保該國獲得終結恐怖分子的必要軍事、執法、政治與金融手段。此外，美國將繼續與全球盟邦合作，共同瓦解恐怖分子資金來源。我們會確認並封殺恐怖分子的資金來源，凍結恐怖分子及其支持者的資產，保護合法慈善團體不會受到恐怖分子的冒用，同時不讓恐怖分子利用其他管道轉移資產。再者，美國也認爲縱使透過以上的手段仍難以竟全功，美國必須在以下幾方面持續努力才能徹底瓦解並摧毀恐怖組織：運用所有可用的國家與國際力量採取直接且持續的行動、在美國境外摧毀恐怖威脅並保護美國海內外的利益、斷絕恐怖分子棲身之所、充分運用美國的影響力並與盟邦合作制止恐怖活動、支持回教國家溫和政府使恐怖主義及意識型態無法

[35] The White House, *A National Security Strategy for A New Century* (Washington D.C.: The White House, 1999), p.15.

[36] The White House, *A National Security Strategy for A Global Age* (Washington D.C.: The White House, 2000), p.40.

找到孳生的溫床、集合國際社會力量消弭孳生恐怖主義的潛在條件、協助全球受恐怖主義贊助者所統治的人們，燃起對自由的希望與理想。」。[37]

二、國內新興的威脅

由於美國軍事的優勢，潛在敵人無論是國家或恐怖分子團體，將來更可能訴諸恐怖行動，或以其他方式攻擊美國脆弱的民間目標，取代傳統軍事作戰。同時，接觸精密技術意味著恐怖分子較以往更能獲得破壞性力量，敵人可能因此嘗試使用非傳統的手段，諸如大規模毀滅性武器或資訊攻擊，威脅人民與重要的國家基礎設施。[38]面對這些潛在的威脅，美國1998年「國家安全戰略」提出以下各項精進防衛作為。

（一）處理大規模毀滅性武器事件的後果

1998年「新世紀的國家安全戰略」強調：「總統決策指令62號於1998年5月簽署，以建立一個支配政策與責任的指定，以回應恐怖分子與大規模毀滅性武器的行動。聯邦政府將會快速與果決回應任何在美國的恐怖事件，與州及地方政府合作以恢復秩序與實施緊急援助，司法部由聯邦調查局代為執行，負責領導大規模毀滅性武器事件的善後處理工作，『聯邦危機管理局』（Federal Emergency Management Agency, FEMA）協助聯邦調查局規劃與處置大規模毀滅性武器事件。」。[39]

「美國國內恐怖主義計畫」（Domestic Terrorism Program）正整合一些聯邦機構的能力與設施，以協助「聯邦調查局」、「聯邦危機管理局」與州及地方政府處理此等事件。此計畫的目標是2002年之前，於120個城市建立可以具有初步處理大規模毀滅性武器的能力。1997年會計年度，國防部在四個城市訓練了1,500個人員，這些人員包含：消防隊、執法官員

[37] The White House, *The National Security Strategy of the United States of America* (Washington D.C.: The White House, 2006), pp.9-11.
[38] The White House, *A National Security Strategy for A New Century* (Washington D.C.: The White House, 1998), pp.32-33.
[39] *Ibid.*, p.33.

與醫療人員。1998年會計年度，此計畫將會多達31個城市。最後，此一訓練經由網路、電視及光碟片（CD ROM）將遍及於所有城市。在國內恐怖主義計畫下，國防部將會以軍事單位做爲強化大規模毀滅性武器善後管理的強化部隊，以及經由例行訓練與演習協助維持地方緊急應變的純熟度，國民兵的任務及其傳統負責處理國家緊急事件，在此計畫中也扮演了重要的角色。1998年5月總統宣布，國防部將會訓練陸軍國民兵與後備單位以協助州及地方政府處理大規模毀滅性武器攻擊的善後工作，麻州、紐約州、賓州、喬治亞州、伊利諾州、德州、科羅拉多州、加州與華盛頓州的單位均將接受此等訓練。」。[40]

「國內恐怖主義計畫也列出其他應提供支援之單位，能源部負責因應核子與輻射事件的訓練計畫，環境保護署（Environmental Protection Agency, EPA）負責因應危險物質與環境事件的訓練，衛生部（Department of Health and Human Services）藉由與公衛部門（Public Health Service）、退伍軍人事務部（Department of Veteran Affairs）及其他聯邦機構聯手，負責因恐怖分子使用大規模毀滅性武器引發之緊急醫療訓練。」此外，美國對生物武器的管制認爲：「生物武器的威脅是特別苦惱的事情，1998年5月在安那波理斯（Annapolis，馬里蘭州的首府）海軍官校的畢業典禮，總統宣布一個全面的戰略，以保護平民免於生物武器的災禍，其集中於四個重要的領域：首先，假如有敵國或恐怖分子釋出細菌或病毒傷害美國人，我們必須能夠迅速且正確辨識病原體（pathogen）。美國會提升公共衛生與醫療監視系統，這些改進措施將不僅僅有利於對生物武器攻擊的準備——它們將會提升我們快速與有效回應傳染疾病爆發的能力；第二，我們緊急應變人員必須有訓練與裝備去正確執行他們的工作，如上所述，我們將會協助確保聯邦、州與地方政府具備所需資源及知識以處理危機；第三，我們必須有藥品與疫苗以治療那些生病之人所需，或保護那些因爲生物武器攻擊處於危險中的人，總統將會提議建立民間儲備藥品疫苗，以反制病原體可能落入恐怖分子與有敵意的強權國家；第四，技術革命對打擊

[40] *Ibid*., pp.33-34.

生物武器提供極大的可能性，我們將會努力協調研究與發展，使用先進基因工程與生物技術以創造下一世紀的藥物、疫苗與診斷方法以利反制這些武器。同時，我們必須持續努力，以預防生物技術的革新淪爲發展更難以反制的生物武器。」。[41]

柯林頓政府2000年「全球時代的國家安全戰略」則強調：「防衛美國反制大規模毀滅性武器是國家安全重要的優先項目。1998年10月，總統簽署立法，將不正當囤積危險化學物質宣告爲犯法行爲，因此提升執法的能力，藉由化學被武器化前之執法行動，以預防可能發生的災難性恐怖活動。聯邦政府協調州與地方當局將會快速與決定性回應在美國之任何恐怖事件，包括大規模毀滅性武器，增加國內對防範反制的準備是重要的，以回應此一非傳統的威脅，政府已發展一個跨部門的『五年反恐怖主義及技術犯罪計畫』（Five-Year Interagency Counterterrorism and Technology Plan）。『常設跨部門大規模毀滅性武器工作準備小組』（Weapons of Mass Destruction Preparedness Interagency Working Group）成立於1998年，由國家協調官主持，應對現行與未來地方、州與聯邦直接負責大規模毀滅性武器危機與後果所需。在協調政府三個層次部門間的過程與合作，一些機制包括在157個全國最大的都會區裝備與訓練第一優先回應部隊，以準備與防範反制大規模化學、生物與核武器的攻擊。更新大眾健康監視系統，以及建立民間對疫苗及抗生素醫療用品的儲存。」。[42]

對如何打擊大規模毀滅性武器所構成的威脅，美國國防部長辦公室四年期國防總檢認爲：「必須進行組織、訓練、裝備與資源分配。即將具備以下能力：偵測大規模毀滅性武器（包括遠距離的核分裂物質）；尋找並判別威脅特性；由陸上、海上及空中攔截大規模毀滅性武器與相關裝載物質；遭大規模毀滅性武器攻擊後仍能維持運作；解除大規模毀滅性武器危險性或在衝突前、中、後期予以銷毀。美國國防部將發展新式防禦能力，以因應未來大規模毀滅性武器不斷演進所構成之威脅。這些威脅包括電磁

[41] *Ibid.*, p.34.

[42] The White House, *A National Security Strategy for A Global Age* (Washington D.C.: The White House, 2000), p.41.

脈衝、人攜式核武裝置、基因工程生物毒菌，以及下一代化學戰劑。國防部將做好因應及協助其他部會減少大規模毀滅性武器攻擊所造成損害的準備。」。[43]

（二）保護重要的基礎設施

1998年「新世紀的國家安全戰略」強調：「我們的軍事力量與國家經濟，愈來愈倚靠相互依賴的重要基礎設施——實體與資訊系統對經濟與政府運作是重要的，它們包括電信、能源、銀行與金融、運輸、飲水系統與緊急服務，確保這些重要的基礎設施是美國長久以來的政策，然而在這些基礎設施愈趨自動化且相互連結之際，資訊技術的進步及生產效能的改良，此等設施也暴露出新的弱點。假如我們沒有執行適當的保護措施，由國家、團體、或個人對我們重要基礎設施與資訊系統的攻擊，可相當程度傷害我們的軍事力量與經濟。」。[44]

「爲提升我們的能力以保護這些重要的基礎設施，總統於1998年5月簽署總統決策指令63號，此指令明確指出美國政策採取所有必要的步驟，以使我們重要基礎設施能承受任何實體或資訊攻擊，特別是我們的資訊系統。我們將會全力防止這些重要基礎設施遭故意破壞，俾使政府能執行重要的國安任務且能確保民眾的安全與健康。我們將會確保州與地方政府得以維持治安並提供最基本服務，以及我們將會與民間合作，以確保正常的經濟運作與電信、能源、金融、運輸服務。任何中斷與操縱這些重要的功能必須是簡短、不經常的、可處理的、被孤立的與最低限度傷害美國的福祉。『國家基礎設施保護中心』（National Infrastructure Protection Center, NIPC）整合相關聯邦、州與地方政府與私人部門，以提供國家集中對基礎設施威脅資訊之蒐集，其做爲一個以辨識及評估威脅、對弱點的警告與執行罪犯調查資源，『國家基礎設施保護中心』也會協調聯邦政府對事件

[43] Office of the Secretary of Defense, *Quadrennial Defense Review*, internet available from http://www.comw.org/qdr/06qdr.html, accessed April 16, 2008, p.51.
[44] *Ibid*., pp.34-35.

的回應，包括舒緩情勢、調查與監督重建的努力。」。[45]

小布希總統2002年「國家安全戰略」對大規模毀滅性武器的議題則認為：「美國打擊大規模毀滅性武器的全盤戰略包括以下措施：積極主動的防止武器擴散作為，此意味著美國必須在威脅尚未危害前先行予以嚇阻或防範。強化防止武器擴散作為，以預防流氓國家及恐怖分子獲得大規模毀滅性武器所需之材料、科技及專業知識。有效採取災後管理作為，以處理恐怖分子或敵對國家使用大規模毀滅性武器後的各種影響。」[46] 2006年「911事件後五年：成就與挑戰」說明：「美國須增加重要設施的彈性與安全，尤其是在運輸系統，以降低國家的脆弱性與拒絕成為恐怖分子的目標。」[47] 2006年「打擊恐怖主義的國家戰略」則強調：「『911』恐怖攻擊已從固定地點轉移，諸如從難對付的官方安全設施，而朝向那些無辜平民聚集且保全設施等級不高地點的較軟性目標，諸如學校、餐廳、信仰地點、大眾運輸的節點。特定的目標是多樣的，然而，他們時常選擇象徵性的目標，因為它們將造成大量傷亡、經濟的損失或兩者兼而有之。儘管不可能完全保護被攻擊的目標，但透過海內外戰略安全地點的改善，我們可以嚇阻及瓦解攻擊，以及降低那些已發生攻擊所造成的影響。在美國防衛努力之中，最重要的是保護基礎設施與主要的資源，如能源部分、食物與農業、水源、通訊、大眾衛生、運輸、國防產業基地、政府設施、郵務、海運、化學產業、緊急服務、紀念館與畫像館、資訊技術、水壩、商業設施、銀行與金融、核反應爐與物質及廢棄物。」[48]「911」恐怖攻擊事件確實給美國帶來極大的震撼，此從其採取各種防範措施及投入規模的資源都可明顯看出，其中較為明顯的就是成立「國土安全部」、情報社群的整合、國防部兵力結構的調整、與遂行全球的反恐行動，經由這些調整，美國反恐作為已獲致相當的成效。

---

[45] *Ibid.*, p.35.

[46] The White House, *The National Security Strategy of the United States of America* (Washington D.C.: The White House, 2002), p.14.

[47] The White House, *9/11 Five Years Later: Successes and Challenges* (Washington D.C.: The White House, 2006), p.21.

[48] The White House, *National Strategy for Combating Terrorism*, internet available from http://www.whitehouse.gov/nsc/nsct/2006/, accessed April 14, 2008, p.13.

（三）較小規模的應變行動

1999年國防部「呈總統與國會的年度報告」強調：「一般而言，在遂行較小規模的應變行動上，美國與國際社會其他國家一起，在它們獲得軍事奧援前，尋求預防與控制區域衝突及危機。然而，假如這樣的努力無法成功，藉由軍事力量快速干預可能是最佳的方式，以控制、解決或降低衝突的結果，否則這樣的衝突將使得成本更爲高昂。這些行動包含超過平時接觸活動廣泛的聯合軍事作戰，但略低於戰區的作戰，如展示武力的作戰行動（show-of-force operation）、干預、有限打擊、非作戰撤離、禁航區執行、和平執行、海上制裁、反恐作戰、和平軍事行動、國際人道援助、災難救援與對文人政府在軍事上的支持。」[49] 2000年國防部「呈總統與國會的年度報告」除延續1999年的報告外，另外強調：「威懾行動、美國政府海外單位的應變軍事行動。」。[50]

國防部在2005年「國防戰略」則說明：「實施數量有限較小的應變行動是影響美國部隊的型態、大小與全球態勢的配置。」[51] 另外，國防部亦認爲：「美國的全球利益需要部隊進行一個較小規模的應變行動，較小的應變行動包括小規模的戰鬥行動，諸如打擊、突擊、維和行動、人道任務與非戰鬥任務的撤離。因爲這些應變行動對相同類型的部隊造成負荷，而需要更迫切的戰役行動，國防部密切監控涉入較小規模應變行動的程度與本質，以適當平衡部隊的管理及作戰風險。」[52] 從「國家安全戰略」思維出發，國防部依據威脅的類型，擬定應付較小規模應變行動及打贏主要戰場的戰爭等兩種型態的部隊，而這樣的思維在「911」恐怖攻擊事件的衝擊下，可明顯看出美國在兵力結構所做的調整。

---

[49] William S. Cohen, *Annual Report to the President and Congress* (Washington D.C.: DOD, 1999), p.6.
[50] William S. Cohen, *Annual Report to the President and Congress* (Washington D.C.: DOD, 2000), p.6.
[51] Donald H. Rumsfeld, *The National Defense Strategy of the United States of America*, internet available from http://www.defenselink.mil/news/Mar2005/d20050318ndsl.pdf, accessed April 21, 2008, p.17.
[52] *Ibid.*, p.16.

（四）主要戰區的戰爭

柯林頓政府2000年「全球時代的國家安全戰略」強調：「打贏主要戰區的作戰是美國部隊的最後試煉，一個必須總是成功的試煉。在可預期的未來美國傾向與盟邦一致行動，而美國也認為必須有能力嚇阻有侵略意圖的國家，並在嚇阻失利時，能遂行兩場時間重疊與長距離戰場的戰爭，擊敗大規模跨邊境侵略者。保持兩個主要戰場戰爭能力，向我們盟邦與友好國家提出保證，使美國與聯合部隊國家更有吸引力。當我們涉及或擊敗另一個戰場之侵略，或同時實施多重較小規模應變行動與在其他戰區之接觸行動，即可嚇阻任何地方的機會主義。其也提供阻止我們可能面對較大或超過預期威脅的可能性，在兩個戰場嚇阻及擊敗侵略的戰略，確保美國維持能力與彈性，以應對將來未知的威脅，同時持續全球接觸協助制止這些威脅的發展。」另外，該戰略亦說明：「打贏主要戰場戰爭承擔三個挑戰的要求。第一，美國必須維持快速擊敗最初敵人前進的能力，使敵人在兩個戰場的目標接連受挫，美國必須維持能力以確保聯合部隊戰力的完整；第二，美國必須打贏敵人可能用不對稱方式對抗我們的情況，如以非傳統方法避免或暗中破壞美國的力量，並且利用美國的脆弱性，因為美國傳統軍力的優勢，敵人可能用非對稱方式，諸如核生化武器、資訊作戰或恐怖攻擊對美國展開攻擊；第三，美國的部隊必須能夠轉型，以從全球接觸的態勢打主要戰場的戰爭，從承平時期相當程度的海外接觸與多重同時較小規模應變行動的作戰，從這些作戰中撤離，可能將造成相當引人注目的政治與作戰的挑戰。」[53] 由該戰略可看出美國對未來軍力擘畫的指導方向，應是涵蓋建立一支能遂行兩場主要戰爭及小規模應變行動的部隊。

小布希總統的「國家安全戰略」，雖然未對主要戰區戰爭一事多加著墨，但是在國防部所出版的各式文件對此有清楚的說明。例如，2004年國防部參謀首長聯席會議主席的「國家軍事戰略」說明獲致決定性戰果：「無論在何處只要需要，指揮官的計畫將包含快速轉換戰役以贏得決定性

[53] The White House, *A National Security Strategy for A Global Age* (Washington D.C.: The White House, 2000), pp.47-48.

戰果，並且達成持久的戰果。主要戰鬥行動需要的能力，必須能用於從國家及非國家的敵人運用傳統與不對稱能力的範圍，獲致決定性戰果之戰役行動包含：透過綜和運用空中、地面、海上、太空及資訊能力，摧毀敵人的軍事能力；當獲得指示時，強而有力地移除政權。這樣的戰役需要傳統作戰、非傳統戰爭、國土安全、穩定與衝突後軍事行動、反恐及安全合作活動的能力。」。[54]

2005年國防部長的「國防戰略」強調：在未來的威脅中「美國不能事先確定關於未來衝突的地點與特定的面向，因此，美國維持快速部署及全球運用的一個平衡及態勢，這樣的做法足以快速增加部隊投入兩個不同的戰區，以快速擊敗同時進行戰役的敵人。再者，近期的經驗強調部隊必須足以轉變兩個『快速擊敗』（swift defeat）戰役中的一個，假如總統決定尋求進入一個更全面的戰略目標。完成這些目標需要靈活的聯合部隊，此部隊足以快速阻止敵人的選擇，達成主要戰鬥行動決定性的結果與設定長久解決衝突的安全環境。美國必須計畫後者並包括擴大穩定行動，此穩定行動包含具體的戰鬥與獲得快速及持續運用國家及國際的能力，而這樣的能力是國力要素的擴張。」。[55]

從美國國防部年度重要的政策說明得知，維持美國部隊應付小規模應變行動及打贏兩場主要戰區的作戰，一直都是美國兵力規劃的核心思考。而這樣的思維在其2006年「四年期國防總檢」也都有明確的說明：「在考量預算與建案工作上，國防部將強化聯合地面部隊、特戰部隊、聯合空中戰力、聯合海上戰力、新核武戰略鐵三角、打擊大規模毀滅性武器、聯合機動能力、情報、監視與偵察、建立網狀化作戰能力、聯合指揮與管制能力。」[56]經由這些能力的建設，美國的部隊才足以應付各種不同類型的威脅。

---

[54] Richard B. Myers, *The National Military Strategy of the United States of America: A Strategy for Today; A Vision for Tomorrow*, internet available from http://www.defenselink.mil/news/Mar2005/d20050318nms.pdf, accessed April 21, 2008, p.14.

[55] Donald H. Rumsfeld, *The National Defense Strategy of the United States of America*, internet available from http://www.defenselink.mil/news/Mar2005/d20050318ndsl.pdf, accessed April 21, 2008, p.17.

[56] Office of the Secretary of Defense, *Quadrennial Defense Review*, internet available from http://www.comw.org/qdr/06qdr.html, accessed April 21, 2008, pp.42-61.

第三節　爲不確定的將來未雨綢繆

柯林頓政府2000年「全球時代的國家安全戰略」闡述：「美國必須爲不確定的將來做準備，正如我們應對今天安全的問題。我們必須嚴密考慮我們的國家安全機制，確保有效適應其組織以符合新的挑戰，這意味著必須改善我們的能力與組織——外交、國防、情報、執法與經濟——以快速行動與預期，面對今天持續變動與高度複雜的國際安全環境，所帶來的新機會與威脅。假如在國家動員需要時，美國也必須有一個強大、競爭、技術領先、更新與回應工業的研究及發展基地，與有資源與能量支持災難回應與復甦的努力。」[57]以下從戰略面向、軍事轉型的需求、研究與發展、防衛交易安全機制、部隊轉型、現役與後備的結合、法律制定與執法等分述如下：

一、戰略面向

美國軍事的轉型需要在六個領域的整合行動：包括公共設施的概念發展與實驗、聯合概念的發展與實驗、健全的步驟以執行公共設施與聯合社群之改變、集中科學與技術的努力、國際轉型活動，以及促進文化大膽改革與活力領導之人員發展新方法。

二、軍事轉型的需求

軍事的轉型，需要在三個重要財政優先項目上達到平衡：維持現今部隊形塑與回應的能力；以現代化方式保護美國部隊長期的戰備；利用軍事事務革命確保美國維持無與匹敵的能力，以有效形塑與回應未來。轉型也意味著採取謹慎的步驟，將美國處於能夠有效反制顯著威脅的位置——特別是不對稱威脅。

[57] The White House, *A National Security Strategy for A Global Age* (Washington D.C.: The White House, 2000), p.50.

三、研究與發展

研究與發展的投資對美國轉型的努力是重要的，其允許美國不論什麼都可做得最好：革新而不是模仿，革命性而不是演進性。如果可追求新理念及迅速轉成實際，則經濟的起飛將隨之而起，此乃一項競爭優勢，影響技術的突破，維持軍事的優勢。此需要不僅是將實驗樂觀的技術帶出實驗室，並嵌入新的武器載台，而且是基本研究將會製造尚未知悉的技術，此將帶給美國在未來需要之革命性的優勢。最後，透過有進取心的實驗，美國發展的努力必須實際，並建立在作戰目標的測試上。同時，當美國推進技術的前沿與改造軍事，因爲其有不同層次的技術，美國也必須應對未來與多國夥伴的互通性。一個操作互通性的形塑方法，以適應廣泛的需求與能力是必須的。美國必須鼓勵盟邦與友好國家有更先進的技術，特別是建立對操作互通性重要的能力，包括形成聯合作戰骨幹的指揮、管制與通信能力。美國必須協助它們縮短技術的差距，支持國際防衛合作與多國聯合企業，此作法提升相互支援及操作互通性。

四、國防交易安全機制

2000年5月，美國領導一個「國防交易安全機制」（Defense Trade Security Initiative, DTSI），藉由美國重要的國防產品轉移盟邦，一套十七種措施設計提升盟邦操作互通性與聯合部隊作戰能力。同時，「國防交易安全機制」提升一個強大與健全的盟邦跨國國防工業基地，此基地可提供更新與可獲得的產品，以滿足盟邦21世紀作戰所需。

五、部隊轉型

轉型擴大將超越新軍事系統的獲得——美國尋求影響先進技術、準則、在政府及商業部門兩者操作與組織的革新、給美國部隊較大的能力與彈性。聯合部隊指揮部與各軍種（Joint Forces Command and Armed Services）正尋求一個富進取心、廣泛革新與實驗計畫以謀求轉型。此軍種計畫聚焦在組織改造，探究短、中、長期改善的核心能力。聯合部隊指揮部計畫確保一個強大的聯合展望，同時也由各軍種來補足此一努力。一個多邊的計畫也發展北約的防衛機制能力，包括以北約及國家為中心的概念發展與實驗計畫，聯合指揮部以一個聯合實驗計畫補充，包括盟邦、聯合部隊夥伴國家與友好國家，近期開始部門間應變計畫的程序，在危機即將到來時，提供改善政府部門間協調的承諾。

六、現役與後備的整合

將現役與後備要素整合成為一個完整的部隊，是轉型的另一個重要因素。儘管技術革新的快速向前，人類戰爭面向仍是不受時間影響的。在多國戰爭的年代與複雜威脅，對美國部隊從未如此重要，包含種族、宗教與文化傾軋、區域的專門知識、語言的純熟度、跨文化的溝通技術。藉由招募、訓練與再訓練所有階層軍文人員帶來廣泛技能、革新精神與領導，進入21世紀重大改變之人員素質，美國會持續轉型使部隊現代化。

七、法律制定

為了支援戰備，使部隊能夠現代化與轉型，政府將會與國會一起合作制定法律，執行「國防改革機制」（Defense Reform Initiative），其將會透過商務事務的革命釋出資源。此一影響包括競爭性的根源、獲得的改革、後勤的轉型，以及透過兩個回合的基地合併，關閉、廢除過多的基礎設施。行政部門與國會的夥伴關係，將會持續確保在21世紀，維持全世界最好訓練、裝備與優質領導的部隊。

八、執法

關於執法方面，美國正面對犯罪的威脅，比以前所面對的範圍，更廣與更為精細，美國必須準備因應新興技術的崛起、貿易與金融全球化與其他國際動能（international dynamics）所引起執法的挑戰。美國對將來的戰略，需要發展新的調查手段與方法，並增加整合美國海內外政府各階層執法單位的努力。此外，美國認為唯有繼續建構21世紀適當國家安全計畫與全政府的架構，持續促進革新方法與組織結構，方能更完善地防護美國海內外人民生命、財產與利益。[58]

小布希政府2002年的「國家安全戰略」闡述美國主要國家安全機構在不同的年代，為了應付與今日不同挑戰所設計，因此必須予以轉型。[59] 2006年「國家安全戰略」則進一步說明應付不確定將來的具體作法，區分成就與挑戰及未來方向分述如後：

一、成就與挑戰

（一）成立國土安全部

過去四年，美國在推動主要國家安全機構轉型方面已有重大進展。「國土安全部」成立之後，將原本22個保衛國家及防範恐怖分子攻擊美國本土方面具有關鍵地位的單位，納編在同一個主管機關之下。「國土安全部」置重點於三大國家安全優先工作：包含防止美國境內的恐怖攻擊；減少美國易遭恐怖攻擊的弱點；在恐怖攻擊發生後，將損害降至最低，並協助災後復原。

（二）情報社群的整合

情報部門在2004年推動自1947年「國家安全法」通過以來最大的組織再造作為。這項作為的核心是設置「國家安全主管」（The Director of National Intelligence），這項全新的職務，賦予其更多的預算、獲得、任務、人事權，俾利更有效整合整個情報部門，使其成為更一致、協調與效率的完整單位。這項轉型作為還包含成立新的「國家反恐中心」（National Counterterrorism Center）與「國家反擴散中心」（National Counterproliferation Center），負責管理與協調這些重要領域的計畫及行動。轉型作為亦擴及「聯邦調查局」（FBI），使其能強化情報能力，並

[58] The White House, *A National Security Strategy for A Global Age* (Washington D.C.: The White House, 2000), pp.50-53.

[59] The White House, *The National Security Strategy of the United States of America* (Washington D.C.: The White House, 2002), p.43.

與情報部門進行更充分與有效的整合。

（三）四年期國防總檢

國防部已完成「2006年四年期國防總檢」，詳細說明其如何持續適應環境變化與建立力量，以因應各種新的挑戰。

（四）未來部隊的能力

美國所要建立的未來部隊，將對國家與非國家威脅（包含大規模毀滅性武器的運用，恐怖分子對實體與資訊領域攻擊，投機性的侵略）等方面具有針對性嚇阻能力，同時達到確保盟邦安全與嚇阻潛在競爭者蠢動的目標。國防部也針對特種部隊進行擴編，並投資先進傳統戰力，以利贏得對抗恐怖極端主義者的長期戰爭，並讓任何有敵意的軍事競爭者不敢挑戰美國、盟邦與夥伴。

（五）轉型應對挑戰

國防部正在進行轉型，以更有效平衡因應四大類挑戰所需的戰力：

1.來自國家運用正規陸、海、空部隊，以完整編組進行軍事競賽的傳統型挑戰。

2.來自國家與非國家行爲者運用恐怖手段及叛亂反制美國傳統軍事優勢，或以威脅區域安全的犯罪活動，如海盜與毒品走私等方式，所構成的非正規挑戰。

3.國家與非國家行爲者獲得、擁有與使用大規模毀滅性武器；或以其他能製造類似大規模毀滅性武器效果的致命性傳染病與其他天然災害等，所構成的災難性挑戰。

4.來自國家與非國家運用技術與能力（如生物科技、電腦網路與太空作戰或指能武器）等新方式，以反制美國現有軍事優勢，所構成的破壞性挑戰。

二、未來方向

美國必須針對國內外主要機構持續擴大與強化轉型作爲。針對國內方面，美國所推動的三大優先事項分別爲：

（一）持續推動「國防部」、「國土安全部」與「司法部」、「聯邦調查局」與情報界進行中的轉型作爲。

（二）持續將國務院作法調整至轉型外交方向，以促進健全民主政府與負責任的國家。美國的外交官須能跳脫傳統角色，更深入參與其他社會所面臨的挑戰，直接幫助他們，提供援助並學習其經驗。此項作爲將包含：

1.擴大「外援局局長」（Director of Foreign Assistance, DFA）的作爲，以確保對外援助能充分發揮效能，以實現美國的廣泛對外政策目標。此新機構將全面調整國務院及外援局所執行的援外活動方向，證明我們對納稅人的每一分錢負責。

2.提升美國處理戰後與癱瘓國家情況的計畫與處理能力。「重建與穩定辦公室」將整合所有政府相關部門的資源與資產，以遂行各項重建與穩定情勢任務。此項作爲必須置重點於建立安全與執法架構，因爲兩者均是恢復秩序與確保戰果的先決條件。

（三）建立與軍事後備單位類似的民間後備力量。民間後備力量必須彈性而適時地運用美國百姓的人力資源，以將必要技能與能量，用在國際災難救援與戰後重建工作上。

（四）加強公眾外交，使美國能以清楚、精確且具說服力的方式，向世界所有關注美國的大眾，闡揚美國的政策與價值。此項作爲包含主動接觸外國聽眾，增加美國人學習外國語言與文化和更多外國學生與學者到美國學習的機會，讓美國的公民大使（citizen ambassadors）與認同美國致力建立更安全與慈善世界的外國人，能獲得表達意見的力量；爭取民間企業支持；增加與回教領袖和人民的對話管道，在迷思與惡意扭曲的宣傳在世人心中生根前，儘速予以破除。

（五）改進政府部門在所有危機應變狀況與長期性挑戰方面的計畫、準備、協調、整合與執行各項處理行動的能力。

1.美國須加強各部會遂行周延與成果導向規劃的能力。

2.過去只負責對內事務的機關，未來將在美國外交及安全政策方面扮演日益重要的角色。因此必須更有效整合國內、外的各種跨部會活動。

（六）在海外，美國將與盟邦合作，推動三大優先工作：

1.促進聯合國的實質性改革，包括：

(1)建立確保會計責任、行政與組織效率的機關。

(2)恪遵會員資格與參與專屬權利，必須以負責任行爲與合理分擔解決安全與穩定挑戰責任爲前提。

(3)提升聯合國及相關區域組織提供訓練有素、快速部署、可長期執勤軍隊與憲兵單位遂行維和行動的能力。

(4)確保聯合國能反映今日地緣政治的現實，不爲過時的機制所束縛。

(5)重振「聯合國憲章」中所揭櫫的促進民主與人權承諾。

2.強化所有國際與多邊組織中民主體制與推動民主的地位，包括：

(1)加強民主共同體並推動其制度化。

(2)在亞洲、中東、非洲與其他地區，促成區域民主機構的成立。

(3)透過如聯合國民主基金等管道，提升聯合國與其他多邊組織推動自由目標的能力。

(4)對國際金融組織與區域發展銀行的特殊貢獻，進行更有效協調。

3.以「擴散安全機制」（PSI）模式，建立成果導向的夥伴關係，以因應新的挑戰與機會。這些夥伴關係，強調國際合作而非國際官僚政治，以自願信守而非條約束縛的方式，重視行動與結果，而非立法或規則制定。[60]

[60] The White House, *The National Security Strategy of the United States of America* (Washington D.C.: The White House, 2006), pp.43-46.

第四節 小 結

從安全是至關重要利益的概念出發，美國認爲現實主義學派所論述的「權力」最能說明美國透過形塑、回應與準備的概念，當然美國在其「國家安全戰略」中也清楚說明美國應不排除與其他國家合作的可能，而這樣的想法也反映出自由學派「合作」的概念。雖然，美國認爲處理國際間的事務，並非樣樣可以事必躬親，在美國「國家安全戰略」不斷強調與區域國家共謀解決區域問題的方法，這樣的作爲在柯林頓時期顯現於對科索沃事件的處理上；而在小布希政府時期則是北韓核武問題，在這一個議題上，美國希望透過六方會談來共謀北韓去核化。但是，在其「國家安全戰略」也特別強調，當需要時不排除單邊行動，這樣的例子以2003年美軍入侵伊拉克爲代表，小布希政府經由軍事力量，迫使海珊下台並接受審判。所以，從「權力」的本質來看，美國身爲全球唯一強權，其奉行的仍是現實主義學派的「強權政治」，而所謂的「合作」，也只有在不損及美國利益，及能更有效達成美國利益時所採用的彈性原則。

從以上所論述之「形塑」、「回應」與「準備」，我們得知其是以軍事力量爲核心，廣泛運用在政治、外交、經濟、外援、雙邊、多邊與國際組織，來形塑有利於美國的安全環境，當然要獲得有利於美國的安全環境，美國必須保持其軍事優勢，而這一個優勢則有賴於技術與裝備的持續研究發展及人員素質的不斷提升，「國家安全戰略」大戰略思維的指導，可從美國國防部「四年期國防總檢」、「國防戰略」與「國家軍事戰略」，看出其落實的具體作爲。所以，從構想的產生，還須仰賴達成上述三項目標的各式手段與方法。

從安全的觀點言，柯林頓政府將提升安全列爲其「國家安全戰略」的首要目標，認爲必須能夠形塑國際環境、回應危機的威脅、爲不確定的將來未雨綢繆，國家才能安全與穩定。亦即加強與友（盟）邦之間的外交關係，及藉強大的軍事武力來防範核擴散、環境與健康的威脅、國家飛彈防禦、打擊恐怖主義、反制大規模毀滅性武器、重要基礎設施的防護、國家安全緊急準備、打擊毒品走私及其他國際犯罪、小規模的應變行動、主要戰區的戰爭、部隊應用的決策等各項安全因應措施。雖然美國在處理國際事務的手段，有時也會因國家安全或國家利益而採取單邊主義及行動，但其「國家安全戰略」也一再強調將透過國際合作與互賴共同解決問題的彈性原則。

911恐怖攻擊之前，小布希政府外交政策走向，仍大致延續柯林頓政府運作的模式，即與外國政治領袖建立良好的私人關係，在整個「國家安全戰略」的規劃，並未進行大調整。然911恐怖攻擊之後，小布希政府提出「先發制人」的主動戰略，認爲在某些情況下先發制人是必要的，針對潛在敵人攻擊美國之前，保有對其採取先制攻擊的權力。基於恐怖主義具有分散與隱匿的特性，美國在全球反恐戰爭過程中採取主動而非被動，尋求絕對安全，採絕對優勢、先制攻擊及單邊行動等概念，以應付恐怖組織的破壞行動。故柯林頓與小布希政府在安全的考量上，因恐怖攻擊事件影響，在提升美國安全的作爲上，採取不同的戰略模式。然毫無疑問提升美國的安全仍是最優先選項，以柯林頓政府2000年「國家安全戰略」爲例，在本文中前後提及安全301次；小布希政府2006年「國家安全戰略」亦提及89次，由此可知提升安全的重要性。

第七章　經濟是發揮影響的動力

A strong world economy enhances our national security by advancing prosperity and freedom in the rest of the world. Economic growth supported by free trade and free markets creates new jobs and higher incomes. It allows people to lift their lives out of poverty, spurs economic and legal reform, and the fight against corruption, and it reinforces the habits of liberty.

George W. Bush

強勁的世界經濟可以促進世界其他地方的繁榮與自由，達到提升美國國家安全的目標。自由貿易及自由市場所帶來的經濟成長，可以創造新的工作機會及收入。讓人民脫離貧窮生活，刺激經濟及法律改革與打擊貪腐的行動，同時也強化自由的習慣。

（小布希・2002年國家安全戰略）

當代國際政治學者在衡量一個國家影響力時，雖然沒有完全的衡量標準，但是一般會將人口、領土、資源、經濟實力、軍事實力、政治穩定及能力納入考量的主要項目，華爾茲在其名著《國際政治理論》（*Theory of International Politics*）提出「經濟」力量的改變導致系統結構變化時，行爲與結果會有什麼差異的概念。[1]由華氏的觀點，我們可確認經濟因素對國際體系有著直接的影響，尤其隨著科技的進步，國際互賴程度愈來愈密切，經濟實力強大的國家，在國際上扮演舉足輕重的角色。而自由派學者也認爲由於經貿互賴程度日深，如果可經由建立正式與非正式的制度，樹立一套可做爲各國依循的機制，則彼此的衝突便可降低。冷戰後經濟力量的強弱，似乎已取代以往以軍事爲主宰的國際政治。例如，日本、德國與中國，因爲經濟實力在國際事務上都是非常重要的參與者，說明冷戰後各國經濟實力在國際舞台上，已扮演愈來愈重要的角色。當然，美國以其各方面的優異條件，自二次世界大戰之後，都是國際事務最重要的領導者。其次，從國際政治的角度言，經濟實力是「硬權力」非常重要的構成要素，也是支撐一個國家軍事力量能否維持的重要指標。所以，美國在其「國家安全戰略」中不斷強調促進美國國內、外經濟繁榮的重要性。

柯林頓總統自1993年就任以來，一直將振興經濟列爲施政重點，渠在1997年「國情咨文」中曾說：「美國持續成長的經濟，已經協助復甦貧困社區，但是，美國仍須努力，以使這些地區的人們能創造使他們家庭興盛的條件，並且應由商業的投資與銀行的貸款來創造工作。美國須能倍增生產的區域，他們已經爲底特律社區帶來希望，在過去四年這個地區失業率已經減少一半。美國應該恢復受汙染城市的土地與建築物，使成爲有用的地方，並且擴大社區發展銀行的網絡。美國應該運用此種激勵的方法，包括私人產業的減稅，以更新美國首府，使華盛頓特區成爲最佳居住與工作的地點，並再次成爲美國展現世人引以爲傲的門面。」。[2]柯林頓於接任總統之初，即察覺美國的問題在於經濟，於是在其選舉政見中，便將經濟

[1] Kenneth Waltz, *Theory of International Politics* (New York: Little Brown, 1979), pp.129-131.
[2] William Clinton, *State of the Union 1997*, internet available from http://partners.nytimes.com/library/politics/uniontext.html, accessed January 22, 2008.

發展列為首要的施政目標，有關於如何促進美國的繁榮，依據美國「國家安全戰略」的指導包括：提升美國的競爭力、加強總體經濟的協調、提升一個開放的貿易體系、提供能源安全、促進海外長期發展等措施，茲分述如後。

第一節　提升美國的競爭力

柯林頓政府1995年「接觸與擴大的國家安全戰略」說明：「美國主要的經濟目標是強化經濟的表現。邁向此目標的第一步，是降低聯邦預算赤字及其加諸於經濟及未來世代的負擔。1993年通過的經濟計畫已恢復美國投資者信心，並強化美國在國際經濟談判的地位。在柯林頓總統的經濟計畫下，赤字於1998年會計年度減少超過7,000億美元，柯林頓總統也調降在國民生產總值（Gross Domestic Product, GDP）上的赤字比例，從1992年的4.9%到1995年的2.4%，這是自1979年以來的最低點。」。[3]

柯林頓政府1996年「接觸與擴大的國家安全戰略」亦說明：「1995會計年度是自杜魯門政府以來首次連續三年下降。我們努力降低赤字並與其他步驟結合，以改進美國的競爭力：投資科學與技術；協助整合商、軍用工業部門；改進資訊網路與其他重要的基礎設施；以及改善美國勞工之教育與訓練計畫。美國正建構國防的研究發展努力，以更強調兩用技術，使軍事投資在商用部門上的創新使用，以較低成本、提高品質與增強其表現，並且改革國防武器系統，使更有效率的發展及採購武器與物質。」。[4]

柯林頓政府1997年「新世紀的國家安全戰略」強調：「我們主要經濟目標仍在強化美國的經濟，於2002年以前達到聯邦預算平衡的目標。我們將持續追求削減赤字，藉由削減赤字與平衡預算，政府將縮減借貸，資金

[3] The White House, *A National Security Strategy of Engagement and Enlargement* (Washington D.C.: The White House, 1995), p.19.

[4] The White House, *A National Security Strategy of Engagement and Enlargement* (Washington D.C.: The White House, 1996), pp.41-42.

便可流向民間。我們尋求創造一個致力於創新及有競爭力的商業環境，使民間部門可以繁榮，鼓勵發展、商業化與運用民間技術，投資21世紀世界級的基礎設施；包括知識經濟爲主的國家資訊基礎設施，投資教育與訓練勞工使之足以適應快速變遷的經濟，使美國貨物與服務得以持續進入國外市場。」。[5]

柯林頓政府1998年「新世紀的國家安全戰略」則強調：「美國努力尋求確保一個具有革新與競爭的商業環境使私人產業可以繁榮。爲了達成這一個目的，我們將會鼓勵發展、商業化與使用民用技術，也會投資21世紀世界級的基礎設施，包括對知識經濟建立極爲重要的國家資訊與太空基礎設施。我們會投資教育與訓練，使勞工能夠參與快速轉變的經濟，同時爲美國的貨物及服務繼續打開外國市場。」。[6]

柯林頓政府1999年「新世紀的國家安全戰略」則闡述：「從更開放的市場獲得全面利益，需要一個整合戰略以維持技術的優勢，提升美國外銷，以及確保試圖保護國家安全的外銷管制，不會使美國高科技公司降低其全球競爭力。首先，在技術優勢上，我們會持續支持一個強而有力的科學與技術圈，以提升經濟成長、建立高薪工作、維持一個健康與高知識的公民社會與提供未來軍事體系的基礎，我們會投資教育與訓練，使勞工得以參與快速變遷的經濟，並且會投資21世紀世界級運輸、資訊與太空基礎設施；第二，在推展外銷上，政府建立美國第一個國家外銷策略，改革政府與私有部門合作的方式以擴大外銷。『外銷促進協調委員會』（The Trade Promotion Coordination Committee）對促進外銷的努力、協調外銷的歲入、執行泛政府支持倡議（government-wide advocacy initiative）與更新市場資訊系統與產品標準教育是有幫助的。隨著美國重回世界最大出口國，此外銷策略是有效的。當我們強勁的外銷表現得以支撐數百萬新的及與外銷有關的工作時，在未來數年我們如果要進一步強化貿易平衡，

---

5 The White House, *A National Security Strategy for A New Century* (Washington D.C.: The White House, 1997), p.27.

6 The White House, *A National Security Strategy for A New Century* (Washington D.C.: The White House, 1998), p.48.

以高薪工作提升生活水平，則須外銷更多產品；第三，在提升外銷管制上，美國是世界高科技技術外銷的領導者，包含衛星、手機、電腦、資訊安全與商用飛機。某些技術是可直接與間接運用於軍事上或爲國家與跨國組織運用於威脅我們國家安全。基於上述的理由，適當限制可用於軍事用途及傷害我方安全之貨物與技術，美國政府小心管制高科技外銷。我們瞭解在愈來愈競爭的全球經濟有許多國家可提供該等管制品，過度的管制將無法限制高科技物品的流通，反而可能使美國高科技公司在全球變得更無競爭力。因此，喪失市場占有率及無法爲美國與盟邦部隊製造出最新的產品。」。[7]

此外，美國亦認爲：「現行政策認清美國須平衡許多因素，當我們推動高科技外銷之際，商務部應有一套更加透明、可預測與及時的執照核發機制，國防部與能源部也擴大對兩用物品（dual-use）的檢視，假如這兩個單位對提議外銷有不同意見，可將這些議題納入爭端解決程序最後提交總統裁決，其結果是今日檢視兩用技術比以往更全面。在彈藥出口方面，我們有責任防止傳統武器與技術被用於製造大規模毀滅性武器，未來數年主要的目標是加強全世界這些領域的管制。加密是特別技術的一個例子，小心平衡是必須的。對加密之外銷管制須視爲平衡一些重要的國家安全利益，包括提升安全電子商務，保護私人權利，支持公共安全與國家安全利益，以及確保美國產業的領導地位。過去數年，政府與產業及私人集團（privacy groups）協商，實施檢視加密政策與國內外市場，並且於1999年9月宣布一個更新的政策。當持續一個平衡的方式時，新的政策明顯簡化外銷管制，同時保護重要的國家安全利益。當新加密外銷規定於2000年初公布，美國公司將獲得新的機會銷售其加密產品，而不會受到全球商業組織與個人的限制。大多數美國大宗市場軟體先前限定在40至56位元，將可允許出口至任何使用者。」。[8]

「同樣地，電腦是一個必須運用出口管制的技術，其在某種程度上凸

---

7 The White House, *A National Security Strategy for A New Century* (Washington D.C.: The White House, 1999), p.23.

8 *Ibid.*, pp.23-24.

顯國家安全考量與持續協助強化美國的競爭力。對舊物品維持過時的管制將會傷害美國公司，且不利國家安全。爲確認這一點，政府於1999年7月宣布電腦外銷管制的改革，允許較高層次的電腦可以銷售至對美國友好的國家，對於那些可能對美國國家安全帶來風險的國家，政府將持續維持軍事用途比商業用途較高的門檻政策，外銷管制單位將會持續檢視進步的電腦技術，並提供總統建言，每六個月更新電腦外銷管制。美國限制擴散之努力，如無其他國家的合作將是無效率的，我們透過『核能供應集團』、『飛彈技術管制機制』、『詹格委員會』、『澳大利亞集團』加強合作管制生化武器與相關項目，以及『華瑟納協議』（Wassenaar Arrangement）使在傳統武器轉移上透明度更高。這些努力列出全球對抗大規模毀滅性武器的擴散，先進傳統武器與機敏技術，藉由確認我們競爭對手面臨相同的外銷管制，提供美國商業一個平等參與的機會。」。[9]

柯林頓2000年「全球時代的國家安全戰略」除了持續闡明上述管制措施外，另外強調：「2000年10月，政府完成另一個政策檢視，同時將技術升級與國內外市場變化納入考量，以確保維持平衡。最明顯的改變是美國加密產業，現在可以外銷加密項目與不受執照管制之技術，至歐盟與其他一些國家（包括西歐以外的主要貿易夥伴國家），此一更新是依照歐盟所選定的近期規則。因此，繼續保證美國產業在國際市場的競爭力。其他政策條款執行加快技術的發展，包括簡化外銷條款對電腦軟硬體上市前的試用、執行短程無線加密技術的產品、使非從美國獲得之產品也可以一起操作，與對標準發展的技術。外銷後的報告也簡化，以利美國公司加快釋出需求，對美國海外所屬子公司的外銷產品，或一般已經預先載入在電腦上或掌上型電腦的設計，將不再需要報告。這些機制將保證美國公司在國際市場持續的競爭力，諸如電子商務、國家安全與支持執法等領域相一致的國家利益。同樣地，電腦技術的外銷管制運用須權衡我國安全，促進與強化美國競爭力。我們可能繼續面對令人驚奇快速的技術改變，因此，需要一個常規性外銷管制的檢視，如維持過時的商用階層電腦管制，將會傷害

[9] *Ibid.*, p.24.

美國公司且無益於我們的國家安全。基於上述這些理由，2000年2月政府宣布電腦外銷管制改革，此改革允許售予較高層次的電腦技術給美國友好國家，外銷管制機構也將在一個不間斷的基礎上，檢視電腦先進技術，以及每六個月提供總統對電腦外銷管制的更新建言。」。[10]

小布希總統雖然沒有對提升美國的競爭力做有系統的論述，但在其任內的「國家安全戰略」亦提及數個未來努力的方向，包括：開放市場及整合開發中國家、推動能源市場的開放與改革國際金融體系，以持續擴大自由與繁榮。[11]

第二節　加強總體經濟的協調

柯林頓政府1997年「新世紀的國家安全戰略」強調：「我們的戰略認定當國家經濟變得與國際更加整合時，美國的繁榮不能自外於海外的發展，須與其他國家與國際經濟組織合作，精進我們的能力，防止且降低國際金融危機。這些成就包括建立一個有效及早期警告與防範系統，主動公布金融及經濟資料，在危機發生時則有更多資源可以回應，另外檢視相關程序，俾能井然有序的解決國際債務危機。七大工業國（G7）在促進金管合作及金融機構的監控上已有長足的進展，這些步驟在危機發生時，應可防止主要金融組織崩盤，以及危機發生時，將其他金融組織的危害控制在可掌握的範圍內。七大工業國也促進世界銀行及區域發展銀行一系列的改革，對於這些改革美國已積極主張數年，主要的項目包括：具體增進對有助基本社會計畫之資源共享，以減少貧窮、保護環境、支持私有部門發展及市場開放、管理的提升（如打擊貪腐的措施）、多邊開發銀行（Multilateral Development Banks, MDBs）內部改革使其更有效率。此外，

[10] The White House, *A National Security Strategy for A Global Age* (Washington D.C.: The White House, 2000), pp.57-58.

[11] The White House, *The National Security Strategy of the United States of America* (Washington D.C.: The White House, 2002), pp.27-30.

國際金融組織如『國際貨幣基金會』及多邊發展銀行近年來在對我有重要利益的國家及區域，如俄羅斯、中東、海地與波士尼亞，皆扮演強而有力的角色。」。[12]

小布希總統2002年「國家安全戰略」則認爲：「我們致力推動有助於新興市場，以較低的利率獲得較大資本量的政策。爲了達成此項目的，我們將持續推動降低金融市場不確定性的各種改革工作。我們將主動和其他國家、『國際貨幣基金會』及其他民營金融機構合作，落實七大工業國家於今年初完成協商的『行動計畫』，以防止金融危機發生，或當危機發生時能更有效地加以解決。處理金融危機最好的方法就是避免其發生，我們也要鼓勵『國際貨幣基金會』改善在這方面的作爲。同時，我們將持續和該基金會合作，精簡紓困借貸的政策條件，並將借貸策略重點放在利用健全的會計和貨幣制度、匯兌政策及健全金融機構政策執行，達成促進經濟成長之目的。」。[13]

小布希總統2006年「國家安全戰略」對金融改革議題多所著墨，該戰略認爲：在彼此相連的世界中，穩定與開放的金融市場是繁榮全球經濟的重要特徵。美國將透過以下措施，致力於促進穩定及開放市場：[14]

首先，關於在全世界推動成長導向的經濟政策，美國認爲：「健全的經濟政策是促進國際經濟成長的主要力量。但我們不應該是唯一的力量來源。因此，我們將與其他主要經濟體如『歐盟』與『日本』，共同致力於結構性的改革，以開放全世界與各國市場並提高生產力。」。[15]

第二，在鼓勵採行彈性匯率與開放金融服務市場方面，美國強調：「協助新興經濟體將外匯政策改變爲適用主要經濟體的彈性匯率制度。尤其我們將持續敦促中國承諾履行其採行市場導向彈性匯率制度。我們也將

---

[12] The White House, *A National Security Strategy for A New Century* (Washington D.C.: The White House, 1997), pp.45-47.
[13] The White House, *The National Security Strategy of the United States of America* (Washington D.C.: The White House, 2002), p.18.
[14] The White House, *The National Security Strategy of the United States of America* (Washington D.C.: The White House, 2006), p.29.
[15] *Ibid.*, p.29.

推動更開放的金融服務市場，以鼓勵穩定而健全的金融作法。」。[16]

第三，在加強國際金融機制方面，美國強調：「60年以前，美國率先推動成立『世界銀行』與『國際貨幣基金會』（International Monetary Fund, IMF）。這些組織在全球經濟發展方面不僅具有指標性意義，同時更促成了人類史上空前未有的繁榮。這兩大機構在今日雖然仍具有關鍵影響力，但是卻須進行改變，以適應新的國際現況。」美國認爲：「針對『世界銀行』及其他區域性開發銀行方面，我們將鼓勵其提高對私人企業投資的重視。同時敦促其多考量經濟自由、治理與可量度之成果進行基金分配。我們也會鼓勵增加捐款運用，以減輕無法償還債務的負擔。再者，針對『國際貨幣基金會』方面，我們會尋求重新聚焦於其核心任務——國際金融穩定。這意味著須強化『國際貨幣基金會』監控金融體系的能力，以防止危機的發生。一旦危機眞的發生，『國際貨幣基金會』的處置方式，須加強各國依據自己選擇的經濟模式負起責任。一個恢復重點的『國際貨幣基金會』，將可強化金融決策方面的市場機制與市場紀律，協助推動穩定與繁榮的全球經濟。藉由此種作法，市場與私有企業便可漸漸使『國際貨幣基金會』，不再需要扮演目前的角色。」。[17]

第四，有關建立開發中國家的地方資本市場及正常經濟方面，美國說明：「開發中國家小型企業尋求資源的第一個地方，就是其本身的國內市場。遺憾的是，許多國家由於金融制度體質不佳，缺乏（智慧）財產權與經濟活動偏離正常經濟，造成黑市猖獗等問題，根本就無法獲得這些資源。美國將與這些國家合作，共同發展並強化地方資本市場與打擊黑市。此舉將提供更多的資源，幫助政府部門有效管理，並使私營企業得以成長與茁壯。」。[18]

第五，關於創造一個更透明、負責任及安全的國際金融體系方面，美國說明：「透過與政府部門和民間企業的合作，共同協助鞏固國際金融體系，對抗罪犯、恐怖分子、洗錢分子與腐化政治領袖。我們會持續運用

---

[16] *Ibid.*, pp.29-30.
[17] *Ibid.*, p.30.
[18] *Ibid.*, p.30.

『金融執行小組』（Financial Action Task Force）等國際管道，以確保此一全球體系的透明度並防止非法資金猖獗。我們亦須發展新的方法，以便偵測、打擊與孤立不守規則的金融業者與管理者。」。[19]

第三節　促進開放的貿易體系

美國商業的成功不只倚靠在國際市場上的成功，國際競爭能力也保證美國的公司將會持續革新與增加產量，而其將會反過來改善美國的生活水準。然而對海外競爭，美國的公司需要進入外國市場，就如外國工業進入美國開放的市場一樣。美國積極尋求增加美國公司進入外國市場的管道——透過雙邊、區域與多邊協議。[20]其中有關「北美自由貿易協定」、「亞太經濟合作」與「關稅及貿易總協定烏拉圭回合」（Uruguay Round of GATT）等組織，分述如後：

一、北美自由貿易協定

柯林頓政府1995年「接觸與擴大的國家安全戰略」強調：「1993年12月3日柯林頓總統簽署『北美自由貿易法案』（North American Free Trade Act），於美國、加拿大與墨西哥間建立一個自由貿易區。此一貿易區已增加10萬美國人的工作機會，也已增強墨西哥與美國在超過2,000哩邊界廣泛議題合作的能力，包括環境、麻醉藥品非法交易與非法移民。」。[21]1996年「接觸與擴大的國家安全戰略」則說明：「該法案保護與增加美國對該國的外銷及這些外銷所支持的工作，此外。美國也開始與智利談判擴大『北美自由貿易協定』的會員關係。」。[22]

---

[19] *Ibid.*, p.30.

[20] The White House, *A National Security Strategy of Engagement and Enlargement* (Washington D.C.: The White House, 1995), p.20.

[21] *Ibid.*, p20.

[22] The White House, *A National Security Strategy of Engagement and Enlargement* (Washington D.C.: The White House, 1995), p.20 and The White House, A National Security Strategy of Engagement

柯林頓政府「全球時代的國家安全戰略」強調：「『北美自由貿易協定』使我們與加拿大及墨西哥的貿易夥伴關係制度化。該協定建立世界最大的自由貿易區，擴大三個簽約國的貿易超過85%，促進美國對另外兩國外銷的增加，這兩國現在約占美國外銷之40%。『北美自由貿易協定』是歷史性的，因為它律定環境及勞工的保護，它是第一個明確建立貿易自由化與保護勞工權利與環境兩者關係的貿易協定。當美國與約旦在今年達成自由貿易協定，歷史又再次重寫，協定中的文字確保兩國貿易自由化、勞工權利的保護與對環境保護的相互支持。」。[23]

小布希政府「國家安全戰略」雖然沒有如柯林頓政府「國家安全戰略」作分類敘述，但是其在「國家安全戰略」中亦不斷強調：「促進自由及公平的貿易，是美國外交政策長期以來的基本信條。更高的經濟自由度最終必然難以和政治自由切割。經濟自由使個人擁有力量，而有力量的個人就會要求愈來愈多的政治自由。更高的經濟自由度，也會造就更大的經濟機會與所有人的財富。歷史已經證明，市場經濟是最有效率的經濟制度及消除貧窮的最佳良方。為了擴大經濟自由與繁榮，美國不斷促進自由及公平的貿易、開放的市場、穩定的金融體系、全球經濟的整合、安全及乾淨的能源開發。」。[24]

二、亞太經濟合作

柯林頓政府1995年、1996年「接觸與擴大的國家安全戰略」強調：「美國的經濟關係十分倚靠我們在亞太地區的關係，本地區是全世界經濟成長最快速的地區。1993年11月，柯林頓總統召集經濟體的領袖高峰會，形成『亞太經濟合作論壇』。美國在『亞太經濟合作論壇』的倡議，將會打開一個經濟合作的新機會，以及允許美國公司參與全區的具體基礎設施

---

and Enlargement (The White House: Washington D.C., 1996), pp.42-43.

[23] The White House, *A National Security Strategy for A Global Age* (Washington D.C.: The White House, 2000), pp.54-55.

[24] The White House, *The National Security Strategy of the United States of America* (Washington D.C.: The White House, 2006), p.25.

計畫與建造。貿易與投資架構於1993年獲得同意，提供提升「亞太經濟合作」中所界定『打開區域主義』的基礎。1994年11月第二次領袖會議進一步驅動過程，經由接受於21世紀前，全區自由及開放貿易與投資的目標，並且在大阪『亞太經濟合作』領袖會議前，同意擘畫一個藍圖以達成此目標。」。[25]

柯林頓政府1999年「新世紀的國家安全戰略」則僅強調：「美國透過區域組織如『亞太經濟合作論壇』，持續催促更加開放的市場。」。[26]

三、關稅及貿易總協定與世界貿易組織

柯林頓1995年「接觸與擴大的國家安全戰略」說明：「1993年12月成功結束在『關稅及貿易總協定』烏拉圭回合下的談判，顯著強化世界貿易體系。烏拉圭回合協定是史上最大與最全面的貿易協定，其將會創造數十萬新的工作及擴大美國商業的機會。這也是國際貿易規則，首次將會運用在服務、智慧財產權與投資上，同時也會在農業上運用有效的規則。烏拉圭回合也持續降低至二次世界大戰以來的關稅費率。總統與國會合作，保證批准這一開路協定與『世界貿易組織』，並使該組織成爲一個公開解決爭端的論壇，總統也承諾擔保確實執行烏拉圭回合協定。」。[27]

1998年「新世紀的國家安全戰略」則謂：「在關稅及貿易總協定架構之下，烏拉圭回合談判的圓滿閉幕，明顯強化世界貿易體系。一旦烏拉圭回合全面執行，美國預期每年國內生產總值可增加1,000億美元。政府仍承諾以烏拉圭回合的成就，發揚世貿的成功，以做爲公開解決爭端的論壇。美國已完成『資訊技術協議』（Information Technology Agreement, ITA），此協議朝廢除高科技產品的貿易障礙與減免全球年度稅收達50億美元的目標，美國期待完成第一個協議以擴大在1998年『資訊技術協議』

[25] The White House, *A National Security Strategy of Engagement and Enlargement* (Washington D.C.: The White House, 1995), p.20.
[26] The White House, *A National Security Strategy for A New Century* (Washington D.C.: The White House, 1999), p.23.
[27] The White House, *A National Security Strategy of Engagement and Enlargement* (Washington D.C.: The White House, 1995), p.20.

所涵蓋的產品。美國也完成世貿協議這樣的一個里程碑，此協議將會大力提升世界電信服務的貿易自由化，在此一協議下，涵蓋世貿成員99%的電信收入，長達數十年舊傳統的電信壟斷與封閉市場，將會對市場開放鬆綁與競爭讓步，此為美國所擁護的原則。」。[28]

「世貿議程包括進一步改革農業貿易、服務業的市場自由化與強化對保護智慧財產權的談判，1998年5月，在世貿部長會議成員國，同意發起與準備這些談判，並考量其他可能的談判主題，包括目前世貿規則沒有涵蓋的議題，這些預備的對話將持續到明年，以便下一回合的談判可以在1999年美國舉行之世貿部長會議中開始進行。美國也與尋求進入世貿的國家進行全面議程，依據規則與市場開放，美國總是設立高標準的入會資格，入會後提供新經濟體機會融入以法律規範的貿易體系，以及強化它們的改革計畫，這是為什麼美國在32個入會申請國入會過程處理中，將會採取一個主動的角色。」。[29]

「經由『經濟合作與發展組織』對投資之多邊協議（Multilateral Agreement on Investment）的談判，美國正尋求在沒收及尋求國際仲裁（解決紛爭及無線跨國匯兌）建立明確的法律標準。美國也在該組織提出諸如貪污與勞工的議題，這些均可能有礙貿易及阻礙美國的競爭力。美國尋求經濟合作與發展組織成員限制行賄外國官員、取消賄款的稅賦減免與促進政府採購更加透明。目前為止，美國在採購方面的努力已聚焦於『世界銀行』與區域發展銀行，但是美國追求在世貿會員採購機制採透明協議的倡議，應該會做出重要的貢獻。美國對勞工議題也已大有進步，世貿已贊同自艾森豪政府以來，美國追求核心勞工標準的重要性——組織與集體談判的權利，以及禁止童工與強迫勞工，美國會持續迫切要求對國際核心勞工較佳的標準整合加入世貿的工作中，包含經由世貿與『國際勞工組織』較密切的互動。」。[30]

---

[28] The White House, *A National Security Strategy for A New Century* (Washington D.C.: The White House, 1998), p.49.
[29] *Ibid*., p.49.
[30] *Ibid*., pp.49-50.

「美國持續確保貿易自由化不會犧牲國家安全或環境保護，例如，國家安全、執法與貿易政策單位一起致力於確保世貿協議自由化，全球在電信的投資是與美國國家安全利益一致。此外，美國在烏拉圭回合談判的領導，促使結合環境條款進入世貿協議與建立『貿易及環境委員會』（Committee on Trade and Environment），政府持續追求保證貿易與環境政策是相互支持的目標。再者，在美國的領導下，參與『美洲高峰會』的國家均支持永續發展的議案，以確保經濟成長不會以環境保護爲代價。」。[31]

「1998年5月，柯林頓總統提交世貿乙組提案，以進一步達成美國國際貿易的目標：首先，世貿作出進一步的努力，以消除貿易障礙，並追求更開放的全球貿易體系，以獲致經濟成長、較好的工作、較高的收入與自由流通的理念、資訊與人力。第二，世貿提供一個論壇，在此論壇中有關商業、勞工、環境與消費團體可以提供定期的建言（regular input）以協助指導進一步世貿的發展，美國爲21世紀所建立的貿易體系，須確保經濟的競爭不會因降低環保、對消費者的保護，或勞工的標準而威脅生活、健康與一般家庭的安全。第三，召集一個高層的貿易與環境官員會議，以提供世貿環境努力的方向，以及世貿與國際勞工組織承諾一起合作，以確保開放的貿易提升工人生活的標準且尊崇勞動標準。第四，世界貿易組織應打開大門鼓勵大眾參與監督，所有作爲均應公開、負責任，具體作法如糾紛處理，應召開公聽會，並將內容重點公布周知。第五，同美國一般，各國不應對跨國商業性電子傳播課以關稅。資訊科技的革命由網際網路代表，是當代創造繁榮的最大力量。美國不允許帶歧視性的障礙阻礙此一前景美好的新經濟發展機會，1998年5月世貿部長會議同意一個電子商務工作計畫，此一計畫將會於1999年部長會議時再檢視。第六，所有世貿成員執行政府採購案時，應採公開與公平招標，並且施行經濟合作與發展組織反行賄決議。繁榮倚靠政府基於法治的執行，而不是官僚的反覆無常、任用親信與貪污。第七，世貿探究快速貿易談判程序與發展一個開放的貿易體

[31] Ibid., p.50.

系，其可以如全球市場改變一樣快速，正面的步驟包括降低農業的年度關稅與補助，服務業較大的開放與競爭，在工業部分進一步關稅的降低，以及較強硬智慧財產權的保護。」。[32]

2000年「全球時代的國家安全戰略」強調：「『關稅及貿易總協定』之烏拉圭回合會談，建立『世界貿易組織』、多邊貿易規則與承諾涵蓋農業、服務與智慧財產權。世貿組織已有利於協助從中央計畫到市場經濟之轉型，以及提升貧窮國家的成長與發展。美國持續領導想要加入世貿組織會員的國家，與樂意符合其市場開放高標準及以規則爲本的貿易加入談判。與中國的『永久正常貿易關係』（Permanent Normal Trade Relations）將提供美國農民、商業與工業進入全世界人口最多國家的市場。以我們心中價值爲念，已一貫提倡貿易自由化，藉以確保增加貿易的前進，而不是弱化工人的權利與環境的健康。」。[33]

小布希政府2006年「國家安全戰略」則強調：「我們將透過『世界貿易組織』與各種雙邊與區域自由貿易協定，持續推動開放市場與整合開發中國家。首先，美國將設法完成『多哈發展議程』回合談判。多哈發展議程的完成將可擴展美國與世界上其他國家的機會。貿易及市場開放將使開發中國家的人民獲得改善生活的力量，同時減少國家控制經濟中經常出現的貪腐機會。第二，我們將與俄羅斯、烏克蘭、哈薩克及越南共同合作，推動加入『世界貿易組織』所需的各項市場改革。加入此組織將同時帶來機會與義務——這些義務包含加強法治與遵守支撐當代知識經濟的智慧財產權規定、祛除扭曲全球經濟與傷害世界貧苦大眾的關稅、政府補貼及其他貿易障礙。第三，藉由推動及實施與巴林、安曼及阿聯等國簽署的自由貿易協定，我們將繼續推動『中東自由貿易區』的目標，同時透過其他方案擴大與中東地區各國開放貿易。第四，在非洲，我們繼續推動與『非洲南部地區關稅聯盟』國家如波茲瓦納、賴索托、納米比亞、南非及史瓦濟蘭等國的自由貿易協定談判。第五，在亞洲，我們正推動與泰國、南韓與

---

32 *Ibid.*, pp.50-51.

33 The White House, *A National Security Strategy for A Global Age* (Washington D.C.: The White House, 2000), p.54.

馬來西亞的自由貿易協定談判。我們也將持續與中國密切合作，以確保中國恪遵『世界貿易組織』承諾與保護智慧財產權的作爲。第六，在西半球方面，藉由『北美自由貿易協定』、『中美洲自由貿易協定－多明尼加共和國』、『美－智自由貿易協定』，我們將繼續推動南、北美洲自由貿易區的願景。未來我們將繼續完成並實施與哥倫比亞、秘魯、厄瓜多及巴拿馬等國的自由貿易協定。」。[34]

第四節　提供能源安全

柯林頓政府1995年、1996年「接觸與擴大的國家安全戰略」與1997年「新世紀的國家安全戰略」說明：「美國超過40%的主要能源需求倚靠石油。大約45%石油所需仰賴進口，而大部分這些進口石油來自波灣地區。兩次石油危機經驗與波灣戰爭顯示，石油供給的干擾可能對美國與盟邦經濟有一個顯著的影響。適當的經濟回應可相當程度減輕石油危機，對國際收支平衡及通貨膨脹的影響，適當的外交政策回應，諸如伊拉克入侵科威特事件，可以限制危機的範圍。長期而言，當我們的資源耗盡時，美國倚靠使用外國的油源將會愈來愈重要。這些事實顯示，持續及擴大仰賴能源的效能與節約及發展替代能源的需求。不論是否採取節約措施，美國在不受限制使用此重要的資源上，有一個至關重要的利益。」。[35]

1998年「新世紀的國家安全戰略」說明：「美國倚靠石油約占其主要能源需求的40%及大約一半的石油需求仰賴進口，雖然我們從波灣進口的石油低於10%，但我們歐洲及日本盟邦85%的石油依賴波灣地區進口，因此凸顯此區持續的戰略重要性。我們正經歷仰賴中東石油的一個根本轉變，委內瑞拉是我們首要的國外供應國，而非洲石油的供應僅佔我們進口

[34] The White House, *The National Security Strategy of the United States of America* (Washington D.C.: The White House, 2006), pp.27-28.

[35] The White House, *A National Security Strategy of Engagement and Enlargement* (Washington D.C.: The White House, 1995), p.21.

量的15%，加拿大、墨西哥與委內瑞拉總合的供給，則超過阿拉伯石油輸出組織（Arab OPEC）國家供應美國的兩倍。另外，裏海潛在石油儲量為1,600億桶，在未來十年世界能源需求逐漸上升之際，扮演一個愈來愈重要的角色。我們已將與區域國家合作開發油源列為優先項目，以確保我們的石油供給。我們也正致力於一些面向，以提升穩定與保護這些國家的自主，雖然這些發展是顯著的，我們須謹記大量經證實的儲量仍位於中東，而該區與全球石油市場基本上是相互依存。」。[36]

「節能措施與替代能源研究是美國『能源安全戰略』一個重要的因素，美國經濟自1973年石油危機後已成長約75%，在那時候，美國石油的消耗維持穩定，反映節能及有效運用的成果。美國的研究須持續集中在發展高效率的運輸系統與使用替代能源，諸如氫、乙醇或來自有機物的甲醇等。這些研究會藉研發新方法以符合溫室廢氣排放標準，將會有效解決氣候改變的問題。長期而言，當美國國內的資源耗盡時，美國倚靠使用外國石油可能變得愈來愈重要，雖然美國石油消耗自1973年來一直持平，但由於我們國內生產的下降，美國仰賴進口石油已經增加。這段時間國內產油衰頹乃因低油價無法支撐石油開採，導致枯竭的油源區更無油可煉。儘管節能與能源研究，美國對使用外國油源，將持續有一個至關重要的利益，須持續留意區域穩定與主要地區安全所需，以確保這些資源的自由流通並使用之。」。[37]

1999年「新世紀的國家安全戰略」則強調：「儲存措施與研究使得能源效能更佳，此外，替代燃料是美國『能源安全戰略』重要要素。我們研究須持續集中在發展高效率能源設施、器具、運輸與產業體系，轉換使其可作為替代或重新使用之燃料，如氫、核燃料技術與自生物量（biomass）所提煉之乙醇或甲醇。在精進儲存與能源研究外，持續確保獲得外國能源將仍是美國主要利益，我們須持續留意主要生產地區之穩定

[36] The White House, *A National Security Strategy for A New Century* (Washington D.C.: The White House, 1998), p.53.
[37] *Ibid.*, pp.53-54.

與安全，以確保我們對這些重要資源獲得與自由流通。」。[38]

柯林頓政府2000年「全球時代的國家安全戰略」則對於1999年有關提供能源安全補充道：「儘管管理及能源研究，美國對確保使用外國油源，仍有一個至關重要的利益，我們須持續留意維持主要生產區域的穩定與安全，以及使用海軍的能力，假如需要時，確保我們使用及這些資源的流通。」。[39]

對有關能源議題小布希政府2002年「國家安全戰略」認為：「強化能源安全：我們將和盟邦、貿易夥伴和能源生產國合作，持續強化自身的能源安全與全球經濟共享的榮景，以擴大全球能源的供應來源與種類，特別是在西半球、非洲、中亞及裏海等地區。美國也將持續和其他夥伴共同合作，開發更乾淨、節能的科技。」。[40]

此外，經濟成長也要配合全球共同努力，共同努力減少因經濟所造成的溫室氣體濃度，並將其限制在一定程度，不讓人類危險的干擾危及全球氣候。整體目標就是依據美國經濟規模降低二氧化碳排放量；爾後十年，也就是到2012年之前，將美國每一單位經濟行為製造的氣體排放量減少18%。我們達成目標的策略如下：第一，繼續致力推動聯合國在國際合作方面的『架構公約』（Framework Convention）。第二，和重要企業達成協議，減少某些最有害溫室氣體的排放量，同時給予能具體證明降低排放量的公司，可轉售性排放額度。第三，針對測量與記錄排放減量，訂定改良式標準。第四，推廣可再生能源製造及淨煤科技，以及不會造成溫室氣體排放的核能，同時改善美國汽車及卡車的節能標準。第五，增加45億美元的研究與新節能科技——這是全球最大的一筆國家氣候變遷預算，並較去年增加約7億美金。第六，協助開發中國家，特別是主要二氧化碳排放國家，如中國與印度，使這些國家擁有工具及資源參與這項全球性行動，

[38] The White House, *A National Security Strategy for A New Century* (Washington D.C.: The White House, 1999), pp.24-25.

[39] The White House, *A National Security Strategy for A Global Age* (Washington D.C.: The White House, 2000), p.59.

[40] The White House, *The National Security Strategy of the United States of America* (Washington D.C.: The White House, 2002), pp.19-20.

同時邁向更乾淨及更美好的經濟成長路線。」。[41]

2006年「國家安全戰略」則認爲：「政府致力與貿易夥伴及能源製造商合作，擴大能源種類與來源，開放市場及強化法治，鼓勵私人企業開發能滿足全球需求的能源。此外，我們也達成以下數項成就：第一，與工業化或新興工業化國家合作，開發氫氣、潔煤、先進核技術等能源。第二，與澳洲、中國、日本與南韓等國共同組成『亞太潔能發展與氣候夥伴關係』，加速潔能技術上市時程，以提升能源安全，降低貧窮與污染。」。[42]

再者，在推動能源市場開放、整合與多樣化以達確保能源自主目標上，美國強調：「石化燃料是驅動全球經濟的主要能源，特別是石油。美國爲世界第三大產油國，但卻依賴國際原油提供50%以上需求總量。世界上多數石油都掌握在少數幾個國家手中。全世界將石油命脈放在少數幾個供應國手中，是既不負責也無法長久維持的做法。確保美國能源安全的關鍵，即是分散能源的來源，包含獲得能源的地區和所依賴的能源種類。小布希政府將與能源出產豐富的國家合作，提升其開放性、透明度與法治程度。這將提升有效率的民主管理，並吸引開發資源及擴大能源供給面所必須的外來投資。美國將與其他國家建立『全球核能夥伴關係』，以開發並建造先進核能燃料回收及反應爐技術。此項方案將有助於提供可靠、無廢氣的能源，並降低舊式機器的核廢料負擔，且不會產生可以讓流氓國家及恐怖分子用來製造核武器的鈽原料。這些新技術將可使安全乾淨核能源的使用者大幅增加，以協助解決全球不斷成長的能源需求。我們也會與國際夥伴合作，共同發展其他革命性技術，如淨煤科技與氫能源等。透過如『未來世代方案』（FutureGen Initiative）等計畫，我們希望將美國境內蘊藏豐富的煤轉化成無污染的電力或氫能源，提供美國經濟更多電力，同時降低廢氣排放。」。[43]

「在國內方面，我們正投資零廢氣排放燃煤廠；革命性的太陽能及風

---

[41] *Ibid.*, p.20.
[42] The White House, *The National Security Strategy of the United States of America* (Washington D.C.: The White House, 2006), p.26.
[43] *Ibid.*, p.29.

力技術；乾淨與安全核能與製造酒精汽油的尖端技術。我們所採取的周延能源戰略，將優先減少我們對國外能源的依賴。分散能源獲得管道將有助於減少『石油的天譴』（Petroleum Curse）——產油國家所獲得的石油收入往往造成腐化，並阻礙某些產油國的經濟成長及政治改革。許多產油國家，統治菁英階層利用油款中飽私囊，但卻不讓人民分享國家天然資源所創造的利益。就最差的情況言，石油收入甚至被用來支持顛覆區域穩定或推銷暴力意識型態的活動。分散各區域內部與跨區域的供應管道，可以降低貪腐的機會，並減少不負責任統治者的籌碼。」。[44]

第五節　促進海外長期發展

柯林頓政府1995年、1996年「接觸與擴大的國家安全戰略」強調：「廣泛的經濟發展不僅增進發展中國家民主的展望，而且也擴大美國外銷的需求。海外經濟發展可以減輕全球環境的壓力，降低對非法麻醉藥品交易的吸引，以及改善衛生與全球人口的經濟生產力。不良設計經濟成長的環境面向是清楚的。環境的損害最後阻礙經濟的成長，快速都市化正超越國家提供新公民工作、教育與其他服務的能力。全世界四分之一人口的持續貧窮導致飢餓、營養不良、經濟的減緩與政治的不安。普遍的文盲與缺乏技術阻礙雇用機會，同時驅使所有人民以愈來愈脆弱與受損的資源來支撐他們本身。新的疾病如愛滋病（AIDS）與傳染病，常常透過環境的剝蝕傳播，威脅發展中的國家衛生設施，使其不知所措，瓦解社會及阻止經濟成長。這些事實須以長期發展計畫加以應對，提供有利的替代方案。美國的領導是發展的核心，假如這樣的替代方案無法發展，其結果對地球的未來確實是嚴肅的。」。[45]

---

[44] *Ibid.*, p.29.

[45] The White House, *A National Security Strategy of Engagement and Enlargement* (Washington D.C.: The White House, 1995), p.21 and The White House, *A National Security Strategy of Engagement and Enlargement* (Washington D.C.: The White House, 1996), p.46.

「在國內，美國須認眞阻止地方與跨邊界環境的剝蝕。此外，美國須提升環境技術，以預防污染、管制及清理爲目標。今天在投資能源效能、清潔製造與環境服務業進行投資的公司，將會創造明日的高品質、高薪工作。經由提供利用這些型態的技術，美國的外銷也能對其他國家提供方法，以達成顧及維持經濟成長的環境。同時，美國正在國內採取積極的步驟，以較佳管理美國的天然資源與降低能源及其他的消耗，降低垃圾的產生及增進美國回收的努力。」。[46]

「在國際上，政府外援計畫聚焦於永續發展的四個主要要素：廣泛的經濟成長、環境、人口與健康以及民主。美國將支持私人部門對環境健全的投資及國際領袖負責任的態度。在美國的催促下，『多邊發展銀行』（Multilateral Development Banks, MDB's）現在對於它們資金的決策，愈來愈強調長期發展，包括計畫執行內部與公共安全環境評估的承諾。比較特別的是於去年建立的『全球環境設施』，將針對氣候改變、生物多樣化與海洋倡議等，提供發展中國家財政援助。」。[47]

「美國對這些領域正採取特定的步驟：第一，1993年6月美國簽署『生物多樣性公約』（Convention on Biological Diversity），旨在保護與利用全世界基因遺傳技術。內政部已指導成立一個國家生物調查機構，協助保護物種與協助農業及生物技術產業確認食物、纖維與醫藥的新來源。第二，如國際所保證的一樣，新政策的實施可確保於2000年以前美國森林的永續管理。此外，美國雙邊森林援助計畫正在擴大，美國也正在促進熱帶森林的管理。第三，在1992年聯合國環境與發展會議的警訊下，美國已尋求降低陸上對於海洋的污染，維持海洋生物在健康及有生產力的水平，以及保護瀕於危險的海洋哺乳動物。第四，美國已集中技術援助與鼓舞非政府環境團體，提供前蘇聯、中、東歐國家等歷經最嚴重環境危機等國家專門的技術。『國際發展署』（Agency for International Development）、『環境保護署』、美國其他署、處與全世界許多國家進行合作，以促進這

[46] *Ibid.*, pp.21-22 and p.46.
[47] *Ibid.*, p.22 and p.47.

些目標。第五，政府正領導一個更新的全球努力以應對人口問題，以及促進對國際穩定世界人口成長的共識。我們的方法將會強調家庭計畫和與有關生育的健康保險、母親與嬰孩的健康、教育及增進婦女的地位。1996年9月於開羅所舉行的人口成長國際會議，贊同這些方法是達成我們全球人口成長目標的策略。」。[48]

1996年「接觸與擴大的國家安全戰略」，則另外強調以下數項工作：「首先，關於聯合國，1995年七國領袖在哈里費克斯（Halifax）高峰會同意一個雄心勃勃的計畫，透過相關部門更好的協調與鞏固，重新思考部門的授權與建立一個較小與更專精之秘書處，建立有效的管理文化，以促進使經濟組織與社會功能的現代化。在柯林頓總統呼籲成立『聯合國改革委員會』之後，聯合國大會於1995年9月成立了一個強化聯合國體系的高層工作小組。第二，1993年4月，柯林頓總統聲明於2000年以前依照『氣候變遷框架公約』（United Nations Framewrok Convention on Climate Change, UNFCCC）將降低溫室廢氣排放至1990年的水準。1995年3月，美國與公約之其他國家同意於2000年之後，仍持續進行相關談判步驟。美國決心強力處理地球的威脅，同時保持美國經濟的競爭力。第三，藉由逐步淘汰對主要消耗臭氧層物質的使用，美國與其他國家已同意保護臭氧層。1995年，美國與其他國家也一致同意降低使用其他對造成臭氧層消耗的化學物質。」。[49]

柯林頓1998年「新世紀的國家安全戰略」，除了持續強調永續發展之四項要素，另說明：「對開發中國家而言，永續發展可帶來民主，亦將增加對美國貨品的需求，另可舒緩全球環境的壓力，也可望減少非法販賣並增進健康與經濟產能。快速都市化已超過各國可提供人民工作、教育及其他服務的能力，全世界四分之一人口處於貧窮，導致飢餓、營養不良、經濟衰退及政治不安，新的疾病如愛滋病（AIDS）及其他藉環境破壞散播之傳染病，使發展中國家衛生設施無法應付，造成社會混亂及妨礙經濟成

48 *Ibid.*, p.22 and pp.47-48.

49 The White House, *A National Security Strategy of Engagement and Enlargement* (Washington D.C.: The White House, 1996), p.48.

長。」。[50]

柯林頓1998年「新世紀的國家安全戰略」強調：「環境與天然資源的議題可能阻礙發展，並使區域陷於不穩。許多國家幾乎無法提供工作、教育與其他服務給他們的人民。仍處在貧窮的全世界四分之一人口致使饑餓、營養不良、經濟的外移與政治不安。瘧疾、愛滋病與其他傳染疾病，包括一些可以經由環境損害擴散的疾病，耗損發展中國家之衛生設施，破壞社會與阻止經濟成長。持續發展增進發展中國家民主的展望與擴大對美國外銷的需求，減輕全球環境的壓力，降低非法毒品貿易與商業行爲，以及增進衛生與經濟的生產力。美國外交援助集中在持續發展四個主要的因素：基礎深厚的經濟成長、環境的安全、人口及衛生與民主。」。[51]

「我們會持續支持有利環境的私人投資與負責任的國際借貸者。『多邊發展銀行』現正在核貸與否的決定，將永續發展列爲重點；包括協助借貸國家可以較佳管理它們的經濟。『美國倡議的聯合執行』（U.S. Initiative Joint Implementation）是『政府氣候改變行動計畫』（Administration's Climate Change Action Plan）的一部分，鼓勵美國商業與非政府組織運用革新技術與做法，以降低溫室廢氣排放與促進海外持續發展，此一倡議包括12國家32個計畫，在對環境健全、長期發展的技術轉移上已經證明有效。『全球環境設施』（Global Environmental Facility）提供發展中國家對氣候改變、生物多樣化與海洋多項議案提供金援，此將有利於全世界。新興獨立國家（NIS）與中、東歐國家環境的損害持續阻礙它們成爲繁榮、自主的國家，我們正致力於技術援助與鼓勵非政府環保團體，對遭受最嚴重環境危機之新興獨立國家及中、東歐國家提供專門技術。」。[52]

柯林頓1999年「新世紀的國家安全戰略」闡明：「發展中國家在致力

[50] The White House, *A National Security Strategy for A New Century* (Washington D.C.: The White House, 1997), p.33.
[51] The White House, *A National Security Strategy for A New Century* (Washington D.C.: The White House, 1998), p.54.
[52] *Ibid.*, pp.54-55.

達成較廣泛經濟與社會發展及在全球化下更加全面參與機會，面對一系列挑戰。惡劣環境及天然資源的管理，可能阻礙持續發展且造成區域不穩定。許多國家正致力對其國民提供工作、教育與其他服務。全世界一半的人口約30億人生活在每日所得不足2塊美金，他們的貧窮導致飢餓、營養不良、移民問題與政治不穩，瘧疾、愛滋病與其他傳染病，包括那些經由環境惡劣所傳染的疾病，均使發展中國家健康設施疲於應付，破壞社會與經濟的成長，並將傳染病擴散至世界其他地區。」。[53]

「持續發展帶來較高收入與更加開放的市場，為美國貿易與投資製造穩定擴大的機會，增進發展中國家民主及社會穩定，增進全球經濟成長，減低全球環境的壓力，降低非法毒品貿易與其他非法商業活動的吸引力，並促進健康與經濟的產量。美國海外援助集中於持續發展的五大要素：廣泛的經濟成長、人力能量的發展、環境保護、人口、健康與民主，美國將會持續支持私人企業投資，對環境完整的維護與國際借款國負責任的態度。」。[54]

柯林頓政府2000年「全球時代的國家安全戰略」則闡述：「在一個持續發展的風氣中，真實與持續社會及經濟的進步必定會發生，其符合人類與環境對持續成長的需求，對持續發展，普遍但可彌補的障礙包括：第一，缺乏教育，其隔離人們參與技術的進步。第二，疾病與營養不良扼殺生產力。第三，污染、環境惡化與無法維持的人口成長，補救這些問題比事先預防的行動更加昂貴。第四，無管制的濫墾天然資源（如為食物過度狩獵或過度捕魚、為柴火過度砍伐林木、牲口在草原的過度放牧），這些可能會嚴重阻礙持續的發展。第五，無法維持外國債務責任促使幣值的貶值與資金的流動，以及併吞相當比例的小型經濟資源。」。[55]

此外，「美國鼓勵持續發展的努力包括：第一，促進健全的發展政策

[53] The White House, *A National Security Strategy for A New Century* (Washington D.C.: The White House, 1999), p.25.
[54] *Ibid*., p.25.
[55] The White House, *A National Security Strategy for A Global Age* (Washington D.C.: The White House, 2000), p.59.

以協助建立經濟與社會所需，鼓勵經濟成長與降低貧窮，以及便利有效使用外援的機制。第二，對發展中國家債務的救濟使其自由運用資源，滿足它們人民的基本需求。美國領導七大工業國採用『科隆債務機制』（Colonge Debt Initiative）降低世界上最貧窮國家的債務，這些國家承諾促進經濟成長與降低貧窮的健全政策，此計畫最終體現於『負債沉重的貧窮國家機制』（HIPC Initiative）。第三，大眾健康協助包括補助金、貸款及預防與治療，例如愛滋病、瘧疾與肺結核等傳染疾病，以及個人的訓練以持續提供大眾健康服務。第四，對基礎教育與識字計畫、工作技藝的訓練與其他特別設計保護婦女健康的計畫、提供教育機會與促進婦女的權益等人類能力的發展協助。第五，領導八大工業國與『經濟合作發展組織』，對外銷信用機構及國際金融組織提升環保標準。」。[56]

「當一個國家擁護全球化且與我們的價值一致，美國與其他全球化贊成者應該伸出援手，如此在某種意義上，增進的不只是發展而且是持續發展，提升區域穩定，持續擴大外銷之經濟成長與榮耀我們的價值，鼓勵我們與他人分享資源，激勵其他國家的成長。」。[57]

小布希政府「國家安全戰略」，雖然不再使用「長期發展」一詞，但是其「國家安全戰略」所展現的精神即是協助各國的永續發展。例如在2006年「國家安全戰略」，即說明：「美國國家利益與道德價值將我們的作為推到同一個方向，那便是協助全世界的貧窮百姓及最低度開發國家，同時讓它們成為國際經濟體的一部分。我們已完成2002年『國家安全戰略』所擘畫的許多目標。過去四年我們所推動的許多新措施現在已充分發揮功能，協助全世界最不幸人們得以脫離苦難。我們會在這一條道路上繼續努力。發展工作可以強化外交與國防作為，藉由建立穩定、繁榮與和平的社會，達到有效降低國家安全長期性威脅的目標。改進我們使用外援的方式，使其能更有效強化負責任的政府、解決人民的苦難與改善人民的生計。」。[58]

---

[56] *Ibid.*, pp.59-60.
[57] *Ibid.*, p.60.
[58] The White House, *The National Security Strategy of the United States of America* (Washington D.C.:

小布希政府2006年「國家安全戰略」，提出有效擴大發展範圍的兩個構想，即脫胎換骨的外交作為與有效的民主制度，以及更有效使用對外援助。首先，脫胎換骨的外交作為，意指與許多國際夥伴共同合作，建立與維持民主及治理良好的國家，以解決人民的需要並成為國際體系中負責任的成員。長期發展須包括鼓勵政府做出明智抉擇，並協助其加以完成。美國將會鼓勵與獎賞行為良善者，而非助長倒行逆施者的氣焰。最後，所有國家都須自行決定如何採取必要的步驟邁向發展之路，但美國創造激勵政府進行內部改革的外在誘因，以推動此項進程。有效率的經濟發展透過協助各國發揮負責任的主權，而非永久的依賴，可提升美國的國家安全。脆弱與貧窮國家和那些無人治理的區域，不但對當地人民構成威脅、增加區域經濟的負擔，同時還容易遭受恐怖分子、獨裁者及國際犯罪集團利用。美國會致力強化被威脅國家的力量，在危機時提供援助，同時增進開發中國家向上提升的能力。[59]

其次，對如何更有效使用對外援助，該戰略亦強調：「小布希政府在國務院設立『外援局局長』這項新職務。『外援局局長』同時兼任『美國國際發展署署長』（Administrator of U.S. Agency for International Development, USAID），這個未來將維持在相當於副國務卿位階的職務，也將擁有對國務院與『國際發展署』在援外工作方面，所有既存的法律要求與權限。此項組織再造將會建立一個更統合與合理的結構，能以更為整體性的方式調整『國務院』與『國際發展署』援外計畫的執行方向，提升這些計畫對受援國的效能，並保證納稅人的每塊錢都花在刀口上。此項組織調整將置重點於增加受援國及其人民的自主權與責任感。運用此一新權限，國際發展署署長將負責發展一套相互配合的外援策略，包括五年期特定國家援助策略與年度特定國家援助作業計畫。國際發展署署長也負責指導其他政府部門所提供的對外援助，包含『千禧挑戰理事會』與全球愛滋病防治總協調員等。」[60]美國希望藉由上述措施，協助各國善用美國的援

The White House, 2006), pp.32-33.

[59] *Ibid.*, p.33.

[60] *Ibid.*, p.33.

助，強化各國的治理，以達永續經營的目標。

第六節　小　結

柯、布兩任政府在「國家安全戰略」中多次強調經濟繁榮對美國的重要性，以柯林頓政府2000年「國家安全戰略」爲例，在本文中先後提及增進經濟繁榮314次；小布希政府2006年「國家安全戰略」亦提及116次。

美國將經濟繁榮列爲其「國家安全戰略」三項核心目標之一，有其深遠的戰略考量。首先，從唯物的層面來看，只有堅實的經濟實力，才能在國際政治中發揮影響力。現實主義與自由學派對經濟實力所產生「權力」的觀點並沒有多大的差異，所不同者只存在於自由主義學者，希望能透過合作來共謀經濟議題的解決，或者進一步解決政治議題等。所以，根據現實主義與自由主義學派的論述，從美國「國家安全戰略」所揭櫫的意涵，可明顯看出上述兩種國際政治理論對美國大戰略的影響。例如，美國在區域組織如「北美自由貿易區」與「亞太經濟合作會議」，或者國際組織如「經濟合作暨發展組織」與「世界貿易組織」等，都是重要的成員國，美國希望透過這些組織的運作，推動自由貿易，繁榮其國內、外經濟，並且在此基礎上逐步推展世界各國的民主化，改進治理不善的國家。而這些思維又頗符合自由主義學派所提出的「多邊主義」概念，因爲只有在此基礎上，才能「既協調大國的多邊利益，也能有效維護美國的經濟利益和安全利益」。[61]

此外，身爲世界強權的美國，其「國家安全戰略」融合了經貿與安全因素，此中心目標是經由海內、外的努力，促進美國的繁榮。隨著科技的進步，國與國互賴程度日深，美國深知經濟和安全利益愈來愈分不開，美國國內的繁榮倚靠於主動與海外接觸，而美國想要維持一個沒有對手的軍

[61] 倪世雄，《當代國際關係理論》，頁202。

事能力，仍然必須倚靠於經濟的蓬勃發展。[62] 因此，國際經貿不只是交換商品與服務，同時也進行觀念和意識型態的交換。這就是美國爲何催促中國向全世界開放市場，因爲美國深信此舉將有助於中國的民主改革，這套論述爲自由貿易及民主化建立起道德的正當性，也是後來美國協助中國加入「世界貿易組織」的基礎。從美國強化其經濟力量的措施來看，經濟力量確實是在國際發揮影響的動力。

[62] The White House, *A National Security Strategy of Engagement and Enlargement* (Washington D.C.: The White House, 1995), p.19.

第八章　民主是確保安全的根本

Transformational diplomacy means working with our many international partners to build and sustain democratic, well governed states that will respond to the needs of their citizens and conduct themselves responsibly in the international system. Long-term development must include encouraging government to make wise choices and assisting them in implementing those choices.

George W. Bush

轉型的外交作為，意指與許多國際夥伴共同合作，建立與維持民主與治理良好的國家，以解決人民的需要並成為國際體系中負責任的成員。長期發展須包括鼓勵政府做出明智抉擇，並協助其加以完成。

（小布希．2006年國家安全戰略）

美國「國家安全戰略」將民主列為三項主要核心目標之一，旨在冀求民主社群的擴大，因為民主國家除了選舉，還要有一個穩固及獨立的國會，一個穩定與獨立的司法體系、穩定的政黨、強大的利益團體，以及強大的草根性政治人物的參與政府。[1]此外，也要有一套規範可約束國家決策者的行為，官僚體系受到民意機關的監督，媒體與報紙有其獨立的評論觀點，保證言論不會受到政府的箝制，加以一般社會大眾知識水準較高，對政府也有一定的監督作用。所以民主國家對爭端的解決，傾向一種理性及談判的方式行之，而不是一味崇尚武力。此外，民主國家愈多，則恐怖主義與極端主義所能得到的奧援將會相對減少。質言之，從美國的觀點言，如果全世界都能走向民主，則世界許多的問題便能迎刃而解，當然世界和平也相對獲得保障。然而，民主因涉及文化、認同等因素，所以須從其他面向的理論加以強化，本章置重點於闡述民主化的意涵、說明美國推動民主的方法及敘述新興民主社群擴大對國際的影響。

第一節　民主化的意涵

民主化（democratization）即是轉變成民主的一個過程，其可能是一種自動自發的，歐洲的民主即為一例；或者來自外力，日本於第二次世界大戰後的轉變即為一例。[2]民主化也就是民主轉型，意味著從獨裁政權轉型為民主政府，當獨裁政府即將垮台顯示的是一個重要的徵兆或者對權力的談判，其終止於首次自由選舉政府上台。以南非為例，民主轉型始於1990年，當白人少數政府菲德力克．克拉克（President Frederik de Klerk）決定釋放納爾遜．曼德拉（Nelson Mandela），並且與非洲議會（African National Congress Party）談判，四年後曼德拉成為自由選舉總統就職時，

[1] Howard J. Wiarda, *Introduction to Comparative Politics: Concepts and Processes* (Florida: Harcourt Brace & Company, 2000), p.101.

[2] Frank Bealey, *The Blackwell Dictionary of Political Science* (Massachuetts: Blackwell, 1999), p.100.

白人政府結束。[3]

事實上，在世界近代史上總共歷經三波民主化，而這樣的民主轉型，通常發生在一段特定的時期內，並且朝民主轉型的國家在數量上，顯然超過朝反方向轉型的國家。首先，第一波民主運動始於1828年美國總統大選，因為該次選舉美國大部分州均放棄財產權的限制，部分州甚至讓所有男性白人都參加投票，總計超過半數的白人可以投票。這是普遍選舉的開始，具有劃時代的意義，此後對民主國家而言成了必經之路，不能逆轉。根據美國哈佛大學教授塞繆爾・杭廷頓（Samuel Huntington）的統計，第一波民主潮中計有33個國家建立民主政權。第一波民主運動於1920年代結束，而當時正值全球的經濟不景氣，德、義等根基不穩的國家相繼建立法西斯政權，1922年至1942年間是民主的反動期，此期間共有22個國家走回威權體制。[4]

第二波民主運動於第二次世界大戰後發生。從1943年至1962年間，殖民國家陸續獨立，成為民主國家。軸心國失敗後，也被迫加入民主的行列。第二波民主運動比第一波聲勢更為浩大，再也沒有人敢挑戰民主的正當性。此時新成立的國家達40個。不過，1958年至1975年間，這些新興民主國家一個接一個崩潰，又回復以往的威權統治。南美、非洲、亞洲的新興國家不是被共黨赤化就是為軍事強人所控制。杭廷頓統計共有22個這樣的例子。[5]第二波民主國家陸續崩潰的原因很多，主要原因是這些國家甚多根本沒有成為國家的基本條件。它們在獨立之前至多只不過是列強的殖民地或勢力範圍，一夕之間獨立成為國家，殖民母國被趕走了，留下一大堆爛攤子，諸如，行政體系難以建立、經濟秩序混亂，不同種族、階級、宗教、地域嚴重衝突，國家認同問題嚴重。再加上生產力落後，資本主義國家挾其經濟優勢貪婪剝削，共黨勢力阻止建國大業，這些「民主」國家乃先後崩潰。70年代初期的幾次石油危機猶如雪上加霜，連巴西、阿根

---

3 Howard Handleman, *The Challenge of Third World Development* (3rd edition) (New Jersey: Upper Saddle River, 2003), p.29.

4 Samuel P. Huntington著，劉平寧譯，《第三版》（台北：五南，2007年），頁11-19。

5 同前註。

廷、智利等南美大國也撐不住，發生軍事政變，軍人接管政權，致使第二波民主化浪潮，受到空前的逆轉挑戰。[6]

所謂「第三波民主化」是杭廷頓在其知名著作《第三波：二十世紀末的民主化浪潮》（*The Third Wave: Democratization in the late Twentieth Century*）所提出之專有名詞。此波民主轉型始於南歐的希臘、葡萄牙與西班牙，1974年4月25日，葡萄牙一群軍官發起政變反對該國獨裁政權，數天之內，由原來只是單純的軍事行動，轉變成為一個大規模的社會與政治革命，在接下來的數個月，右派試圖重整旗鼓，而左派則尋求掌握權力，但是普選在政變一年之後舉行，民主政治於焉成立，葡國民主政治逐漸走向中間路線。[7]當然，葡萄牙這樣的民主轉變，也開起第三波民主化的浪潮，在隨後的一、二十年中，更帶動拉丁美洲、東亞與東南亞等地區的民主運動。

以台灣為例，在擴大經濟發展的同時，善加利用全球化的機會，1970-1990年代經濟成長率高達8.5%，在經濟的帶動下，中產階級順勢而起，集會、結社自由的要求此起彼落，黨禁、報禁的鬆綁更是沛然莫之能禦，在這樣的風潮下，政治改革已是不得不走的路。台灣的民主轉型，可分成兩方面。從上面的層次而言，國民黨內改革者蔣經國先生率先推動，以及蔣經國欽定的繼承者李登輝先生持續推動台灣的民主改革。從社會的底層而言，則是一個愈來愈開放與企圖心強烈的反對黨。在兩股力量的激盪下，最後台灣在1987年廢除戒嚴法、1991年萬年國會的退職、1996年全民直選總統[8]、2000年首次政黨輪替，台灣歷經一個相當快速與毫無流血的民主轉型，雖然在2004年總統選舉時發生「兩顆子彈」的事件，但是台灣的民主轉型仍持續深化與鞏固。

尤其，中華民國第十二屆總統選舉於2008年3月22日圓滿落幕，雖然在選舉過程中，各黨基於勝選考量，對人身的造謠、抹黑、中傷與攻擊仍

---

6 第三波民主運動，資料來源http://home.kimo.com.tw/sueivqnkimo/transplacement.htm。

7 Howard J. Wiarda, *Introduction to Comparative Politics: Concepts and Processes* (Florida: Harcourt Brace & Company, 2000), p.105.

8 Joel Krieger (ed), *The Oxford Companion to Politics of the World* (New York: Oxford University Press), p.826.

時有所聞，致使「政策辯論」爲導向的選舉失焦，但是在開票結果出爐後，民進黨總統候選人謝長廷先生坦承敗選，並且呼籲其支持者冷靜接受敗選的事實，同時更不忘祝福勝選的國民黨，充分表現出政治家的風範。另一方面，國民黨總統候選人馬英九先生以超過58%的得票率，贏得本屆總統選舉，在其勝選感言中，不忘表揚民進黨正、副總統候選人對台灣民主的貢獻，並且表示將把部分民進黨的政見納入未來的施政，也顯現準領導人的氣度。這樣的結果，對於國民黨、民進黨與全台灣的人民而言都是贏家。西方的民主深受自由思潮的影響，篤信「民主和平理論」，因爲此一理論深信民主國家政策透明、資訊發達、政府受到國會與民意的制約，彼此較不會互相征戰。尤其，西方國家歷經第一、二波民主化後，其民主政治已趨成熟，而20世紀80年代東亞國家，如台灣、南韓所帶動的第三波民主化，更進一步擴大全世界的民主社群。台灣是一個新興的民主國家，難免歷經民主轉型的症候群，民主政治與先進國家仍有落差。然而，經由本次總統選舉，台灣的民主政治可謂已經脫胎換骨，民主政治的眞諦與風範，從雙方總統候選人到其支持者的表現展露無遺，本次的選舉結果確實將台灣的民主化帶向更成熟的境界。

此外，1995年之前，非洲13個國家也經由投票完成政府的改選。南韓在1997年總統選舉，也首次見證在其國家歷史上和平的權力轉移給中間偏左的政府，成功完成民主最重要的考驗，即經由選舉完成和平的權力轉移。在東歐與部分拉丁美洲國家和平權力轉移已經成爲常態。然而，新興民主國家面對的困境可區分兩個相關的群組（two related clusters）：在政治上的問題是與偏執傳統有關者，而經濟上的問題則是由有限的發展及極度不均所引起的，在政治衍生的問題上反映出獨裁政權的後遺症，自由的理念與制度仍然是非常脆弱。誠如拉克韓（Luckham）與懷特（White）所指出：「民主的發展不僅僅只是競爭性的選舉，其也需要實施對國家權力的法定制約、保護公民權、建立相對清廉與有效率的官僚體系、加諸對潛在獨裁力量，如軍隊與警察的民主管制。」。[9]

[9] Rod Hague&Martin Harrop, *Political Science: A Comparative Introduction* (New York: Palgrave, 2001), pp.23-24.

由台灣、南韓、非洲、東歐與部分拉丁美洲國家的例子可看出，從威權走向民主可能歷經的陣痛與面對逆轉的挑戰，所以在歷次民主化過程中，有些國家成功轉型（如東亞各國），有些國家則載浮載沉（如部分東歐、拉丁美洲國家），有些國家則向下沉淪（如部分非洲國家）。譬如說，美國對拉丁美洲的民主則是認爲：「過去幾年該區在民主與經濟已有很大的進展，但是這些是否能持續，端視美國有無能力解決以下挑戰：如脆弱的民主、持續高失業率、組織犯罪與貧富不均等。」[10]美國對西南亞地區則直陳：「美國鼓勵民主價値擴大及於中東、西南亞、南亞，並且透過與區內國家的建設性對話，以追求此一目標。舉例而言，美國希望伊朗領導人在國內外事務的處理上能尊重並保護法治。」[11]美國對非洲地區則認爲：「非洲如其他地方一樣，民主已證明其爲更和平、穩定與可靠的夥伴，與此夥伴美國更可能致力於追求健全的經濟政策，美國將會持續致力與維持非洲現在已達成的重要進展，並且擴大非洲民主國家成長的範圍。」。[12]

美國在1999年「國家安全戰略」明白表述：「在此歷史性的時刻，美國受召領導自由及進步的部隊，將全球經濟的能量導入持續的繁榮，強化美國民主的理念與價值，提升美國的安全及全球的和平，美國應該爲後代子孫所面對的這些挑戰奠下基礎，並且建立一個更美好、更安全的世界。」[13]美國總統威爾遜對民主國家較非民主國家更愛好和平的假設，是一個堅定不移的信奉者，他說：「除了民主國家夥伴關係，一個穩固的和平是無以爲繼的。」[14]應可做爲民主對和平意涵的最佳註腳。

---

10 The White House, *A National Security Strategy for a New Century* (Washington D.C.: The White House, 1998), pp.81.

11 *Ibid.*, p.87.

12 *Ibid.*, p.92.

13 The White House, *A National Security Strategy for a New Century* (Washington D.C.: The White House, 1999), p.*iv*.

14 Michael J. Sodaro, *Comparative Politics: A Global Introduction* (Boston: McGraw-Hill Higher Education, 2001), p.21.

第二節　推動民主的方法

柯林頓政府1995年「接觸與擴大的國家安全戰略」曾經說明：「總統已經展示一個堅定的承諾，就是擴大全球民主的領域」，其做法可分述如後。第一，美國政府實質擴大支持俄羅斯、烏克蘭與前蘇聯新興獨立國家民主與市場改革，包括對烏克蘭提供一個全面性的援助組合計畫。第二，美國發起一系列的草案，支持中歐與東歐的新民主國家，其作爲包括白宮於1月在克里夫蘭所舉行之對中、東歐貿易與投資會議。美國申明對其安全與市場經濟轉型的關懷，認知這樣的保證在促進民主發展上，將會扮演一個重要的角色。第三，在聯合國贊助下，美國與國際社會合作，成功平定海地的政變及恢復民主選舉的總統與政府，當美國完成將多國部隊轉移給聯合國在海地的任務部隊時，美國正協助海地人民鞏固他們努力得來的民主，以及重建他們的國家。第四，美國在愛爾蘭的參與促成停火，首先簽訂的是愛爾蘭共和軍（Irish Republican Army, IRA），接下來則是忠誠的準軍事單位。柯林頓總統於11月發布一組旨在藉由北愛爾蘭經濟復甦，以及增加私人部門貿易與投資來鞏固和平的草案。第五，在美洲高峰會中，除了相互繁榮與長期發展之外，西半球34個民主國家同意一個較詳細的多樣領域合作行動計畫，諸如健康、教育、反麻醉藥品、環境保護、資訊基礎設施與強化及保護民主制度等。如果沒有美國的領導與承諾，高峰會將無法引導西半球進入此一合作新紀元。此外，美國與「美洲國家組織」（Organization of American States, OAS）合作，協助推翻在瓜地馬拉的反民主政變。第六，在非洲事務方面，美國在南非實施選舉及變成多種族民主社會之後，增加對其民主進程的支持。在曼德拉10月國事訪問期間，美國宣布以雙邊委員會形式，促進雙邊的合作，以及一套支持住屋、教育、貿易與投資的援助計畫。另外，在莫三比克與安哥拉事務方面，美國在激勵國際社會終止長達二十年內戰及促進國家調停上，扮演一個領導的角色。此爲南非洲國家，首次看見享有和平與繁榮果實的展望。第七，政府發起旨在防止危機的政策，包括新的維和政策。[15]

1996年「接觸與擴大的國家安全戰略」，除了延續1995年「國家安全戰略」所強調在各地推動民主的方法之外，美國亦強調：「美國於1993年聯合國人權會議（UN Conference on Human Rights）上，成功爭取在全球基礎上提升基本人權的國際機制。總統簽訂關於兒童權利的國際合約與支持參議院同意簽署禁止歧視女性的合約。美國於1995年聯合國在北京所舉行之婦女會議（UN Conference on Women in Beijing），對提升女性與小孩之國際權利，扮演主要角色。「國家安全戰略」對改善美國人民已經獲得重要的成就，其持續利用卓越的機會形塑美國利益的世界與美國價值——一個開放的社會與開放市場的世界。」。[16]

1997年「新世紀的國家安全戰略」則說明：「運用我們海外的領導影響力——藉由嚇阻侵略，促進衝突的解決，打開外國市場，強化民主國家及處理全球問題，可使美國更安全與繁榮。沒有美國的領導與接觸，威脅可能已經倍增而將使美國的機會相對壓縮，美國的戰略認知此一簡單的事實，如果美國要國內安全得以確保，美國必須領導各國，但前提是國內要夠強大。國際領導力的鞏固是美國民主理念及價值的動力，在規劃美國的戰略上，美國確認民主的擴展支持美國的價值及提升美國的安全與繁榮。民主的政府較可能互相合作以應對共同威脅，以及鼓勵自由及開放的貿易與經濟發展，而較不可能從事戰爭或傷害其國民的權利。因此，民主及自由市場的潮流符合美國的利益，藉由積極接觸世界，美國必須支持此一潮流。」。[17]

1998年之「新世紀的國家安全戰略」，仍延續1997年的觀點。然而，1999年之「新世紀的國家安全戰略」則清楚說明：「美國的戰略有三項核心目標：提升美國的安全，強化經濟的繁榮與提升海外民主與人權，美國

[15] The White House, *A National Security Strategy of Engagement and Enlargement* (Washington D.C.: The White House, 1995), p.5.

[16] The White House, *A National Security Strategy of Engagement and Enlargement* (Washington D.C.: The White House, 1996), p.17

[17] The White House, *A National Security Strategy for A New Century* (Washington D.C.: The White House, 1997), p.8.

相信第三項目標將依序促進第一及第二個目標的實現，達成這些目標需要持續與長時期的努力。許多對美國國家利益的威脅是持續的，它們無法解決或永遠被消滅。藉由體認美國涉入世界事務有其侷限，美國的接觸須適度，對使用資源的決策須權衡需要以維持長期的接觸。」同時美國亦認爲：「支持其國際領導的力量是美國國內的理念與價值，在精心設計美國『國家安全戰略』上，美國瞭解民主與人權的擴散與尊崇法治，不僅是反映美國的價值，而且也促進美國國家安全與繁榮。民主的政府更樂於彼此合作以對抗共同威脅、激勵自由貿易、促進持續的經濟發展、堅守法治與保護人民的權利。因此，全世界朝向民主及自由市場趨勢是增進美國的利益，美國藉由積極與世界接觸將會支持此趨勢，支持民主制度及建立看法一致社群這樣的戰略，引領美國進入下一個世紀。」。[18]

2000年「全球時代的國家安全戰略」則強調：「藉由鼓勵民主化、開放市場、自由貿易與持續發展，美國已強化冷戰後的國際體系，這些努力已產生重要的結果，自1992年以來民主國家的百分比已上升14%，這在歷史上是第一次，超過一半的人口生活在民主治理之下，美國的國家安全直接受惠於民主的擴大，就如民主國家較不可能彼此相互交戰，且較可能變成和平與穩定的夥伴，以及更可能追求以和平方式解決內部衝突，俾促進國內與區域的穩定。」[19]雖然民主國家的數量持續增加，但是不可諱言，許多國家仍經歷民主轉型的陣痛，這些國家的改變並不一定能夠成功，所以美國的戰略須聚焦於強化國家履行民主改革、保護人權、打擊貪腐、增加政府透明度的承諾與能力。由於這樣的理由，美國於2000年6月與其他國家建立民主國家社群，106個國家於波蘭華沙集會，同意「華沙宣言」（Warsaw Declaration），擬定民主圭臬與誓言，繼續保持在民主道路上的相互扶持。[20]柯林頓總統任內所發出的「國家安全戰略」，可說是自1986年《高尼法案》通過以來，歷任總統提出「國家安全戰略」最完整、最充

[18] The White House, *A National Security Strategy for A New Century* (Washington D.C.: The White House, 1999), p.4.

[19] The White House, *A National Security Strategy for A Global Age* (Washington D.C.: The White House, 2000), p.8.

[20] *Ibid.*, p.61.

實的一位總統，其任內所提的「國家安全戰略」，清楚闡明如何促進民主，使世界臻於和平與自由的境界。

小布希政府時期2002年「國家安全戰略」強調：「美國必須捍衛自由與正義，因爲這些都是放諸四海皆準的正確原則。人性尊嚴不容妥協的基本要求，在民主國家可獲得最充分的保障。美國政府將以言語表態與實際行動伸張人性尊嚴，大聲支持自由並反對侵犯人權的行爲，同時投入更多資源闡揚這些理想。美國須堅守人類尊嚴不容討價還價的要求事項：包括法治、制約國家權力之範圍、言論自由、信仰自由、公正司法、尊重婦女、宗教與種族之容忍、尊重私人財產等。」[21]同時，美國也強調：「這些原則爲其在國際組織行動與主張之引導，未來美國將會運用各種不同措施來強化民主與自由。首先，美國表示將會運用意見表達及在國際組織之投票權，明白表達任何違反人類尊嚴不容侵犯要求之行爲，以推動自由。第二，運用美國之海外援助推廣自由，並支持那些以非暴力方式奮鬥爭取自由的人們，確保任何爭取民主化的國家，因其所採取之行動獲得獎勵。第三，將自由與民主機制之發展，視爲美國對外雙邊關係中之基本要求，尋求與其他民主國家進行整合與合作，並迫使那些違反人權之政府迎向一個美好的未來。第四，以特殊行動推動宗教自由與自覺，並保護宗教免於受到政府之鎮壓與箝制。因此，美國會持續將人類尊嚴視爲根本之目的，並反制那些企圖抗拒此種人類基本需求之國家。」。[22]

2006年「國家安全戰略」則說明：「該戰略係由兩大主軸所構成，第一個主軸是促進自由、正義與人性尊嚴——致力於結束暴政、推廣有效的民主政治，同時透過自由及公平貿易與明智的發展策略，以擴大繁榮的範圍。自由的政府會對百姓負責任、有效治理國家，推動有利全民的經濟與政治政策，自由的政府不會壓迫百姓，更不會用武力攻擊其他自由國家。和平及國際穩定最可靠的基礎便是自由。第二項戰略主軸，則是要領導不斷擴大的民主社會，迎戰當代的各種挑戰。我們所面對的許多問題，從大

[21] The White House, *The National Security Strategy of the United States of America* (Washington D.C.: The White House, 2002), p.3.
[22] *Ibid.*, p.4.

規模毀滅性武器擴散、恐怖主義、販賣人口到天然災害等，都已超越國家的疆界。有效率的多邊作爲是解決這些問題的根本之道。而歷史也證明，只有我們善盡己身責任時，其他國家才會起而效尤。因此，美國須繼續扮演領導者的角色。」。[23]

由美國「國家安全戰略」所做的陳述，可瞭解美國對推動全世界民主社群擴大的深層意涵，而這樣的概念，並沒有因政黨的輪替而做調整，易言之，促進全世界的民主，同時尊重人性的尊嚴與價值，長久以來，都是美國「國家安全戰略」的重要議題。

第三節　新興民主社群的擴大

自從「自由之家」（The Freedom House）於1972年開始對世界各國自由度做調查以來，至1980年自由國家的數量僅僅增加10個，而其所佔的比例也從1972年的29%微升至1980年的32%。況且，轉變也不是在單一的方向，在第三波民主化的前六年（1974-1980），共有5個國家的民主遭受瓦解或侵蝕（breakdowns or erosions）。20世紀1980年代中期及1990年伊始之際，第三波民主化政治上的自由獲得最大的進展。由於東歐國家與前蘇聯共產主義的垮台，自由國家的數量也從1985年的56個增加至1991年的76個，自由國家的比例也從原來的三分之一增加至超過4成。此外，獨裁政體與不自由國家下降至僅約20%，對照在1972年時所有獨立國家，將近一半的國家被列爲不自由。[24]

雖然，在第三波民主化過程政權轉變的整個趨勢，已朝向較爲民主與自由。事實上，自1974至1991年這一段時間內，共有22個國家遭受民主的垮台與停滯。根據自由之家的統計資料，1972年時全世界共有145

23 The White House, *The National Security Strategy of the United States of America* (Washington D.C.: The White House, 2002), p.*ii*.

24 Larry Diamond, *Developing Democracy: Toward Consolidation* (Maryland: John Hopkins University Press, 1999), pp.25-26.

個國家，當時自由的國家共有42個占29%；部分自由的國家則有36個佔24.8%。1991年時，世界共有183個國家，自由的國家爲76個佔41.5%；部分自由的國家有65個佔35.5%。然而，由於部分國家從選舉式的民主退縮爲獨裁政府，雖然在1996年全世界國家總數已增爲191個，但自由國家的數量微升至79個，惟其百分比下降至41.4%；而部分自由國家數量微降至62個，百分比更是降至32.5%。

再者，根據「自由之家」2001-2002年對全世界191個國家自由度的評等，列爲自由的國家共有84個佔43.9%，部分自由的國家共有59個佔31%，列爲不自由的國家則有48個佔25.1%。[25] 而2009年全世界的國家共有193個，列爲自由的國家有89個佔46.1%，部分自由國家60個佔31.1%，不自由國家44個佔22.8%。[26] 自1972年至2009年的民主發展證明，民主雖然是普世的價値，但是由過去的例子說明，民主的推展仍有一段漫長的路要走。表8.1爲自由之家在1972、1991、1996、2001、2009年五個階段對世界各國自由度的調查比較。

表8.1　國家自由度調查比較表

自由之家對世界各國自由程度統計				
年份	自由（%）	部分自由（%）	不自由（%）	國家總數
1972	42(29)	36(24.8)	67(46.2)	145
1991	76(41.5)	65(35.5)	42(23)	183
1996	79(41.4)	62(32.5)	50(26.1)	191
2001	84(43.9)	59(31)	48(25.1)	191
2009	89(46.1)	60(31.1)	44(22.8)	193

資料來源：Larry Diamond, *Developing Democracy: Toward Consolidation* (John Hopkins University Press: Maryland, 1999), p.26, The Freedom House, *Combined Average Rating-Independent Countries 2001-2002*, and The Freedom House, *Combined Average Rating-Independent Countries 2009*.

[25] The Freedom House, *Combined Average Rating-Independent Countries 2001-2002,* internet available from http://www.freedomhouse.org/template.cfm?page=220&year=2002.

[26] The Freedom House, *Combined Average Rating-Independent Countries 2007*, internet available from http://www.freedomhouse.org/template.cfm?page=366&year=2007.

由於過去二十五年世界各國民主轉型的不易，故美國「國家安全戰略」將促進全世界的民主列為其三項重要的核心目標之一，例如，1995、1996年「接觸與擴大的國家安全戰略」曾經做如下的說明：「美國所有的戰略利益，從促進國內繁榮到海外全球的威脅，對美國領土構成威脅前制止它們，都是為了擴大民主社群與自由市場國家服務。因此，與新興民主國家合作，以協助維護它們做為承諾自由市場及尊崇人權的民主國家，是我們『國家安全戰略』最主要的部分。」[27] 1997-1999年「新世紀的國家安全戰略」則說明對歐洲與歐亞、東亞與太平洋、西半球、中東、北非、西南亞與南亞、次撒哈拉非洲等地區，美國應如何整合區域，以促進各地區的民主進展。[28] 2000年「全球時代的國家安全戰略」則謂：「雖然美國面對過去幾年某些新興民主國家的小挫敗，民主的趨勢仍然持續，美國須協助新興民主國家分享民主經驗，同時動員國際經濟與政治資源，來協助新興民主國家，就如我們與俄羅斯、烏克蘭、東歐、歐亞與東南歐國家所做的一樣，美國須採取堅定行動協助反制企圖逆轉民主。」[29] 綜觀柯林頓政府時期「國家安全戰略」對民主的推動，主要聚焦於運用美國的影響力與價值觀推動全世界的民主、自由與和平，同時，竭盡各種手段防止民主轉型的國家，因諸般因素導致民主逆轉。

小布希政府2002年「國家安全戰略」陳述：「美國和其他已開發國家應該訂出一個積極且針對性的目標：在十年內讓世界最窮的經濟體成長兩倍，而這些措施包括提供資源援助、改善世界銀行及其他開發銀行效率、確保發展援助的運用、以捐款代替借款、擴大全球獲得商業與投資機會、

[27] The White House, *A National Security Strategy of Engagement and Enlargement* (Washington D.C.: The White House, 1995), p.22, The White House, *A National Security Strategy of Engagement and Enlargement* (Washington D.C.: The White House, 1995), p.47.

[28] The White House, *A National Security Strategy for A New Century* (Washington D.C.: The White House, 1997), pp.37-52, The White House, *A National Security Strategy for A New Century* (Washington D.C.: The White House, 1998), pp.58-92, The White House, *A National Security Strategy for A New Century* (Washington D.C.: The White House, 1999), pp.29-47.

[29] The White House, *A National Security Strategy for A Global Age* (Washington D.C.: The White House, 2000), p.62.

確保大眾衛生安全、持續援助農業發展與重視教育。」[30]小布希政府2006年「國家安全戰略」則說明：「經濟發展、負責任的治理與個人自由，具有緊密的關聯性。過去提供腐化及無能政府的外援資料，並沒有眞正幫到最迫切需要幫助的族群，反而阻礙民主改革及鼓勵貪腐。所以美國政府須採取更有效率的政策與計畫，這些包括：促進發展與強化改革、扭轉對抗愛滋病與其他傳染病的趨勢、推動負債可持續償還及發展私有資本市場、解決緊急需求與投資於民、發揮私有企業的力量、對抗腐化與提升透明。同時，美國也認爲須與許多國際夥伴共同合作，建立與維持民主及治理良好的國家，以解決人民的需要，並成爲國際體系中負責任的成員。[31]此外，美國也強調須更有效使用對外援助，使發揮應有的影響力，協助脫離脆弱與貧窮及治理不善。以上這些措施都是協助低度開發國家發展經濟，只有在經濟發展穩定的情況下，才能使民主發展萌芽茁壯，以建立一個穩定、繁榮與和平的社會，達到有效降低國家長期性威脅的目標。」。[32]

第四節　小　結

多伊指出伊馬內爾·康德（Immanuel Kant）1795年論文中闡明永久和平（perpetual peace）見解的重要性，渠聲稱民主代表的就是對人權思想體系的承諾，同時跨國的相互依賴提供對民主國家和平趨勢的一個解釋。多伊更認爲透過規範與機制的執行，民主國家之間不會因爲彼此有緊張的爭論，就動用武裝力量或對其他國家隨意使用武力。[33]貝里斯（Baylis）與史密斯（Smith）進一步引述盧塞特的觀點，認爲「民主」在國際事務中是相當重要的，不但可以減少安全困境的產生，更可達到較大的安全，

[30] The White House, *The National Security Strategy of the United States of America* (Washington D.C.: The White House, 2002), pp.21-23.
[31] The White House, *The National Security Strategy of the United States of America* (Washington D.C.: The White House, 2006), pp.31-33.
[32] *Ibid*., p.33.
[33] Michael Doyle, "On the Democratic Peace", *International Security*, 1995, pp.180-184.

民主的價值在於提供一個更和諧的世界。[34]尼可拉斯・歐納福（Nicholas G. Onuf）及湯瑪斯・強森（Thomas J. Johnson）指出：「通訊技術的進步與史無前例的繁榮程度，以及自由主義關注的人權、寬容與多元，促成與擴大國際的展望，此在民主國家中是最清楚的，其反映國內與國際和平最重要的價值。」[35]因此，「民主和平理論」對美國「國家安全戰略」思維產生相當程度的影響。此從柯林頓政府在2000年「國家安全戰略」先後提及民主197次，小布希政府在2006年「國家安全戰略」亦先後提及民主118次，均顯示民主對於經濟與安全的重要性。基於這樣的認知，美國當然樂於推動西方式的民主到全世界的每一個角落。所以，如何使各國民主化，便成為美國推動和平、增進利益與降低威脅的根本手段。

當然，美國對全世界民主的推動，仰賴其接觸的戰略，因為唯有透過接觸與援助，才能發揮影響力，要求各國力行民主的改革。在美國的經濟援助下，受援國政府才能推動經濟發展，有了經濟力量的支撐，受援國中產階級因應而生，菁英與社會大眾對政治的參與要求隨之提高，直接推動民主的改革，加以對報紙、大眾傳播媒體、黨禁的改革聲浪高漲，都間接迫使獨裁政權實施民主轉型。台灣與南韓在1950-1970年受惠於美援，在第三波民主化的轉型，兩個國家可謂美國外援成功的最佳典範。所以，未來美國仍以外援相關國家為主，同時結合國際及區域組織，共同推動前述國家的民主轉型。

[34] John Baylis and Steve Smith, *The Globalization of World Politics* (New York: Oxford University Press, 1997), p.202.
[35] *Ibid.*, p.315.

第九章　美國整合區域的方法

There was a time when two oceans seemed to provide protection from problems in other lands, leaving America to lead by example alone. That time has long since passed. America cannot know peace, security, and prosperity by retreating from the world. America must lead by deed as well as by example. This is how we plan to lead, and this is the legacy we will leave to those who follow.

George W. Bush

過去兩大洋將所有紛擾隔絕在其他大陸，使得美國成為世界的特例。此種時代早已成為過去。美國如果自外於世界，則絕對無法享有和平、安全與繁榮。美國須以身作則。這正是我們計畫的領導方式，也是準備留給後人的遺緒。

（小布希．2006年國家安全戰略）

美國認爲對全球不同區域的政策，反映其整體戰略特有的挑戰與機會，[1]所以，如何促進全球各地的安全、經濟繁榮與民主，對美國「國家安全戰略」而言，是一個非常重要的目標。故其「國家安全戰略」念茲在茲，須竭盡諸般手段，達成上述三項目標。本章首先從整合的概念出發，闡述上項概念的要義。繼之，探討美國整合各個區域的方法，最後，綜合論述於後。

第一節　整合概念的探討

詹姆斯．多佛提（James E. Dougherty）與羅伯特．菲特茲葛拉伏（Robert L. Pflatzgraff）兩位學者，認爲在談論整合（integration）之前，對定義的問題做一敘述有其必要性。大體上，整合理論學者在國際的層次，強調整合的過程做爲基本的共識，主要植基於共同規範（norms）、價值（values）、利益（interests）或目標（goals）。雖然國際體系是由政治單位體所組成，其最初之形成是透過征服，但如果我們從這種假設出發，以全球征服做爲世界秩序的一個基礎，已經證明是不可能的，整合是國際體系的單位體，以合作協議來做爲區域及全球政治社群的基礎。依照鄂茲歐尼（Amatai Etzioni）的說法：「社群是共享的社會約定或社會網絡，有別於一對一的約定。」鄂氏認爲：「社群所持的價值是不能由外部來強加，而是起於社群成員的互動。歐盟及歐洲國家的整合是頗符合這樣的說法，因爲它們的整合，大多依靠於歐洲民族國家多元的歷史與文化。」。[2]

雖然整合已經被界定爲促使政治社群的一個過程，然而它有許多不同

[1] The White House, *A National Security Strategy for A New Century* (Washington D.C.: The White House, 1997), p.37, The White House, *A National Security Strategy for A New Century* (Washington D.C.: The White House, 1998), p.58, The White House, *A National Security Strategy for A New Century* (Washington D.C.: The White House, 1999), p.29.

[2] James E. Dougherty and Robert L. Pfaltzgraff, Jr., *Contending Theroies of International Relations: A Comparative Survey* (U.S.: Priscilla McGeehon, 2001), p.510.

的定義。鄂恩斯特・哈斯（Ernst Haas）將整合定義為：「在一些不同的國家背景之政治行為者，被說服轉變他們的忠誠、期待與政治活動，成為一個新的中心（a new center），在此制度下對先前存在的民族國家具有或要求管轄權。」[3]另外的整合理論學者如杜意奇（Karl W. Deutsch）對政治的整合則認為：「是一群人在領土內已經達到一個社群、制度與實踐，其堅固到足以確保在人民當中，和平轉變一個長時期可靠的期待。」。[4]

國際合作與整合的理論學者聲稱，在國家面對困境而解決方案是超過國家的層次，在一個分權的環境下來解釋行為。[5]這包括特定的功能部門，諸如在貿易政策中所需要的合作行為咸信是存在的。上述的功能據稱是超過民族國家的能力，以實現藉由單方面的手段滿足解決方案。因此，國家在合作關係中有其利益，致使相互接受共同問題的解決方案。除了貿易政策，譬如說，問題的議程要求的合作行動包括：環境、電信、移民、健康、投資、金融政策與航安。對照於政治、軍事與安全的議題或所謂的「高階政治」（high politics），是現實主義理論主要的關懷。其他問題的議程則組成了「低階政治」（low politics），其轉變聚焦於無政府狀態下衝突的本質，強調的是國家對有共同利益的特定功能議題所進行的合作，亦即大家要雨露均霑及共蒙其利，這是民族國家所無法單獨達成的。換句話說，從合作行為的相互獲得，是遠超過於單獨行動的所得。[6]

大體來說，整合理論學者在瞭解忠誠或專注（attention），從某一點轉向另一點、從一個地方單位體轉至較寬廣或較大的政治實體（political entity）、從部落到民族或從民族到超國家單位體的過程，分享一個共同利益。在單位體中溝通與交易模式被整合成交互作用的指標（indicators of

[3] Ernst B. Haas, *The Uniting of Europe* (Stanford, CA: Stanford University Press, 1958), p.16, in Dougherty and Pflatzgarff (2001), p.510.

[4] Karl W. Deutsch et. al., *Political Community and North Atlantic Area* (Princeton, NJ: Princeton University Press, 1957), p.5, in Dougherty and Pflatzgarff (2001), p.510.

[5] David Mitrany, *A Working Peace System* (London: Royal Institute of International Affairs, 1943). Other works include David Mitrany, *The Progress of International Commitment* (New Haven, CT: Yale University Press, 1933), in Dougherty and Pflatzgarff (2001), p.511.

[6] James E. Dougherty and Robert L. Pfaltzgraff, Jr., *Contending Theroies of International Relations: A Comparative Survey* (U.S.: Priscilla McGeehon, 2001), p.511.

interaction），他們有一個共同的利益，而其本身認爲整合是重要的。一些整合理論學者持整合行爲被採用，是因爲如果我們這麼做將受聯合獎賞的預期，或者失敗時遭受共同懲罰。開始時，上述的期待可能在政府及私人部門菁英中發展，例如說，政府可能彼此合作以提升他們的安全，私人部門因爲共同獲得的展望可能超越國界團結在一起，就如公司與國外對手的合併，或者如商業菁英喜歡歐盟一樣。[7]

成功的整合倚靠於人們內化整合的過程，並且因此全然遵守它。某些整合理論學者，強調成功整合的作用。最後，整合被廣泛認爲是一個多層面政治、社會、文化與經濟現象。整合的過程引導共同認同與社群的感受，由於來自已受整合單位體的支持，就如今日歐盟一樣，整合已經形成。[8]

在21世紀的今天，美國以其強國的地位，插手世界各地的事務，從「高階政治」的安全事務，到「低階政治」的經濟議題，再到民主的轉型。美國今日所殷殷企盼者，仍是如何確保其海、內外部隊、人民生命財產的安全，在此前提下，美國國內經濟的發展才能受惠於海外市場的開放而欣欣向榮。當然，在安全無虞，經濟蓬勃發展的同時，美國也才能藉外援及公眾外交等手段，催促其他國家走向民主與法治。易言之，安全是一切的根本，沒有一個安全的環境，則經濟的推動便無法完成。而經濟繁榮是促進社會穩定的良方，只有發展經濟才能創造一個穩定的社會，在此環境下才可進一步推動民主改革，繼之方能實施轉型與鞏固。順此思維，安全是經濟發展的基礎，經濟又是推動民主的必要條件，俟民主獲得鞏固後，安全則獲得確保，某種層面而言，安全確實是無可替代，然吾人亦應瞭解三者實爲一體缺一不可。基於這樣的思維，從安全、經濟與民主三個面向切入剖析美國「國家安全戰略」所強調的整合區域的方法，當能更瞭解美國在全球佈局的戰略意涵。以下將就歐洲及歐亞、東亞及太平洋、西半球、中東、西南亞與南亞、非洲等區域依序說明美國對各個地區整合的方法。

---

[7] *Ibid.*, p.511.
[8] *Ibid.*, p.511.

第二節　整合歐洲與歐亞的方法

一、美國對歐洲與歐亞安全的關注

對美國而言，歐洲的安全與繁榮是僅次於美國本身最重要的區域，所以美國「國家安全戰略」毫不隱飾，將其置於最重要的地位。對此柯林頓政府1995年「接觸與擴大的國家安全戰略」指出：「我們接觸與擴大的戰略對冷戰後的歐洲政策是重要的，歐洲的穩定對我們的安全至關重要，這是在本世紀中，我們兩次以高代價所得到的教訓，充滿生機的歐洲經濟，意謂國內美國人更多的工作及海外更多的投資機會。隨著蘇聯帝國的垮台與新民主國家的興起，美國有一個無比的機會，促成一個朝自由與團結目標邁進的歐洲。我們的目標是一個與美國合作的整合民主歐洲，以維持和平及促進繁榮。」[9]1996年「接觸與擴大的國家安全戰略」更指出：「我們在歐洲戰略最重要的要素，須是經由軍事力量與合作所達成的安全。冷戰已經結束，但戰爭的本身並沒有結束。」。[10]

柯林頓政府1995年、1996年「接觸與擴大的國家安全戰略」對南斯拉夫的問題做了清楚的闡述：「我們須與盟邦合作，以確保前南斯拉夫在四年戰爭後艱辛贏得的勝利，可以延續與繁榮。美國的政策聚焦於五個目標：維持波士尼亞的政治解決與維持國家領土的完整及提供其人民一個有活力的將來，防止衝突擴散爲廣泛的巴爾幹戰爭，此將威脅盟邦與中、東歐新興民主國家兩者的穩定；阻止自衝突區域不穩定難民的流竄；制止對無辜者的屠殺；以及協助支持北約在歐洲的中心角色；同時保持我們形塑歐洲安全架構的角色。」[11]所以，柯林頓政府1995年「接觸與擴大的國家

[9] The White House, *A National Security Strategy of Engagement and Enlargement* (Washington D.C.: The White House, 1995), p.25.

[10] The White House, *A National Security Strategy of Engagement and Enlargement* (Washington D.C.: The White House, 1996), p.53.

[11] The White House, *A National Security Strategy of Engagement and Enlargement* (Washington D.C.: The White House, 1995), p.25, and The White House, *A National Security Strategy of Engagement and Enlargement* (Washington D.C.: The White House, 1996), p.54.

安全戰略」更有一段斬釘截鐵的陳述：「總統已經清楚說明，北約東擴將不會以一個新分界線取代分割的歐洲，而是提升歐洲所有國家、會員與非會員的安全。」[12]換句話說，北約聯盟仍是美國與歐洲接觸的支柱與橫跨大西洋安全的關鍵，這是美國爲什麼須保持北約強大活力的理由，對美國及其盟邦而言，北約不只是對短暫威脅的一時回應，其爲歐洲民主的保證與歐洲穩定的力量。這是爲何即使冷戰已成過去，其任務仍持續，以及爲何其對歐洲民主國家的利益是如此清楚。[13]一般相信，美國未來仍將會在歐洲維持可觀的兵力，並且受美國「歐洲司令部」指揮（U.S. European Command），其將會保持美國影響力與在北約的領導。[14]美國藉由這樣的戰略部署，冀求持續發揮在歐洲的影響力，以及保持歐洲進步的活力。

柯林頓政府1997年「新世紀的國家安全戰略」對歐洲安全的議題則表示：「北約擴張將降低東歐的衝突或不穩定，自可促進我們的利益。此將協助確保歐洲地區不會淪爲強權爭霸或某一個國家的勢力範圍。其可建立信心，並給予新的民主政體一個強而有力的激勵，以強化其改革，北約擴張不是兼併另一方，而是以提升歐洲所有國家安全爲目的。美國也會持續加強『歐洲安全與合作組織』（The Organization for Security and Co-operation in Europe, OSCE）在防止衝突與危機管理的角色，以及透過與歐盟新設的橫渡大西洋議程，尋求與歐洲夥伴更密切合作以處理非軍事安全威脅。」[15]1999年「新世紀的國家安全戰略」對歐洲安全議題更強調：「1999年11月，在伊斯坦堡『歐洲安全合作組織』高峰會原則同意依『歐洲安全合作憲章』（Charter on European Security）強化合作。此憲章促使會員國建立『快速專家援助與合作小組』（Rapid Expert Assistance and Cooperation Teams）以協助衝突預防與危機管理；其也認知21世紀歐洲安

[12] The White House, *A National Security Strategy of Engagement and Enlargement* (Washington D.C.: The White House, 1995), p.27.

[13] The White House, *A National Security Strategy of Engagement and Enlargement* (Washington D.C.: The White House, 1996), p.54.

[14] *Ibid.*, p.54.

[15] The White House, *A National Security Strategy for A New Century* (Washington D.C.: The White House, 1997), p.38.

全愈來愈依賴社會安全與國家安全的建立。美國會持續給予『歐洲安全合作組織』強力支持，做為我們與歐洲、高加索、中亞國家接觸的最佳管道，以致力提升民主、人權與法治，以及鼓勵它們在不穩定、不安全與人權遭破壞等威脅區域和平情況時，能相互扶持。」。[16]

美國對區內安全議題的關注計有巴爾幹、東南歐、北愛爾蘭與新興獨立國家。首先，對巴爾幹問題，美國強調支持「國際刑事法庭」（International Criminal Tribunal）對前南斯拉夫官員罪行的審判，也期望波士尼亞鄰國開始其民主之路及市場改革，包括科索沃回復自治及阿爾巴尼亞重回民主。第二，對東南歐的爭端，美國的目標是藉由降低希臘—土耳其的緊張及尋求塞浦路斯問題的全面解決以穩定本區。一個民主、友善、穩定且傾向西方的土耳其，可協助美國在波士尼亞、新興獨立國家與中東維持穩定，並且圍堵伊朗及伊拉克。土耳其與西方國家維持關係，並在世界最敏感的地區支持美國整體戰略目標，對美國而言十分重要，美國將繼續支持土耳其在北約及歐洲扮演主動與建設性的角色。第三，在北愛爾蘭的問題上，美國將持續努力結束在過去二十五年中造成3,200人死亡的衝突，以及承諾支持英國與愛爾蘭的努力，以求一個公平及持久的解決，美國將會繼續催促實際進展，與那些承擔風險致力於和平的人站在一起，並為那些生命受威脅的人帶來和平。第四，對新興獨立國家，美國對俄羅斯、烏克蘭與其他新興獨立國家轉變成穩定、民主、和平與繁榮，整合入世界社群有著重要的安全利益，而此社群應以民主、法治、自由、公平貿易、安全合作為規範。一個重要因素即是發展轉變歐洲—俄羅斯夥伴關係。美國應善用共產主義垮台後的多元主義，扶持非官方及地方的改革者，並堅定維持追求美國的四個戰略目標：降低核戰爭的威脅，核武器與物質及大規模毀滅性武器的散播；協助新興獨立國家持續朝民主與市場經濟轉型，整合入自由貿易民主社群；將俄羅斯、烏克蘭與其他新興獨立國家，帶進全新與冷戰後歐洲安全秩序中；與所有新興獨立國家合作，終止

[16] The White House, *A National Security Strategy for A New Century* (Washington D.C.: The White House, 1999), p.30.

種族及區域衝突，同時支持它們的自主。[17]

柯林頓政府2000年「全球時代的國家安全戰略」，除了繼續關注歐洲各地安全議題外，在該戰略中明白敘述：「美國對歐盟有三個重要的戰略目標。首先，第一個目標是建立一個眞正整合、民主、繁榮與和平的歐洲，實現美國在五十年以前『馬歇爾計畫』（Marshall Plan）與『北約』（NATO）所發起的願景。東南歐整合加入歐洲的最大挑戰仍然持續，此一挑戰也是美國與北約盟邦及歐盟分享的戰略目標。其次，第二個目標是與我們跨大西洋盟邦與夥伴國家合作，以因應沒有一個國家可以單獨完成的全球挑戰，此意味著團結合作，可以鞏固此一地區歷史性的轉變，以利民主與自由市場，支持此區內外棘手區域的和平努力，處理全球的威脅。最後，第三個目標是發展前蘇聯解體所打開的機會，同時極力降低有關擴散的風險。俄羅斯、烏克蘭與其他新興獨立國家今天正經歷政治、經濟與社會制度的根本改變——此結果對我們的將來與安全有一個深遠的影響。」。[18]

小布希政府2002年「國家安全戰略」則謂：「歐洲有兩個世界上最強大且最有能力的國際組織：它們分別是『北大西洋公約組織』和『歐盟』。前者自創立以來，一直是跨大西洋及歐洲大陸的安全支柱，而後者則是美國開放世界貿易的重要夥伴。『911』攻擊事件也是對北約的攻擊，這點由北約史無前例的啓動『北約憲章第5條』自我防衛條款即可獲得證明。北約的核心任務——透過集體力量捍衛跨大西洋民主聯盟——並未改變，但在新的環境下卻須發展出新架構與新能力，才能遂行該項任務。北約須在極短的預警時間，迅速部署高度機動與特殊訓練部隊之能力，以便處理任何盟國所遭遇的威脅。」。[19]

---

[17] The White House, *A National Security Strategy for A New Century* (Washington D.C.: The White House, 1997), pp.38-40, The White House, *A National Security Strategy for A New Century* (Washington D.C.: The White House, 1998), pp.61-63, and The White House, *A National Security Strategy for A New Century* (Washington D.C.: The White House, 1997), pp.30-32.

[18] The White House, *A National Security Strategy for A Global Age* (Washington D.C.: The White House, 2000), pp.67-69.

[19] The White House, *The National Security Strategy of the United States of America* (Washington D.C.: The White House, 2002), p.25.

北約須有能力在任何利益遭受威脅的地方採取行動，依據成立宗旨締結聯盟，並對任務導向的聯盟做出貢獻。爲了達成這項目的，美國必須：

1.接受有意願與能力分擔防衛與擴大北約共同利益的民主國家，加入北約組織成爲會員。

2.確保北約各國所屬軍隊在參與聯盟作戰時，都能在作戰方面做出適切貢獻。

3.擬定計畫作爲程序，使各國所貢獻的力量，能轉化爲有效的多國作戰部隊。

4.利用科技機會及國防支出的經濟規模，促成北約部隊轉型，使其戰力能勝過可能的入侵者，並減少美國的脆弱性。

5.精簡指揮架構，增加指揮彈性，以便符合新的作戰條件，以及訓練、整合與實驗新兵力架構等相關需求項目。

6.即使在採取必要步驟推動部隊轉型及現代化時，仍須保持與盟國共同作戰所需之戰力。

假如北約成功完成這些改革，則好處便是建立一種夥伴關係，此種關係對會員國安全和利益的重要性，和冷戰時期的情況並無二致。美國將以相同的角度看待威脅美國和歐洲社會的敵人，同時改善彼此捍衛國家及其利益的能力，美國也歡迎歐洲盟邦與歐盟建立更廣泛的外交政策和防衛體系，並將投注全部心力進行密切協商，以確保這些發展均能與北約同步。美國絕對必須把握這次機會，讓跨大西洋的民主同盟能有更充分的準備，因應未來的挑戰。」。[20]

小布希政府2006年「國家安全戰略」則謂：「『北大西洋公約組織』在今日仍是美國外交政策的重要柱石。此一聯盟關係已藉由擴大組織會員國獲得強化，且其行動範圍已超越歐洲疆界，成爲世界上許多地區和平與穩定的力量。該組織也和歐洲其他主要國家建立起夥伴關係，包括俄羅斯、烏克蘭與其他國家等，進一步擴大北約組織的歷史性轉型。北約組織須加速內部結構、能力與程序方面的改革，以確保其能有效執行所負任

[20] *Ibid*., pp.25-26.

務。此一聯盟關係也將繼續敞開大門，歡迎有意願且符合北約標準的國家進入。此外，北約須深化組織內部與跨組織間的合作關係，其與歐盟就是其中一例，當然也包含與其他新組織所能推動的一切。此種關係讓每個組織都有機會強化其獨特的力量與任務。」。[21]

此外，美國亦認為：「歐洲是美國許多傳統與密切盟友的大本營。雙方的合作關係是建立在共同價值與利益的穩固基礎上。隨著歐洲民主國家的不斷增加，此一基礎正不斷擴大與深化，但如果我們希望達成建立完整、自由與和平歐洲的目標，仍須繼續擴大與深化此一基礎。這些民主國家不但是有能力的夥伴，更有助美國促進全球的自由與繁榮，正如美國與英國的特殊關係一般，這些合作關係使美國與歐洲國家更緊密地結合在一起。」。[22]

二、美國對本區經濟發展的看法

柯林頓政府1995年、1996年「接觸與擴大的國家安全戰略」曾明述：「對歐洲新戰略的第二個要素是經濟，美國尋求建立一個活絡及開放市場的經濟，此火車頭已給予我們過去幾十年美國及歐洲人類歷史上最大的繁榮。為了達成此目標，我們強力支持歐洲體現於歐盟的整合進程，以及尋求深化我們與歐盟的關係，以支持我們的經濟目標，並且保證鼓勵在非歐盟國家的雙邊貿易與投資。」。[23]

歐盟國家面對巨大的經濟與近2,000萬人失業的挑戰，德國的挑戰則是代價非常高的統一。在所有大西洋國家中，經濟的停滯已經明顯腐蝕大眾對於向外外交政策（outward-looking foreign policies）的支持及較大的整合。美國正與西歐夥伴國家，建立以「底特律工作會議」（Detroit Jobs Conference）的決議及尼泊爾七國高峰會議為基礎的緊密合作，以擴大工

---

[21] The White House, *The National Security Strategy of the United States of America* (Washington D.C.: The White House, 2006), p.38.

[22] *Ibid.*, pp.38-39.

[23] The White House, *A National Security Strategy of Engagement and Enlargement* (Washington D.C.: The White House, 1995), p.27, and The White House, *A National Security Strategy of Engagement and Enlargement* (Washington D.C.: The White House, 1996), p.57.

作機會及促進長期的成長。[24]

在北愛爾蘭，政府正執行一組倡議以促進和平進程。商務部長於1994年12月領導一個貿易與投資代表團到達布達佩斯，1995年4月總統於費城主持對北愛爾蘭貿易與投資的會議。[25]

在美國致力加強自己經濟的同時，須知道經由協助東歐新興民主國家市場的改革，就可以爲美國的繁榮與安全提供服務，此將協助奪走區內煽動家的信心，有助緩和種族緊張及有助新民主的紮根。在俄羅斯、烏克蘭與前蘇聯其他新興獨立國家中，經濟轉型將會持續成爲本世紀偉大的歷史事件。俄羅斯政府已在私有化經濟上達成卓越的進展（超過50%的俄羅斯國民生產毛額是由私人部門所產生）及降低通貨膨脹。烏克蘭已對其極須經濟改革的體制採行顯著的步驟。然而，許多工作仍待完成以建立改革的動能，並保證持久的經濟復甦與社會保護。柯林頓總統對於此一史無前例改革的努力已經給予堅定與一致的支持，並動員國際社會提供結構的經濟援助，譬如，保證七大工業國協議之40億美元，做爲烏克蘭執行經濟改革補助金與貸款之用。[26]

該戰略亦強調：「透過『高爾－薛諾麥爾丁委員會』（Gore-Chernomyrdin Commission），美國與俄羅斯在優先區域緊密合作，包括國防、貿易、科學與技術，假如成功並使其成爲明日美國及西歐貨物與服務顧客的話，將中、東歐納入西歐經濟組織的短期難度將會獲得更大的回饋。這是爲什麼政府已經承諾增加前蘇聯新興獨立國家市場改革的實質支持，以及爲什麼我們持續對中、東歐經濟轉型的支持，同時也專心衡量我們可以克服前蘇聯所支配之貿易體系解體後之社會混亂。其中的一步是白宮贊助中、東歐貿易與投資會議，其於1995年1月於克里夫蘭舉行。最後，東歐市場改革的成功，將會依賴貿易與投資更勝於官方的援助。當這些國家邁向自由市場體系時，沒有一個國家有足夠資源可以做很明顯的改

---

[24] *Ibid*., P.27 and pp.57-58.
[25] *Ibid*., P.27 and p.58.
[26] *Ibid*., P.27 and p.58.

變。因此，我們其中的一個優先是與這些前共產國家降低貿易壁壘。」[27]從美國對歐洲經濟發展的觀點得知，歐洲經濟發展的良窳，對美國經濟繁榮有直接與密切的關係。換句話說，美國國內的經濟繁榮，有相當大的部分倚靠於歐洲經濟的持續發展。

三、美國對本區新興民主國家的展望

柯林頓政府1995、1996年「接觸與擴大的國家安全戰略」說明：「此一新戰略的第三個與最後所必須的是，支持起於俄羅斯、前蘇聯國家與歐洲前共產國家之民主及個人自由。此一民主改革的成功，使我們所有人更安全，它們是冷戰結束解放侵略性的民族主義及種族仇恨的最佳解決辦法。任何地方的民主成功對我們所有人的重要性，都不會超過這些國家本身。」。[28]

該戰略亦認為：「上述國家的民主改革將是持續數個世代的工作。在這過程中可能將誤入歧途或甚至逆轉，就如同在所有國家歷史上的經歷。然而，只要這些國家持續朝民主進展及尊崇其人民的人權，瞭解它們少數民族及其鄰國的權利，我們將會持續耐心地支持它們的進展。」。[29]

在歐洲新興民主國家的展望上，柯林頓政府「新世紀的國家安全戰略」清楚說明：「新興獨立國家與歐洲前共產國家，全面持續的政治與經濟改革是最佳措施，避免可能促進侵略的民族主義與種族仇恨，加入與重返西歐民主家庭的展望，已經抑制民族主義的力量，以及強化本區許多國家民主與改革的力量。新興獨立國家之獨立、主權、領土完整與民主及經濟改革，對美國的利益是重要的，為了促進這些目標，我們正利用雙邊關係，我們在國際組織的領導影響力，以及民間多達數十億美元的財力，強大的俄羅斯改革，深深影響這些較小國家的命運。美國將會持續積極促進

---

[27] *Ibid.*, P.27 and p.58.

[28] The White House, *A National Security Strategy of Engagement and Enlargement* (Washington D.C.: The White House, 1995), p.28, and The White House, *A National Security Strategy of Engagement and Enlargement* (Washington D.C.: The White House, 1996), p.58.

[29] *Ibid.*, p.28 and p.58.

俄羅斯的改革與國際整合，並防阻任何已達成進展之逆轉，我們對俄羅斯政府的政治與經濟支持，端視其內部改革的承諾，以及一個負責任的外交政策。」[30]透過美國對該地區的援助，已強化這些國家建立公民社會，並且使各國領導人及意見領袖熟悉美國的民主。

柯林頓政府2000年「全球時代的國家安全戰略」對歐洲新興民主國家的展望則謂：「中東歐與歐亞民主的改革，是避免可能促使種族暴力與區域衝突情況的最好措施。經由北約、歐盟與其他組織加入與重返西方民主陣營的前景，強化區域內許多國家民主與改革的力量，鼓勵它們結束邊界與少數種族長期的爭端，我們與西歐夥伴國家正共同協助新興民主國家建立公民社會。」。[31]

小布希政府「國家安全戰略」認爲：「喬治亞、烏克蘭等國的『顏色革命』（the color revolutions）爲整個歐洲大陸帶來了自由的新希望。」[32]此外，該戰略亦述明：「美國希望與俄羅斯在具有共同利益的戰略議題方面緊密合作，並處理雙方利益有所出入的議題。由於地緣與國力，俄羅斯不僅對歐洲及其鄰邦有重大的影響力，在許多對美國具有重大利益的地區同樣如此：如泛中東地區、南亞、中亞與東亞。我們須鼓勵俄羅斯重視自由的價值與國內的民主，同時不要妨礙本區對自由與民主的追求。強化美俄關係，取決於俄羅斯所採取的內外政策。遺憾的是，最近的發展卻顯示出，俄國對推動民主自由與制度的堅持已開始削弱。未來我們將致力說服俄羅斯政府向自由的大道邁進，不要走回頭路。俄羅斯鄰邦的穩定與繁榮，有助於深化美俄關係；但是此一地區若不是爲民主政體所治理，穩定仍是遙不可及的夢想。我們希望說服俄羅斯政府，俄國與本地區民主的進步，不但對百姓有利，更有助於改善俄國與美國和其他西方國家的關係。

[30] The White House, *A National Security Strategy for A New Century* (Washington D.C.: The White House, 1998), p.66, and The White House, *A National Security Strategy for A New Century* (Washington D.C.: The White House, 1999), p.34.

[31] The White House, *A National Security Strategy for A Global Age* (Washington D.C.: The White House, 2000), p.81.

[32] The White House, *The National Security Strategy of the United States of America* (Washington D.C.: The White House, 2006), p.2.

相反的，俄羅斯處心積慮防止國內外民主的發展，將會損害俄國與美國、歐洲和其他鄰國的關係。」。[33]

第三節　美國整合東亞及太平洋的方法

一、美國對東亞及太平洋安全的關注

隨著本區經濟的蓬勃發展，對該區安全的議題，在柯林頓政府1995、1996年「接觸與擴大的國家安全戰略」有清楚的闡述：「東亞對美國安全與繁榮是一個愈來愈重要的地區，沒有一個地區與美國三個面向的戰略那麼關係密切，也沒有一個地方更爲需要美國持續的接觸。我們對此充滿活力的地區所採取的方針，須融合安全、開放市場與民主在內，現在更勝於以往。去年，柯林頓總統擘畫一個整合的戰略——一個新的太平洋社群——其連結安全需求與經濟現實及我們對民主及人權的關懷。」。[34]

該戰略亦說明：「在考量亞洲方面，我們須記住安全是我們新亞太社群的第一個支柱。美國是太平洋國家，本世紀我們已在本區打了三場戰爭。爲了嚇阻區域的侵略及保證我們的利益，我們會維持主動部署，我們也將會持續領導。我們與盟邦諸如日本、南韓、澳大利亞、泰國與菲律賓深遠的雙邊關係，以及美國軍力的持續部署，將做爲美國在本區安全角色的基礎。現在我們在東亞的部隊總數約十萬人，除了執行一般前述有關前進部署的功能之外，也經由嚇阻侵略及冒險主義促成區域穩定。做爲我們對該區戰略承諾的一個主要要素，我們正在朝鮮半島及南亞追求較大的努力，以打擊大規模毀滅性武器的擴散。1994年10月，我們與北韓達成一個重要的『一致架構』——停止與最後廢除其核武力計畫——以及與中國的

[33] *Ibid.*,p.39.
[34] The White House, *A National Security Strategy of Engagement and Enlargement* (Washington D.C.: The White House, 1995), p.28, and The White House, *A National Security Strategy of Engagement and Enlargement* (Washington D.C.: The White House, 1996), p.58.

協議，限定其彈道飛彈的銷售。」。[35]

再者，該戰略亦認為：「另一個我們對亞太地區的安全承諾實例是，我們努力發展多重新計畫，以應對多重威脅及機會。我們支持處理全面共同安全挑戰問題新區域的交流——諸如『東南亞國協區域論壇』。這些協議可以透過對話及透明瞭解，以提升區域安全。這些區域的交流植基在現存雙邊關係的堅固網絡。」。[36]

柯林頓政府1998、1999年「新世紀的國家安全戰略」對東亞及太平洋安全議題認為：「我們軍事部署對維持穩定，並使亞太地區建立有利於所有國家的繁榮經濟是重要的，為了嚇阻侵略，確保利益，我們將會在本區維持約10萬名美國軍事人員，我們主動在本區維持軍事部署的承諾及我們與日本、南韓、澳大利亞、泰國與菲律賓的聯盟條約，為美國持續扮演安全角色的基礎。我們正與『東南亞國協』（Association of Southeast Asian Nations, ASEAN）維持一個健全的關係，現在包括新加坡、馬來西亞、泰國、印尼、菲律賓、汶萊、越南、寮國與緬甸，我們也正支持區域對話——諸如『東南亞國協區域論壇』（ASEAN Regional Forum, ARF）——對全面的共同安全挑戰，藉由信心建立措施的會議，諸如搜索與搜救合作、維和行動，『東南亞國協區域論壇』可協助提升區域安全與瞭解。」。[37]

柯林頓政府2000年「全球時代的國家安全戰略」，除延續「新世紀國家安全戰略」所揭櫫兵力部署及與區域各國雙邊條約，以及與東協的對話，共同維護區域安全，本戰略亦強調：「美國在東亞與太平洋的安全戰略包含廣泛的潛在威脅，以及包括下列的優先項目：嚇阻侵略與促進和平解決危機，與盟邦及夥伴國家合作促進安全的海上交通線，主動促進我們不擴散目標與保護核子技術，強化主要盟邦主動與被動反擴散的努力，打擊跨國威脅的擴散，包括毒品的非法交易、著作權侵害、恐怖主義與愛滋

---

[35] *Ibid.*,p.28 & p.59.

[36] *Ibid.*,p.28 & pp.59-60.

[37] The White House, *A National Security Strategy for A New Century* (Washington D.C.: The White House, 1998), pp.66-67, and The White House, *A National Security Strategy for A New Century* (Washington D.C.: The White House, 1999), p.34.

病的擴散、促進雙邊與多邊安全合作，特重打擊跨國威脅與提升將來在維和行動的合作，經由雙邊對話與多邊論壇，促進區域的對話。」。[38]

小布希政府2002年「國家安全戰略」認為：「『911』恐怖攻擊激發美國在亞洲的盟邦，澳洲依據『紐澳美安保條約』（ANZUS Treaty）宣佈『911』攻擊形同對澳洲的攻擊；在這項歷史性的宣示後，澳洲派出部分世界級的精良戰鬥部隊參加『持久自由』作戰行動（Operation Enduring Freedom）。日本及南韓在恐怖攻擊事件發生後幾星期，也提供空前的大規模後勤支援。我們除了深化和泰國及菲律賓盟邦的聯合反恐行動，更從新加坡及紐西蘭等盟友處獲得無價的援助。」。[39]

該戰略亦強調：「這場打擊恐怖主義的戰爭，證明了美國在亞洲建立的聯盟關係不只是亞洲和平與穩定的基石，更具有處理各種未來挑戰的彈性與準備，為了強化在亞洲的聯盟關係和友誼，美國應該：首先，基於美日共同利益、共同價值觀、密切國防及外交合作關係，期望日本持續強化其區域及全球事務的領導角色。其次，和南韓合作對北韓保持警戒，同時透過兩國聯盟關係，為維持區域長期和平穩定做出貢獻。第三，基於五十年歷史的『美一澳聯盟』關係，兩國繼續共同合作解決區域與全球問題——如同過去的珊瑚海戰役和今日的托拉波拉戰役（from Battle of the Coral Sea to Tora Bora）一般。第四，在亞太地區維持駐軍，表現我們對盟邦、共同需求、先進科技及戰略環境的承諾。第五，利用上述聯盟關係，以及『東南亞國協』與『亞太經濟合作論壇』等機制，發展出各種區域與雙邊戰略，以處理此一動盪區域的挑戰。」。[40]

另外，美國也認為應該密切注意可能捲土重來的舊式強權競爭，尤其是今日數個潛在強權正處於內部的轉型階段，而當中最重要的是中國、俄羅斯及印度等三個國家。上述三國的近期發展，已激起美國對基本原則方

[38] The White House, *A National Security Strategy for A Global Age* (Washington D.C.: The White House, 2000), pp.81-82.

[39] The White House, *The National Security Strategy of the United States of America* (Washington D.C.: The White House, 2002), p.26.

[40] *Ibid.*, p.26.

面的全球性共識，正逐漸成形的希望。[41]

小布希政府2006年「國家安全戰略」認為：「東亞是一個既充滿機會，又長期瀰漫緊張氣氛的地區。過去十餘年來，雖然展現驚人的經濟動力，但卻也是經濟亂流的來源。儘管極少數區域經濟體，已經比過去更能有效駕馭技術與全球化貿易這兩項未來繁榮的動力。然而，卻仍有少數區域愈來愈難克服對從前的疑慮。而美國是一個太平洋國家，在整個東亞與東南亞地區有著龐大的利益，該區域的穩定與繁榮取決於美國持續的接觸，包含透過前進防衛兵力部署維持堅實的夥伴關係，透過擴大貿易與投資支持經濟的整合，以及促進民主與人權等。」。[42]

另外，美國亦認為：「建立新的國際方案與制度有助於擴大自由、繁榮與區域穩定。『亞太經濟合作論壇』（APEC Forum）與『東南亞國協區域論壇』（Association of Southeast Asian Nations Regional Forum, ARF）等既有機制，皆可扮演關鍵性的角色。而如『美國－東南亞國協強化夥伴關係』（U.S.-ASEAN Partnership）等新協定，或其他以解決問題與行動為重點的機制，如『六方會談』與『擴散安全機制』等，也同樣能聚集亞洲各國的力量，解決共同面臨的挑戰。擁有共同價值的亞洲國家，可和美國建立夥伴關係，以強化新的民主體制與促進整個地區的民主改革。然而，此項制度的框架須建立在美國與區域主要國家健全雙邊關係的基礎上。」。[43]

二、美國對本區經濟發展的看法

誠如小布希總統所說，東亞是全球經濟成長最快速的地區，因為中國國力在過去二十年快速的提升，已經使得地區的情勢產生微妙的變化。尤其，本區因主權及領土糾紛等問題，成為全球最有可能引爆衝突的區域之一。然而，在中國一切以經濟發展為著眼的政策下，區域內雖然有短暫緊

[41] *Ibid.*, p.26.

[42] The White House, *The National Security Strategy of the United States of America* (Washington D.C.: The White House, 2006), p.40.

[43] *Ibid.*, p.40.

張情勢發生，一般而言，本區仍是處於相對穩定的狀態。區域內各國莫不以經濟發展爲最高優先。所以，經濟表現的好壞，已成爲民選政府能否連任的重要指標。

柯林頓政府1995年「接觸與擴大的國家安全戰略」，對本區經濟發展有清楚的闡述：「我們在亞洲接觸的第二個支柱是，我們承諾持續及提升本區已具有之經濟繁榮特性。亞洲持續充滿經濟進步的機會，原則上透過『亞太經濟合作』，構成我們多邊經濟合作的堅定承諾。今日，『亞太經濟合作』的18個會員國，包括約全世界三分之一的人口，製造每年14兆美元及外銷1.7兆美元的貨物，將近全世界總數的一半。美國去年外銷至『亞太經濟合作』經濟體的金額達到3,000億美元，支撐近260萬美國人的工作。該戰略亦強調：「美國也正與主要的雙邊貿易夥伴合作，以改善貿易關係。美國與日本於9月成功完成必要的協議，完成1993年架構協議，做爲打開日本市場給予更多美國競爭性的貨物及降低美國貿易逆差。因爲1994年5月我們將中國最惠國待遇與其特定人權考量脫鉤，美一中貿易已顯著成長。我們持續與北京密切合作，以解決剩餘雙邊與多邊的貿易問題，諸如智慧財產權與市場開放。除非智慧財產權的問題解決，否則經濟制裁將會加諸在中國身上。」。[44]

1996年「接觸與擴大的國家安全戰略」則更進一步指出：「『亞太經濟合作』18個國家及北美三國之人口數佔全世界三分之一，製造13兆美元的貨物，並且外銷1.7兆美元的貨物，約佔全世界比重的一半，單以美國爲例，1994年時1,500億美元的貨物銷往亞洲經濟體，這樣的經濟活動支撐美國290萬個工作機會，美國對亞洲地區的投資金額約1,080億美元，約佔美國對外直接投資（direct foreign investment）的五分之一。」。[45]

柯林頓政府1998、1999年「新世紀的國家安全戰略」說明：「一個繁榮與開放的亞太對美國健全的經濟是重要的，在亞洲近期金融問題的前夕，『亞太經濟合作』的21個會員國包含美國、加拿大、墨西哥、祕魯、

---

[44] *Ibid.*, p.29.

[45] The White House, *A National Security Strategy of Engagement and Enlargement* (Washington D.C.: The White House, 1996), p.61.

智利與俄羅斯及東亞國家——貢獻約全球一半生產毛額與外銷。美國有30%的貨物銷往亞洲，提供美國數百萬的工作機會，我們外銷亞洲的量更超過歐洲，我們在東亞的經濟目標包括持續從近期的金融危機中恢復，在『亞太經濟合作』內進一步推進貿易與投資的自由化，透過市場開放措施與建立美國商業平等參與的平台（leveling the playing field），增加美國對亞洲國家的外銷，以及中國與台灣在滿足商業的要求下，加入『世界貿易組織』，東亞的經濟成長充滿機會並支撐我們經濟合作的堅定承諾，諸如經由『亞太經濟合作』每年一次的領袖會議即是一個明顯的例子。」。[46]

該戰略亦強調：「我們在亞洲的經濟戰略有四個重要的要素：支持經濟改革與市場開放；與國際金融組織合作提供較佳的經濟與技術援助，支持經濟改革；提供雙邊人道援助，以及必要時緊急之財政援助；與經由日本與其他主要經濟強權採堅定政策，促進全球的成長。」。[47]

1999年「新世紀的國家安全戰略」更強調：「美國會持續與『國際貨幣基金會』、『世界銀行』、其他國際金融組織、東亞政府與私有企業合作，以協助穩定金融市場、恢復投資信心與持續加強改革陷入困境的東亞經濟體，爲了達成此目標，我們將持續留意促進工人權利保護的必要。當南韓、泰國、印尼履行經濟改革以促進金融穩定與投資信心，俾吸引恢復經濟成長所需資金時，我們將持續支持它們。美國在『亞太經濟合作』的機制將會開啓經濟合作與新的機會，擴大美國公司參與本區具體基礎設施計畫與建造，我們將持續努力，以鼓舞所有亞太國家追求開放的市場。」。[48]

柯林頓政府2000年「全球時代的國家安全戰略」，除延續「新世紀的國家安全戰略」所強調的各項作爲外，並且進一步強調：「美國在此區的

---

[46] The White House, *A National Security Strategy for A New Century* (Washington D.C.: The White House, 1998), p.72, and The White House, *A National Security Strategy for A New Century* (Washington D.C.: The White House, 1999), p.37.

[47] *Ibid.*, p.72 and p.37.

[48] The White House, *A National Security Strategy for A New Century* (Washington D.C.: The White House, 1999), p.37.

經濟目標包括：從金融危機的持續復原，在『亞太經濟合作』中，朝向自由化貿易與投資更長遠的進展，經由市場開放措施且為美國商業提供平等參與的平台（leveling the playing field），增加美國外銷至亞洲／太平洋的國家，在一個滿意的商業條款下，完成中國與台灣入會談判。」。[49]

小布希政府對本區的經濟，沒有像柯林頓政府「國家安全戰略」般對各個地區提出有關增進經濟繁榮的策略，然而，在2002年「國家安全戰略」對一般性的原則則強調：「針對促進自由貿易，美國已擬出一套整體性策略，包括：推動各種區域性方案、持續推動雙邊自由貿易協定、促進貿易和發展相結合。」[50] 2006年「國家安全戰略」，將2002年「國家安全戰略」相關內容做摘要並指出：「歷史已經證明，市場經濟是最有效率的經濟制度及消除貧窮的最佳良方。為了擴大經濟自由與繁榮，美國不斷促進自由與公平的貿易、開放的市場、穩定的金融體系、全球經濟的整合、和安全及潔淨的能源開發。」。[51]

另外，2006「國家安全戰略」，則進一步指出與亞洲國家，如新加坡、馬來西亞、澳洲所達成自由貿易協定，並與區內如印度、中國與南韓等國家合作，推動市場開放與確保金融穩定等改革作為，同時也強力要求中國採市場導向的浮動匯率機制，以促進中國及全球經濟。[52]

三、美國對本區新興民主國家的展望

有關美國對本區新興民主國家的展望，柯林頓政府1995、1996年「接觸與擴大的國家安全戰略」說明：「我們在建立一個新亞太社群政策的第三個支柱是支持區域的民主改革。亞洲新的民主國家在它們推進鞏固及擴大民主改革的同時，將會有我們的強烈支持。某些國家辯稱民主從某種角

[49] The White House, *A National Security Strategy for A Global Age* (Washington D.C.: The White House, 2000), p.88.
[50] The White House, *The National Security Strategy of the United States of America* (Washington D.C.: The White House, 2002), p.18.
[51] The White House, *The National Security Strategy of the United States of America* (Washington D.C.: The White House, 2006), p.40.
[52] *Ibid*., p.40.

度看並不適合亞洲，或至少對一些亞洲國家來說是如此，它們認爲人權是相對的而且僅是西方文化帝國主義的掩飾。這些辯稱是錯誤的，此不是西方的帝國主義，而是亞洲人民的願景，其正足以說明亞洲各處民主國家數量及民主運動的成長力量。我們支持這樣的願景與運動。每一個國家都須找出適合自己的民主，我們尊重亞洲已成形之不同形式的民主制度。然而，凌虐或獨裁文化是沒有藉口。我們不接受在道德相對論中所掩飾的高壓，民主與人權是普世的渴望與普世的規範。我們會持續迫切要求中國、越南及緬甸尊崇人權。」。[53]

柯林頓政府1997、1998、1999年「新世紀的國家安全戰略」，對本區民主發展強調：「某些人認爲民主並不適於亞洲，或至少不適合某些亞洲國家，且認爲人權是相對的，更咸信西方國家支持國際人權標準，僅是文化帝國主義所戴的面具。亞洲人民對民主的渴望及成就，證明這樣的論點是不正確的，我們會持續支持這樣的熱望，以及提升所有國家對人權的尊重。每一個國家均須尋找適合的民主形式，我們尊重在亞洲出現各式各樣的民主制度，但不能以文化做爲專制、迫害或否定基本自由的藉口，我們戰略的努力包括：首先，尋求具建設性並以目標爲導向的方式，以達成中國在人權與法治的進展。第二，促進緬甸執政當局與民主反對派進行有意義的對話。第三，提升對人權的尊重及強化印尼的民主程序與東帝汶政治的調停。第四，建立民主制度，並促使柬埔寨尊重人權。第五，提升越南對人權的尊重，並盡最大可能尋找越戰失蹤的美國軍人。」。[54]

柯林頓政府2000年「全球時代的國家安全戰略」，對本區民主發展則闡明：「美國將持續支持亞太人民民主的願望與促進尊崇人權。經由與區域盟邦及友好國家在政府與非政府組織的緊密協調，做爲我們戰略最佳的

[53] The White House, *A National Security Strategy of Engagement and Enlargement* (Washington D.C.: The White House, 1995), p.29, and The White House, *A National Security Strategy of Engagement and Enlargement* (Washington D.C.: The White House, 1996), pp.61-62.

[54] The White House, *A National Security Strategy for A New Century* (Washington D.C.: The White House, 1997), pp.44-45, The White House, *A National Security Strategy for A New Century* (Washington D.C.: The White House, 1998), p.76, and The White House, *A National Security Strategy for A New Century* (Washington D.C.: The White House, 1999), pp.38-39.

方法，我們的優先項目包括：中國在人權、宗教自由與法治議題的進展，緬甸執政當局與民主反對派兩者有意義的對話，支持印尼的民主轉型與促成東帝汶獨立的轉型。」。[55]

小布希政府2002年「國家安全戰略」，對本區民主的展望直指中國並認爲：「美國和中國的關係是美國促進亞太區域和平、穩定及繁榮全盤戰略中重要的一環。我們樂見一個強大、和平與繁榮中國的出現。中國的民主發展攸關此一未來能否實現。然而，自二十五年前開始打破共產遺禍的某些最低劣的特質以來，中國領導人仍然沒有針對國家的特質，推動另一波的根本改革；中國積極發展足以威脅亞太區域鄰邦的先進軍事力量，這種作法就是在走回頭路，最終將妨礙追求成爲偉大國家的目標。時間終會使中國發現，社會和政治自由才是成爲泱泱大國的根本之道。美國希望和變化中的中國建立建設性夥伴關係。在兩國利益重疊處，雙方已有良好的合作，包括目前的反恐戰爭及促進朝鮮半島和平穩定等議題。此外有關阿富汗的未來，雙方也保持密切協調，並開啓反恐及類似過渡性重要議題等方面的廣泛對話。雙方共同面對的醫療健康及環境威脅議題方面——例如愛滋病的散佈等——也讓兩國不得不共同推動兩國民眾的福祉。」。[56]

此外，美國認爲：「處理這些跨國威脅將需要中國進一步開放資訊傳遞、促進公民社會發展及提升人權。中國已經開始走向政治開放的道路，允許個人有一定的自由，舉行村級的選舉，但仍頑固的堅持共黨專政。欲使中國眞正考量民眾需求及理想，仍然有一段遙遠的路要走。只有當中國人民可以自由思考、集會及信仰時，中國才能完全發揮其潛能。中國加入『世界貿易組織』，將有利於雙方重要的貿易關係，因爲此舉將爲美國的農民、勞工與企業創造更多的出口機會和更多的就業機會。中國是美國的第四大貿易夥伴，每年雙邊貿易額超過1,000億美元。市場原則的力量和『世界貿易組織』透明化與責任制的要求，將進一步擴大中國的開放與法

55 The White House, *A National Security Strategy for A Global Age* (Washington D.C.: The White House, 2000), p.91.
56 The White House, *The National Security Strategy of the United States of America* (Washington D.C.: The White House, 2002), p.27.

治，進而提供商業和公民基本的保障。但是雙方在某些領域上，仍然存在根本的歧見。美國依據『台灣關係法』提供台灣自我防衛的承諾就是其中一項。人權議題則是另一項。我們也希望中國遵守對『禁止核武擴散』的承諾。美國將致力縮小彼此存在的差異，但絕不讓這些歧見阻礙雙方同意進行的合作。」。[57]

再者，美國也強調：「『911』恐怖攻擊事件徹底改變了美國與其他主要全球權力核心間的關係背景，並為彼此開啓了宏偉的嶄新機會。對歐、亞兩洲的長期盟友和俄羅斯、中國及印度的領導人，美國須訂定積極的合作議程，以免讓這些關係流於形式且失去建設性。美國政府的各個部門須共同迎接挑戰，我們可以建立協商、低調的辯論、冷靜的分析及共同行動的建設性習慣。長期而言，這些將是維護我們共同原則卓越性與打開進步之道的作法。」。[58]

小布希政府2006年「國家安全戰略」，延續2002年「國家安全戰略」的論點並認爲：「中國領導人聲明其已決定走和平發展的改革道路。如果中國能信守此一承諾，美國樂見一個穩定、和平中國的崛起，並與美國合作解決共同挑戰與利益問題。中國在推動經濟成長方面若能多創造內需，少製造全球貿易不平衡，則不僅能對全球繁榮做出重要貢獻，更能確保長遠的榮景。中國和美國都同樣遭遇全球化及其他跨國性問題的挑戰。雙方可基於共同利益進行合作，共同解決如恐怖主義、核擴散與能源安全等議題。我們將致力提升合作關係，共同對抗大規模傳染疾病，並扭轉環境惡化的趨勢。美國鼓勵中國持續推動改革與開放，因爲唯有如此，中國領導人才能滿足人民追求自由、穩定與繁榮的合理需求與理想。隨著經濟持續成長，中國人民將會要求中國當局，應當跟上許多東亞現代民主國家的腳步，除了經濟自由，也須給他們政治自由。堅持此一路線將有助於區域及國際安全。」。[59]

---

[57] *iIbid.*, pp.27-28.
[58] *iIbid.*, p.28.
[59] The White House, *The National Security Strategy of the United States of America* (Washington D.C.: The White House, 2006), p.41.

然而，美國也說明：「中國領導人須瞭解，如果他們不放棄製造區域與世界問題的舊思維與行為，勢將難以讓一切平穩的走下去。這些過時思維包括：首先，繼續在不透明的條件下進行軍事擴張。其次，在擴大貿易的同時，但在行為上卻彷彿要『壟斷』全世界能源供應，或只要出口的直接市場卻不願打開自己的門戶，似乎可以重新走回已遭世人唾棄的舊時重商主義一般。第三，支持資源豐富的國家，完全無視這些政權在國內的倒行逆施與在國外的惡劣行跡。第四，中國與台灣應以和平方式解決彼此歧見，任何一方均不能採取威懾作為與單方面行動。最後，中國領導人須瞭解，他們不可能只給人民愈來愈多的買賣與生產自由，但卻不給他們集會、演說與信仰的權利。只有讓中國人民享有基本自由與普世性權利，中國才能真正貫徹憲政及國際承諾，並發揮其最大潛能。」。[60]

第四節　美國整合西半球的方法

一、美國對西半球安全的關注

西半球國家是美國的近鄰，從地緣的角度來看，區域的穩定、經濟繁榮及民主的轉型與鞏固，與美國國家安全及經濟繁榮有密不可分的關係。誠如柯林頓政府1995、1996年「接觸與擴大的國家安全戰略」所述：「本區安全情況的持續改善，包括邊界緊張的解決、暴動的掌握，以及對武器擴散的壓力，將會是本半球政治與經濟進展的重要基礎。」。[61]

柯林頓政府1997、1998、1999年「新世紀的國家安全戰略」認為：「西半球在進入21世紀有史無前例的大好機會，以確保將來的穩定與繁榮，除了古巴外，本區均是民主國家且奉行自由市場經濟，中美洲武裝衝

---

[60] *Ibid.*, pp.41-42.

[61] The White House, *A National Security Strategy of Engagement and Enlargement* (Washington D.C.: The White House, 1995), p.29, and The White House, *A National Security Strategy of Engagement and Enlargement* (Washington D.C.: The White House, 1996), p.62.

突的結束與區域安全的進展，已和全美洲令人刮目相看的政經發展一致，美洲人民正利用電子商務與堅定民主政體之新興市場所創造的大好機會，允許個人可以更加表達其偏好。北美、加勒比海、中美洲、南美安地斯山脈區域與南錐等次區域之政治、經濟與安全，已對本區和平與繁榮做出正面貢獻。與其一樣重要的是，美洲人民已重申他們承諾共同打擊由毒品走私與貪腐，所造成之嚴重挑戰的承諾，美國會尋求確保本區新趨勢的利益，同時保護我們百姓與對抗威脅。」。[62]

此外，美國亦認爲：「在西半球主要的安全考量本質上是跨國的，諸如毒品走私、組織犯罪、洗錢、非法移民、武器走私與恐怖主義，此外，本區國家體認、國家及區域的穩定所遭遇的危險，主要是因貪腐與效率不彰的法律體系所造成，所有的威脅特別是毒品走私，造成負面的社會影響傷害西半球國家的主權、民主與國家安全。透過與『美洲國家組織』與其他組織合作，我們正尋求消除區域內毒品交易的大患，『多國反毒聯盟』（Multilateral Counterdrug Alliance）力求改善組織與對等的成效，以引渡及起訴遭控毒品走私與相關犯罪，打擊洗錢，沒收用於犯罪活動的資產，終止化學物質的運送，打擊金融資助網絡，提升各國對毒品濫用的警覺與治療計畫，另透過替代種植與教育計畫，消除非法作物，我們也正追求一些雙邊與區域反毒機制。在加勒比海地區與墨西哥及哥倫比亞，我們正致力加強雙邊反毒與執法合作。」。[63]

柯林頓政府1999年「新世紀的國家安全戰略」則強調：「經由雙邊安全對話，『美洲國家組織』多邊努力及『美洲高峰會』透明與區域信心與安全建立措施，執行與改變主要的軍事力量（特別是聚焦於維和），以及例行國防部長會議，我們正提升區域安全合作。去年祕魯－厄瓜多和平過程調解國——阿根廷、巴西、智利與美國將兩國數十年邊界爭端永久

---

62 The White House, *A National Security Strategy for A New* Century (Washington D.C.: The White House, 1997), pp.44-45, The White House, *A National Security Strategy for A New Century* (Washington D.C.: The White House, 1998), p.76, and The White House, *A National Security Strategy for A New Century* (Washington D.C.: The White House, 1999), pp.38-39.

63 *Ibid.*, pp.45-46, pp.77-78, and p.39.

解決，此決議對區域安全是重要的。祕魯—厄瓜多軍事觀察家任務（The Military Observer Mission Ecuador-Peru, MOMEP），由四個調解國所組成，成功分開雙方交戰部隊，建立雙方信任與安全做爲解決爭端所需的條件，我們致力鼓吹多邊合作，以提升區域信心與安全，並將會協助擴大合作的努力，以打擊西半球之跨國威脅。」。[64]

柯林頓政府2000年「全球時代的國家安全戰略」強調：「我們在西半球的接觸戰略包括已經加強與擴大美國與全區友好國家的防衛合作，以及支持它們的改革，開始民主規範它們防衛力量的建立，包括文人領軍、透明化與大眾責任。當這些民主的規範生根、區域信心的建立，美國也將持續致力強化區域及次區域合作安全機制，這些機制可以做爲深化區域信心與促進持續區域的穩定，我們將會持續提供對和平解決區域爭端堅定的支持，鼓勵區域國家間持續對話與和平交往，以達成這個目標。在關於主權利害關係上，我們仍承諾促進全區在國際維和威脅與人道危機合作的方法。對西半球穩定的主要威脅本質是跨國的，諸如毒品非法交易、洗錢、非法移民、武器的非法交易與恐怖主義。此外，我們西半球正帶領認知由貪腐與無效能的司法體系，造成對國家與區域穩定危機的方法，所有這些不彰的政策造成國內社會的不利影響，以及破壞主權、民主與區內國家的安全。」。[65]

再者，美國認爲本區毒品氾濫是一大問題，所以，在其戰略中特別說明：「特別不利的是毒品非法交易的威脅，與『美洲國家組織』及其他組織合作，我們尋求消除西半球非法毒品交易的災禍，西半球國家正奮力進行較佳組織與協調的努力，引渡及起訴遭控訴實施非法毒品交易的個人與相關的犯罪，如洗錢、用於犯罪活動所沒收的資產、制止非法貿易的物質與重要化學製品、打擊網路經濟、提升國家毒品濫用的察覺與治療計畫，透過替代發展與消滅計畫大力削減非法作物。在加勒比海，我們正致力與

[64] The White House, *A National Security Strategy for A New Century* (Washington D.C.: The White House, 1999), p.40.

[65] The White House, *A National Security Strategy for A Global Age* (Washington D.C.: The White House, 2000), pp.92-93.

墨西哥及加拿大加強反毒與執法的雙邊合作。」。[66]

對本區安全的議題，小布希政府2002年「國家安全戰略」說明：「在西半球，我們和那些追求相同優先目標的國家建立了一個彈性聯盟，尤其是墨西哥、巴西、加拿大、智利及哥倫比亞等國。美國將和這些國家共同創造一個民主的西半球，透過國家間的融合促進安全、繁榮、機會和希望。我們將與『美洲高峰會』、『美洲國家組織』及『美洲國防部長會議』（Defense Ministerial of the Americas）等區域組織共同合作，俾利整個西半球之發展。」。[67]

另外，該戰略亦闡明：「拉丁美洲部分地區正陷於區域衝突之中，特別是販毒集團及其同路人的暴力行爲所造成的人禍。此種衝突和猖狂的毒品走私行爲，將損傷美國的國民健康與國家安全。因此我們已經擬訂一套積極的策略，設法協助安地斯山區國家改變其經濟、貫徹法律並擊潰恐怖組織，切斷毒品供應，同時——同樣重要的——致力降低美國國內對毒品的需求。在哥倫比亞，我們已經釐清恐怖組織、危害國家安全的極端團體和提供這些團體資金的毒品走私活動等三者間的關係。我們努力協助哥國政府，強化對整個國土境內主權的行使與提供哥國人民基本安全，達成捍衛民主制度與擊敗左派與右派非法武裝團體的目標。」。[68]

小布希政府2006年「國家安全戰略」則說明：「西半球正是防衛美國國家安全的第一道防線。今日我們的目標仍是追求西半球的全面民主、友好團結、安全合作和爲各國百姓創造繁榮的機會。專制暴君與爲虎作倀之徒屬於不同的年代，我們絕不允許其破壞過去二十年的進步成果。西半球國家必須獲得協助，使其邁向永續政治與經濟發展之途。我們絕不容許反自由市場民粹主義者的虛假伎倆，侵害政治自由並使西半球最貧窮者，無法脫離匱乏的魔掌。如果連美國的近鄰都得不到安全與穩定，則美國人民

---

66 *Ibid.*,p.93.

67 The White House, *The National Security Strategy of the United States of America* (Washington D.C.: The White House, 2002), p.10.

68 *Ibid.*, p.10.

將更難擁有安全。」。[69]

此外，該戰略亦聲明：「我們在西半球的安全戰略始於深化與加拿大及墨西哥的關係，這個由共同價值與合作政策所奠定的基礎，可以擴展到整個地區。我們須持續與西半球鄰邦合作，設法減少非法移民，並擴大被邊緣化人口的經濟機會。對中南美洲及加勒比海地區致力推動民主價值的領袖們，我們也須鞏固與渠等之戰略關係。同時，我們也要與區域夥伴共同合作，使『美洲國家組織』與『泛美開發銀行』（Inter-American Development Bank, IDB）等多邊組織更具效能，更有能力採取協同行動，解決本區穩定、安全、繁榮或民主進展所遭遇的威脅。透過這些夥伴關係的集體力量，將可推動我們在本區的四大戰略優先工作：包含鞏固安全、強化民主機制、促進繁榮與投資人民。」。[70]

二、美國對本區經濟發展的看法

對西半球國家經濟的發展，美國1995、1996年「接觸與擴大的國家安全戰略」認為：「本區史無前例的民主及市場經濟的勝利，提供一個無比的機會以保證和平與穩定的利益，並且促進經濟成長及貿易。1995年12月由柯林頓總統所主持的『美洲高峰會』上，西半球34個民主國家首次承諾本區自由貿易的目標。它們也同意一個在不同領域，如健康、教育、環境保護與強化民主制度較細部的合作計畫。為了保證在此計畫的提議被執行，上述國家迫切要求明年一系列接續的多邊會議及要求主動參與『美洲國家組織』及『泛美開發銀行』（Inter-American Development Bank, IDB）。此一高峰會引導西半球合作的新時代，而沒有美國的領導及承諾是不可能的。」[71]再者，該戰略亦強調：「『北美自由貿易協定』於1994年12月批准，已強化經濟關係與具體增加美國對墨西哥及加拿大的外銷，

[69] The White House, *The National Security Strategy of the United States of America* (Washington D.C.: The White House, 2006), p.37.
[70] *Ibid*., p.37.
[71] The White House, *A National Security Strategy of Engagement and Enlargement* (Washington D.C.: The White House, 1995), p.29, and The White House, *A National Security Strategy of Engagement and Enlargement* (Washington D.C.: The White House, 1996), p.62.

爲美國工人及商業創造新的工作及機會。美國、墨西哥與加拿大已開始討論讓智利加入『北美自由貿易協定』。」。[72]

柯林頓政府1998年「新世紀的國家安全戰略」述明：「美洲的經濟成長與整合將會深深影響美國21世紀的繁榮，拉丁美洲國家已變成世界經濟快速成長的區域與我們最快成長的外銷市場，1998年我們外銷拉丁美洲與加勒比海預期將會超過我們外銷歐盟的貨物。建立於1994年邁阿密會議清楚闡明的願景與過去四年貿易部長所立下的基礎，『聖地牙哥高峰會』（Santiago Summit）發起正式的談判，在2005年以前開始『美洲自由貿易區』（Free Trade Area of the Americas），此談判將會涵蓋廣泛的重要議題，包括市場開拓、投資、服務、政府採購、爭端解決、農業、智慧財產權、競爭政策、補助、反傾銷與反補貼稅（countervailing duty），一個電子商務委員會（A Committee on Electronic Commerce）將會探究電子商務對籌謀美洲自由貿易區的影響，以及一個公民社會委員會（A Committee on Civil Society）將會提供對勞工、商業、消費者、環境與其他非政府組織對談判提出建言的一個正式機制，以便所有人民都能受惠於貿易，政府也將會合作促進對『國際勞工組織』所認定之核心勞工標準。」。[73]

此外，美國亦認爲：「經由鞏固北美自由貿易協定所得與獲得國會快速處理（Congressional Fast Track）貿易協議執行的授權，我們尋求促進整合西半球爲一個自由市場（free market democracy）的目標，自從『北美自由貿易協定』成立，我們外銷墨西哥已顯著提升，同時此一協議協助穩定墨西哥在現代史上最慘重的金融危機，考量墨西哥現已成爲我們第二大外銷市場，其對美國市場的開放是必須的，而『北美自由貿易協定』也確保這樣的發展。我們會持續與墨西哥及有興趣的私人團體合作，以持續與我們最大的貿易夥伴與北邊鄰國加拿大進行互利的貿易。我們也承諾實踐總統的諾言，與智利談判一個全面的自由貿易協定，因爲其卓越的經濟表現

---

[72] *Ibid.*, p.30.

[73] The White House, *A National Security Strategy for A New Century* (Washington D.C.: The White House, 1998), pp.79-80.

與在促進區域經濟整合的主動角色。」。[74]

柯林頓政府1999年「新世紀的國家安全戰略」則說明：「我們尋求促進整合西半球爲一個自由市場的目標，藉由建立在『北美自由貿易區』（NAFTA）與獲得國會快速貿易協議所同意的程序，正式的談判已在進行中，以在2005年以前開始實施『美洲自由貿易區』（FTAA）。此談判涵蓋廣泛的重要議題，包括開放市場、投資、服務、政府採購、爭端解決、農業、智慧財產權、競爭政策、補助、反傾銷與關稅抵銷。我們尋求確保協議也保護工人權益、環境保護與持續發展，我們也信守傳達總統的諾言以追求與智利一個全面的貿易協議，因其經濟表現與在促進地區經濟整合積極的角色。爲了表達在21世紀全球經濟轉型對較小經濟體的關懷，以及鑒於『北美自由貿易協定』對加勒比海持續的貿易競爭，我們尋求國會同意『加勒比海灣倡議』（Caribbean Basin Initiative）促進貿易利益，以協助本區參與『美洲自由貿易區』的準備。」。[75]

此外，美國也強調：「美國會持續其在『國際貨幣基金會』、『世界銀行』、『美洲發展銀行』、『拉丁美洲政府組織』與私有部門有效能的夥伴關係，以協助區內國家朝整合與成熟的市場經濟體轉型。此一夥伴關係的重要目標，是協助過去數年受金融危機傷害的銀行體系改革與復甦，我們會持續支持巴西與阿根廷在金融與經濟改革的努力，以降低其外在證券市場的脆弱，並且協助厄瓜多解決經濟復甦過程所遭遇之困難及債務負擔之問題。美國也認爲，對地區經濟繁榮應植基於環保，從我們共分海域與淡水資源到鳥類的遷徙與跨國界的污染，鄰國的環境政策對我們國內生活品質可能有直接的衝擊，美國政府對本區的援助認知持續使用天然資源與長期繁榮兩者重要的連結，是西半球發展繁榮貿易夥伴的一個關鍵。」。[76]

柯林頓2000年「全球時代的國家安全戰略」，對本區的經濟除了持續

---

[74] *Ibid.*, p.80.

[75] The White House, *A National Security Strategy for A New Century* (Washington D.C.: The White House, 1999), p.40.

[76] *Ibid.*, p.40.

強調1999年『國家安全戰略』的看法外，另外也闡述：「協助西半球國家轉化經濟成長變成社會的進步，對促進持續成長與維持民主是重要的。儘管近期的進步，拉丁美洲與加勒比海國家是任何一個區域中貧富差距最大者，區內最貧窮的20%人口，才獲得總收入的4.5%。我們會持續支持在人類發展的投資，特別是較強、更有效能基礎教育的準備與衛生服務。在美國與墨西哥間之教育計畫方面，強調識字、雙語教育與課堂老師之交流、文化機構與藝術家已有顯著的成長。在衛生領域方面，正建立『邊界衛生委員會』（Border Health Commission），透過研究邊界區域傳染疾病以利對抗疾病。」。[77]

「我們認為在西半球追求經濟繁榮過程中，環境汙染的承受度是重要的。從我們共享的海洋與淡水資源，到候鳥的種類及跨邊界的空氣污染，鄰國的環境政策，可能對國內生活品質有直接的衝擊。在與墨西哥合作上，我們已採具體行動以監督空氣品質、對環境衛生議題加強研究、密切注意跨過邊界移動的有毒廢棄物或非法移民、協調有利於天然動植物保護活動，以及利用減輕債務進一步保護熱帶森林。美國政府援助本區，持續使用天然資源與長期繁榮的重要關係，對西半球發展繁榮貿易夥伴是一個關鍵。」。[78]

對促進本區經濟繁榮的議題，小布希政府2002年「國家安全戰略」則是做了以下說明：「美國和西半球其他民主國家已經達成建立『美洲自由貿易區』的協議，這項目標預定在2005年完成。今年美國將繼續推動和其他貿易夥伴市場進入談判，協商農業、工業產品、服務、投資及政府採購等方面的貿易項目。」[79]此外，2006年「國家安全戰略」則強調：「與國會合作通過『多明尼加－中美洲自由貿易協定』，這是薩爾瓦多、瓜地馬拉、尼加拉瓜、哥斯達尼加、多明尼加等共和國長期以來追求的目

[77] The White House, *A National Security Strategy for A Global Age* (Washington D.C.: The White House, 2000), p.95.
[78] *Ibid.*, p.95.
[79] The White House, *The National Security Strategy of the United States of America* (Washington D.C.: The White House, 2002), p.18.

標。」[80]另外，該戰略亦說明：「藉由『北美自由貿易協定』、『中美洲自由貿易協定—多明尼加共和國』、『美智自由貿易協定』，我們將繼續推動南、北美洲自由貿易區的願景。未來我們將繼續完成並實施與哥倫比亞、秘魯、厄瓜多及巴拿馬等國的自由貿易協定。」。[81]

三、美國對本區新興民主國家的展望

柯林頓1995、1996年「國家安全戰略」闡明：「美國承諾擴大民主到全區仍受到阻礙，我們的全面目標是保持及防衛民選政府，以及強化民主的實施尊崇人權。美國與國際社會合作，成功推翻海地的政變及恢復民主選舉總統及政府。現在的挑戰是協助海地人民，鞏固他們辛勤得來的民主及重建他們的國家。在海地恢復民主之後，古巴是西半球唯一仍為獨裁者所統治國家。『古巴民主法案』（Cuban Democracy Act）仍是我們對古巴政策的架構，我們的目標是成功建立古巴人民的民主治理。以及透過西半球不同組織，美國正與鄰國合作，包括『美洲國家組織』以鼓舞區域合作，我們尋求雙邊及區域消除造成民主及安全嚴重威脅之毒品非法交易的災禍。我們也尋求強化對國防建立的規範，其次是支持民主、尊崇人權及文人領軍。最後，保護區域珍貴的環境資源是一個重要的優先。」。[82]

對本區民主發展的議題，柯林頓政府1997、1998、1999年「新世紀的國家安全戰略」有明確的陳述：「我們能夠在西半球維持這歷史性進展，部分歸功於瞭解脆弱的民主體制、失業和犯罪率升高與貧富差距嚴重所引起的挑戰。在許多拉丁美洲國家中，若無嚴正執法和教育改革並將該等國家人民納入正常經濟體系下，人民不會完全瞭解政治自由化與經濟成長的利益。關於古巴，美國仍承諾促進民主的和平轉型及防止大規模人口外移，其將危及試圖外移者的生命及我們國家安全，在對古巴當局持續施壓

[80] The White House, *The National Security Strategy of the United States of America* (Washington D.C.: The White House, 2006), p.25.
[81] *Ibid.*, p.28.
[82] The White House, *A National Security Strategy of Engagement and Enlargement* (Washington D.C.: The White House, 1995), p.30, and The White House, *A National Security Strategy of Engagement and Enlargement* (Washington D.C.: The White House, 1996), pp.62-63.

促使政經改革，我們也試著鼓勵建立公民社會，當改變成熟時得以促進民主轉型。在古巴人民對此正面改變持續保持樂觀時也可幫助勸阻非法移民。當古巴人民感受到更能掌控自己的未來時，他們則較願意留在國內，建立非正式或正式的組織使轉型更趨容易。同時，我們仍將堅定信守雙方移民協定，以追求確保移民能經由合法及安全的方式。」。[83]

「海地恢復民主是我們西半球朝正面發展一個醒目的例子，藉由海地政府足以處理其安全事務，我們持續支持海地尊重人權及經濟成長，以在2000年舉辦一自由、公正且富代表性的總統選舉奠定基礎。我們承諾與區域及國際社會夥伴國家共同合作，以支持海地經濟及政治的發展，『加勒比海灣機制』的確立，將使加勒比海地區投資成長，這對海地亦相形有利。最後，我們也追求強化國防建立的規範，其有助於民主、透明、尊重人權與文人主掌國防事務，透過與區域內國家部隊持續交往，在適當的軍事行動及在當地駐軍協助下，我們協助其軍事組織的轉型。另透過如『美洲國防部長會議』及擴大增進文人嫻熟國防事務，我們正增強軍文關係的正面發展。」。[84]

柯林頓政府2000年「全球時代的國家安全戰略」，除了持續說明「新世紀國家安全戰略」所強調促進本區民主與人權外，更進一步闡述：「教育是改革的中心，目標在於讓全美洲人民遂行民主。1998年於聖地牙哥（Santiago）所採行之『行動計畫高峰會』（Action Plan Summit），尋求確保在2010年以前，學齡兒童小學教育達到100%與至少75%年輕人受中學教育的目標。」。[85]

小布希政府2006年「國家安全戰略」認爲：「在西半球的安全戰略始於深化與加拿大及墨西哥的關係，這個由共同價值與合作政策所奠定的基

[83] The White House, *A National Security Strategy for A New Century* (Washington D.C.: The White House, 1997), pp.46-47, The White House, *A National Security Strategy for A New Century* (Washington D.C.: The White House, 1998), p.81, and The White House, *A National Security Strategy for A New Century* (Washington D.C.: The White House, 1999), p.41.

[84] *Ibid.*, p.47, p.82, and p.41.

[85] The White House, *A National Security Strategy for A Global Age* (Washington D.C.: The White House, 2000), p.96.

礎，可以擴展到整個地區。我們須持續與西半球鄰邦合作，設法減少非法移民並擴大被邊緣化人口的經濟機會。對中南美洲及加勒比海地區致力推動民主價值的領袖們，我們也須鞏固與渠等之戰略關係。同時，我們也要與區域夥伴共同合作，使『美洲國家組織』（Organization of American States, OAS）與『泛美開發銀行』（Inter-American Development Bank, IDB）等多邊組織更具效能，更有能力採取協同行動，解決本區穩定、安全、繁榮或民主進展所遭遇的威脅。透過這些夥伴關係的集體力量，將可推動我們在本區的四大戰略優先工作：包含鞏固安全、強化民主機制、促進繁榮與投資人民。」。[86]

第五節　美國整合中東、西南亞及南亞的方法

一、美國對中東、西南亞及南亞安全的關注

傳統上，美國對本區安全的關注及投入的資源，遠勝於其他地區，本區除了是全世界產油重鎮外，同時也是衝突不斷的區域之一。1990年代初期美國因伊拉克入侵科威特，在以美國為首的聯軍干預下，迫使伊拉克部隊撤離科威特。2003年美國因懷疑伊拉克藏有大規模毀滅性武器，悍然出兵伊拉克，活逮海珊，並改變伊拉克的政治體制，然而美國此舉也將自己身陷於泥淖之中。從美國「國家安全戰略」的觀點，回顧過去十餘年來本區安全情勢的變化，可以瞭解美國在本區安全、經濟與民主戰略一個清楚的輪廓。

柯林頓政府1995、1996年「接觸與擴大的國家安全戰略」做了如下的陳述：「美國在中東有持久的利益，特別是追求中東和平一個全面的突破，保證以色列及我們阿拉伯友好國家的安全，以維持合理價格石油的自

[86] The White House, *The National Security Strategy of the United States of America* (Washington D.C.: The White House, 2006), p.37.

由流通。在我們致力擴大和平與穩定範圍的同時，我們在本區的戰略是由其獨特的特徵與我們至關重要的利益所駕馭。我們在過去兩年來已經有穩固的進展。總統的努力協助促成許多歷史的第一，在約旦—以色列和平條約後，以色列總理拉賓與巴勒斯坦解放組織主席阿拉法特在白宮草坪的和平握手隨之而至，廢除阿拉伯對以色列制裁的進展，以及建立以色列與阿拉伯鄰國愈來愈多國家關係。然而，我們的努力不會在此停頓，在其他雙邊的軌道及透過區域對話，我們正致力促使持久的和平及一個全面的解決，而我們對經濟發展的支持，則可以爲全區人民帶來希望。」。[87]

至於在西南亞方面，美國認爲：「只要這些國家（特別是伊拉克及伊朗）對美國、區內其他國家與對它們的人民利益造成威脅，美國仍聚焦於嚇阻對區域穩定的威脅。我們已針對這兩個國家投入一個『雙鉗包圍戰略』（dual containment strategy），以及將會維持我們長期的部署，其主要以海軍艦艇在波灣與鄰近地區及預置裝備。自沙漠風暴（Operation Desert Storm）之後，短暫部署以陸基飛航兵力、地面部隊與兩棲單位，已經補強我們在波斯灣的態勢，警戒戰士行動（Operation Vigilant Warrior）展現我們的能力及在危機時快速強化的能力。」。[88]

同時，對伊拉克方面，美國也有清楚聲明，美國強調：「伊拉克須遵守所有安理會有關的決議，同時透過『緩和及南方觀察行動』（Operation Provide Comfort and Southern Watch），我們維持承諾支持受壓迫的伊拉克少數族群。我們的政策並不是指向反對伊拉克人民，而是反對具有侵略行爲的政府。1994年10月警戒戰士的部署，再一次展現我們對盟邦威脅快速反應能力的需求。此外，在對伊朗的態度上，美國聲明對伊朗的政策，旨在改變伊朗政府在一些主要領域的行爲，包括伊朗努力獲得大規模毀滅性武器及飛彈，對恐怖主義與反對和平進程團體的支持，意圖破壞本區友好政府，以及其令人失望的人權紀錄。我們仍樂意與伊朗進入一個官

---

[87] The White House, *A National Security Strategy of Engagement and Enlargement* (Washington D.C.: The White House, 1995), p.30, and The White House, *A National Security Strategy of Engagement and Enlargement* (Washington D.C.: The White House, 1996), pp.63-64.

[88] *Ibid.*, p.30 and p.64.

方的對話，以討論我們雙邊的歧見。再者，美國也重申在波斯灣的政策，主要目標是降低另一個侵略者將會興起的機會，其將可能威脅現行國家的自主。因此，我們將會持續鼓舞『波灣合作會議』（Gulf Cooperation Council, GCC）成員國，在集體安全及安全協議上緊密合作，協助『波灣合作會議』個別國家滿足它們適當的防衛需求，並且維持我們雙邊的防衛協議。」。[89]

最後，在該戰略中美國認為：「在中東與南亞，人口擴張對天然資源的壓力是很大的。沙漠化在中東的持續擴大，對可耕地、在東地中海海岸地區的人口、紅海與亞喀巴海彎（Gulf of Aqaba）漁獲量已經下降及阻礙發展等緊張關係。水資源的短缺、過度使用地下蓄水層、污染水源造成河邊居民的爭端，而威脅區域的關係。在南亞，人口的高密度與蔓延的污染已對森林、生物多樣化與地區環境造成巨大的損失。」。[90]

柯林頓政府1997、1998、1999年「新世紀的國家安全戰略」除了持續說明1995、1996年「國家安全戰略」所強調者外，另外特別強調能源的議題，本戰略認為：「美國使用的石油大約一半來自進口，其中大部分來自波灣地區，從先前石油危機及波灣戰爭（Gulf War）顯示石油供應的中斷，對全世界經濟的衝擊，對如伊拉克入侵科威特事件適當的回應，可以降低危機的惡化。但長期而言，當我們資源耗盡，美國對海外石油使用的依賴仍然重要，美國須確保此重要物資來源無虞。波灣是全球主要資源供給地，對此，美國將持續展現我們的承諾與決心。」。[91]

此外，美國對中東和平進程則有以下的期許：「首先，持續以色列－巴勒斯坦在『中程協議』（Interim Agreement）中剩下議題的接觸，以及談判永久地位的議題。第二，重啓以色列－敘利亞與以色列－黎巴嫩達成和平條約目標的談判。第三，促進阿拉伯國家與以色列間的正常

[89] *Ibid*., pp.30-31 and p.64.
[90] *Ibid*.,p.31 and p.65.
[91] The White House, *A National Security Strategy for A New Century* (Washington D.C.: The White House, 1997), p.49. The White House, *A National Security Strategy for A New Century* (Washington D.C.: The White House, 1998), p.81, and The White House, *A National Security Strategy for A New Century* (Washington D.C.: The White House, 1999), p.41.

關係。」[92] 1999年之「國家安全戰略」對伊拉克問題則強調：「美國對伊拉克的政策由三個重要因素組成：圍堵與經濟制裁，以防止海珊再次威脅波灣主要地區的安定，經由聯合國以油換食物計畫（UN oil-for-food program），解救伊拉克人民所受的人道災難，以及支持伊拉克人民追求可與鄰國人民和平共處的政府，並且更換海珊政權。」在伊朗的問題上，該戰略也清楚說明：「美國關切伊朗致力獲得包括大規模毀滅性武器與長程飛彈，對恐怖主義與群體的資助強烈妨礙中東和平進程，其意圖損害區域內友好政府，以及發展攻擊性武器能力威脅『波灣合作會議』夥伴與石油的流通等。」至於大規模毀滅性武器，該戰略亦重申美國的立場：「與其他聯合國安理會永久會員國、八大工業國與國際社會許多國家一致，美國已敦請兩個國家簽定與批准『全面禁止核試爆條約』，採取步驟以防止核子武器與長程飛彈的武器競賽。」。[93]

柯林頓政府2000年之「全球時代的國家安全戰略」除了持續強調「新世紀的國家安全戰略」所揭示的目標外，另外，特別強調美國在南亞地區日益重要的國家利益：「2000年3月小布希總統南亞之行，反映此區域對美國政治、經濟與商業利益增加的重要性。如總統所強調，我們對南亞的戰略是計畫協助該區人民，藉由協助解決長期的衝突、鼓勵經濟發展與協助社會發展。區域穩定與增進雙邊關係，對美國而言，在此占世界五分之一人口及全世界重要新興市場之一的地區，經濟利益也是重要的。此外，我們尋求與區域國家緊密合作，根絕從南亞流入我國之非法毒品，尤其大部分是由阿富汗流出。」。[94]

小布希政府2002、2006年「國家安全戰略」，因受到「911」恐怖攻擊事件的影響，在該戰略中所關心者，就是如何剷除本區國家對恐怖分子

[92] The White House, *A National Security Strategy for A New Century* (Washington D.C.: The White House, 1998), pp.83-84, and The White House, *A National Security Strategy for A New Century* (Washington D.C.: The White House, 1999), p.42.

[93] The White House, *A National Security Strategy for A New Century* (Washington D.C.: The White House, 1999), pp.43-44.

[94] The White House, *A National Security Strategy for A Global Age* (Washington D.C.: The White House, 2000), pp.100-101.

的支持。例如，2002年「國家安全戰略」說明：「在美國反恐的優先任務中，首要之務是阻擾並摧毀全球各地的恐怖分子組織，並打擊其領導階層；指揮、管制及通信設施；物資支援；以及資金來源，此舉將使恐怖分子完全失去計畫及作戰之能力。」[95]例如，在2006年「國家安全戰略」，除強調阿富汗及伊拉克兩個國家是反恐的前線，並同時說明：「唯有透過民主制度提升自由與人性尊嚴，是解決今日跨國恐怖活動的長期解決之道。爲創造此長遠解決方案得以落實的時空條件，我們須在近期內採取四項重要步驟：即事先防範恐怖網絡發動攻擊，阻止冷血無情的流氓國家及其恐怖組織盟友獲得大規模毀滅性武器，阻止恐怖團體獲得流氓國家的支持與庇護，以及阻止恐怖分子控制任何國家做爲基地或發動恐怖攻擊的跳板。」[96]當然，除了反恐議題外，有關本區大規模毀滅性武器的競賽與擴散，仍然是小布希政府「國家安全戰略」所關注的重點。

二、美國對於本區經濟發展的看法

在本區經濟議題上，美國1995、1996年「接觸與擴大的國家安全戰略」認爲：「南亞已歷經重要的民主及經濟改革擴展，而我們的策略是透過解決長期衝突及執行『信心建立措施』（Confidence Building Measure, CBM），協助區內人民享有民主的果實及更大的安定。美國已與印度及巴基斯坦接觸尋求在限制、降低與最後廢除它們的大規模毀滅性武器及彈道飛彈能力的協議。區域穩定及改善雙邊的關係對美國在本區的經濟利益也是重要的，本區有全世界四分之一的人口，也是興起市場中最重要的一個。」。[97]

柯林頓政府1997、1998、1999年「新世紀的國家安全戰略」對本區

---

[95] The White House, *The National Security Strategy of the United States of America* (Washington D.C.: The White House, 2002), p.5.

[96] The White House, *The National Security Strategy of the United States of America* (Washington D.C.: The White House, 2006), pp.11-12.

[97] The White House, *A National Security Strategy of Engagement and Enlargement* (Washington D.C.: The White House, 1995), p.30, and The White House, *A National Security Strategy of Engagement and Enlargement* (Washington D.C.: The White House, 1996),pp.64-65.

經濟議題除了持續強調本區能源穩定供給，對世界經濟的影響外，同時也說明：「美國在本區的經濟目標有兩個原則：促進區域經濟合作與發展，以及確保從本區無限制的石油流通。經由多邊管道的和平進程，包括重啓『中東及北非經濟高峰會』（Middle East and North Africa Economic Summits, MENA Economic Summits），以尋求促進區域貿易與基礎設施合作。此外，美國倚靠該區之石油，約佔主要能源所需之40%，大約一半的石油仰賴進口，雖然我們進口量低於波灣出口總量的10%，我們盟邦歐洲與日本需求佔波灣出口的85%。先前的石油危機與波灣戰爭凸顯本區的戰略重要性，以及顯示石油供應中斷對世界經濟的影響。適度回應諸如伊拉克入侵阿富汗可限制危機的幅度，長期而言，當我們儲量耗盡時，美國賴以使用這些及其他外國石油仍是重要的，美國須維持警惕，並確保能無限制使用此一重要的資源，因此，我們將會持續展示美國在波灣的承諾與決心。」。[98]

柯林頓政府2000年「全球時代的國家安全戰略」則闡明：「美國在本區有兩個主要經濟目標：促進區域經濟合作與發展，確保本區石油的無限流通，透過和平進程與我們合格工業區（Qualifying Industrial Zone）計畫，此計畫對加入與以色列商業協議的特定國家，提供經濟利益，並尋求促進區域貿易與基礎設施的合作。在南亞，我們會持續與區域國家合作，以履行市場改革、強化教育體系，中止使用童工與剝削勞力的工廠。此外，美國也說明，雖然美國從波灣購入的石油低於該地出口的15%，本區由於對國際石油市場的本質，仍是美國國家利益至關重要的戰略地位。以前的石油危機與波灣戰爭，顯示任何對波灣供應的封鎖或能源成本激烈波動，會立即影響國際市場，最後傷及美國和我們在歐洲及亞洲經濟夥伴的經濟。對事件適當的回應，諸如伊拉克入侵科威特，可限定波灣大型危機與其對世界石油市場的衝擊。長期而言，當我們石油存量耗盡時，美國依賴使用這些與其他外國石油仍是重要的，這是爲什麼須持續展現對波灣承

[98] The White House, *A National Security Strategy for A New Century* (Washington D.C.: The White House, 1998), p.87, and The White House, *A National Security Strategy for A New Century* (Washington D.C.: The White House, 1999), p.44.

諾的決心之重要理由。我們會持續與產油國家的常態對話，以確保一個安全的石油供應與穩定的價格。」。[99]

小布希政府對本區經濟議題，雖然沒有如柯林頓政府對本區經濟做有系統的闡述，但在2002年「國家安全戰略」中對相關議題亦有陳述：「美國將結合各國力量與改革的巴勒斯坦政府合作，推動經濟發展與提供更多的人道救援。」[100] 此外，2006年「國家安全戰略」則說明：「配合伊拉克政府致力於：恢復伊拉克荒廢的基礎建設，以滿足伊拉克人民日增之需求與發展經濟的必要條件。改革伊拉克經濟，使其在市場原則下，達到自給自足的目標。建立伊拉克政府機構的能量，維護基礎設施，重新加入國際經濟社會，以及促進伊拉克人民的普遍福祉與繁榮。」。[101]

三、美國對本區民主與人權的展望

在民主與人權的議題上，美國1995、1996年「接觸與擴大的國家安全戰略」認為：「伊拉克與伊朗的人權紀錄是令人失望的，美國表示樂意與伊朗進入一個官方的對話，以討論雙邊的歧見。[102] 同時，該戰略也肯定南亞地區民主改革的擴展，有助於該區的穩定。」。[103]

柯林頓政府1997、1998、1999年「新世紀的國家安全戰略」，對本區民主與人權的議題，除了強調過去所致力的工作外，另外也強調：「我們會鼓勵民主價值的擴散遍及中東、西南亞與南亞，以及藉由與區域國家進行建設性對話，追求此目標，我們會促進負責任的政府往前進，提升政治參與治理的品質，以及持續積極督促區內的許多政府，以改進它們不佳的

99 The White House, *A National Security Strategy for A Global Age* (Washington D.C.: The White House, 2000), p.102.
100 The White House, *The National Security Strategy of the United States of America* (Washington D.C.: The White House, 2002), p.9.
101 The White House, *The National Security Strategy of the United States of America* (Washington D.C.: The White House, 2006), p.13.
102 The White House, *A National Security Strategy of Engagement and Enlargement* (Washington D.C.: The White House, 1995), pp.30-31, and The White House, *A National Security Strategy of Engagement and Enlargement* (Washington D.C.: The White House, 1996),p.64.
103 *Ibid*., pp. 30-31and p.64.

人權紀錄。[104]再者，美國也在此戰略中重申無法容忍恐怖分子，對無辜平民的暴力攻擊，並且呼籲各國不可對恐怖分子提供保護。」。[105]

柯林頓政府2000年「全球時代的國家安全戰略」則述明：「美國鼓勵民主價值在中東、北非、西南亞與南亞的擴散，藉由與這些國家建設性對話，協助追求此一目標。例如，在伊朗，我們希望這個國家的領袖們實施人民對政府的委任（mandate），在其內外部事務上尊崇與保護法治。在巴基斯坦，我們已對新的軍事統治者施壓，要求其提供重新回到民選政府一個細部的路徑與時間表。在印度，總統在訪問該國期間，支持對亞洲民主治理中心（Asian Center for Democratic Governance），可尋求促進亞洲民主的形式與本質。我們將促進國家責任，朝向政治參與運動與提升治理的品質，並且將持續促進本區的政府，改善它們的人權紀錄。美國與本區政府與人權組織合作，促進對在中東與南亞現存各式各樣宗教團體的寬容。特別是，我們已尋求鼓勵與終止暴力對待少數族群，廢除用於差別對待少數族群的褻瀆法律（blasphemy laws）。其次，在對人權尊崇的同時，也需要拒絕恐怖主義。假如區內國家要保護它們的人民免於恐怖威脅，就不能容忍任意暴力行動對待人民，也不可提供避難所給犯這些罪行的人。我們會繼續堅持聯合國安理會，對反制窩藏塔利班恐怖分子如賓拉登的制裁，尋求其他的方式，以壓迫塔利班終止其對這種團體的支援。」。[106]

小布希政府對本區經濟議題，雖然沒有如柯林頓政府對本區民主與人權做有系統的闡述，但在2002年「國家安全戰略」中對相關議題亦有陳述：「當美國在阿富汗追捕恐怖分子之際，我們將持續與聯合國等國際組

---

[104] The White House, *A National Security Strategy for A New Century* (Washington D.C.: The White House, 1997), p.49, The White House, *A National Security Strategy for A New Century* (Washington D.C.: The White House, 1998), p.87, and The White House, *A National Security Strategy for A New Century* (Washington D.C.: The White House, 1999), p.44.

[105] The White House, *A National Security Strategy for A New Century* (Washington D.C.: The White House, 1998), pp.87-88, and The White House, *A National Security Strategy for A New Century* (Washington D.C.: The White House, 1999), p.44.

[106] The White House, *A National Security Strategy for A Global Age* (Washington D.C.: The White House, 2000), p.103.

織以及非政府組織，還有其他國家，提供重建阿富汗的必要人道、政治、經濟及安全救援，以防止其再度蹂躪人民、威脅鄰邦，甚至再度成爲恐怖分子的巢穴。此外，在打擊全球恐怖主義的戰爭中，美國絕不會忘記奮戰的最終目的，是爲了確保民主價值與生活方式。自由與恐懼如同水火不能並存，這場衝突絕不可能在短時間內輕易結束。在領導這場反恐大業的過程中，美國已經開始建立一個新的建設性國際關係，並重新界定現有的國際關係作法，以因應21世紀的諸般挑戰。」。[107]

2006年「國家安全戰略」則指出：「打贏阿富汗及伊拉克兩場戰爭是爭取反恐戰爭勝利的先決條件。在阿富汗方面，我們須鞏固所獲得之既有戰果。幾年前，阿富汗曾被斥爲是現代化前的夢魘。現在這個國家已舉行過兩次成功的自由選舉，並且成爲堅定的反恐盟友。然而，我們仍須繼續努力，阿富汗人民值得美國與整個國際社會的協助。至於對伊拉克，美國則認爲要協助伊拉克建立穩定、多元且健全的國家制度，以保護所有伊拉克人民的利益。」。[108]

第六節　美國整合非洲的方法

一、美國對非洲安全的關注

柯林頓政府1995、1996年「接觸與擴大的國家安全戰略」，對本區安全的議題做了如下的陳述：「非洲是我們擴大市場民主社群的最大挑戰與機會。在全非洲，美國的政策是支持民主、長期的經濟發展，透過談判、外交與維和的衝突解決。新的政策會強化公民社會與衝突解決機制，尤其是在種族、宗教與政治緊張是嚴重的。特別是，衝突及災禍爆發前，我們

[107] The White House, *The National Security Strategy of the United States of America* (Washington D.C.: The White House, 2002), p.7.
[108] The White House, *The National Security Strategy of the United States of America* (Washington D.C.: The White House, 2006), pp.12-13.

將會尋求辨識與應對它們的根源。非洲面對經濟、政治、社會、種族與環境的連結問題，可能促使對非洲有些悲觀主義。然而，假如我們可以同時應對這些挑戰，建立共同合作（synergy），以激勵發展、復甦社會與建立希望。我們鼓勵如奈及利亞及薩伊的民主改革，使這些國家的人民享有回應能力的政府。在莫三比克及安哥拉，我們在終止二十年內戰及促進國家的調停上，已扮演一個領導的角色，這是首次所有南部非洲國家有願景可享有和平與繁榮的果實。另外，如盧安達、蒲隆地、賴比瑞亞、蘇丹等非洲其他地區，我們與聯合國及區域組織合作，以鼓舞和平解決內部的爭端。」。[109]

再者，美國亦論及：「1994年南非首次舉行不分種族的選舉及建立國民聯合政府（Government of National Unity）。我們仍承諾應對種族隔離所產生的社會、經濟遺毒，以確保民主可在南非全面生根。在曼德拉總統國事訪問期間，我們宣布雙邊會議的形式，以促進我們兩國的新合作。我們須支持非洲大陸徹底的民主大變革，在較平靜但並非沒有較激烈方式的國家如馬拉威、貝南（Benin，非洲西部的一個共和國）、尼日與馬利，我們須鼓勵建立容忍的文化、公民社會的開花與人權及人性尊嚴的保護。我們與國際社會因人道因素而進行的干預，將會解決許多非洲國家所存在的嚴重情況，『美國國際開發援助署』（United States Aid for International Development）『非洲鉅角』（Greater Horn of Africa）倡議進度超過可能威脅2,500萬人的饑荒，也超過協助重建與可維持發展的救援。在索馬利亞，我們的部隊突破阻礙救援補給引起的混亂，防止數十萬人的死亡，並且隨後將二十幾個國家的任務，交與聯合國維和部隊。在盧安達、蘇丹、安哥拉與賴比瑞亞，對那些因暴力被迫離開家園的人，我們已採取積極的角色，提供人道救濟。」。[110]

柯林頓政府1997、1998、1999年「新世紀的國家安全戰略」對本區安

---

[109] The White House, *A National Security Strategy of Engagement and Enlargement* (Washington D.C.: The White House, 1995), p.31, and The White House, *A National Security Strategy of Engagement and Enlargement* (Washington D.C.: The White House, 1996), p.65.

[110] *Ibid.*, pp.31-32 and p.65.

全的關注曾表示：「持續的衝突是主要阻礙非洲發展中之一項，我們致力解決衝突的努力包括使安哥拉達成持久的和平及終止利比亞內戰，非洲大湖地區仍是嚴重衝突最可能發生之區域，此可能導致薩伊永久混亂及更大的區域戰爭，此區也仍存在另一個種族屠殺的危險。薩伊、蒲隆地及區域內其他地區衝突，美國持續主動介入，嘗試協調出一個和平的解決之道。美國於1996年發起一個創新的『非洲危機反應部隊』（African Crisis Response Force, ACRF）機制，使非洲足以有效進行維和與人道行動的能力，美國持續與贊助國及非洲夥伴國家合作將此概念落實。」。[111]

此外，1998、1999年「新世紀的國家安全戰略」則進一步指出：「1998年4月1日，柯林頓總統宣布美國將會建立『非洲安全研究中心』（African Center for Security Studies, ACSS），此一中心為模仿德國之『喬治．馬歇爾中心』（George C. Marshall Center）所建之另一個區域中心，目的是做為與非洲國家諮詢之用，並對非洲國家所特別關心之資訊實施交流。此目標是讓該中心成為學術重鎮，並實際指導與促進民主國家安全決策所需要的技能，以及接觸非洲國防軍、文領導人，對民主國家國防政策計畫的具體對話。」。[112]

柯林頓政府2000年「全球時代的國家安全戰略」，除了闡述「新世紀的國家安全戰略」安全重要議題外，另外述明：「嚴重的跨國威脅源自非洲，包括國家支持的恐怖主義、毒品非法交易與其他國際犯罪、環境的惡化與傳染性疾病，特別是人類免疫缺損病毒／愛滋病。由於這些威脅是跨國性的，它們最好經由有效、持續且長期與非洲地區接觸。在反制這些威脅中的某項威脅，我們已頗有進展——諸如藉投入在對抗環境惡化與傳染疾病，以及領導國際致力在先前衝突區域所佈地雷的移除，與制止地雷擴

---

[111] The White House, *A National Security Strategy for A New Century* (Washington D.C.: The White House, 1997), p.50, The White House, *A National Security Strategy for A New Century* (Washington D.C.: The White House, 1998), p.89, and The White House, *A National Security Strategy for A New Century* (Washington D.C.: The White House, 1999), p.46.

[112] The White House, *A National Security Strategy for A New Century* (Washington D.C.: The White House, 1998), p.90, and The White House, *A National Security Strategy for A New Century* (Washington D.C.: The White House, 1999), p.46.

散的努力。經由非洲及削減國際犯罪活動以非洲爲基地，持續努力降低非法毒品流通，我們將會改進國際情報的分享與訓練及協助非洲的執法、情報與邊界管制機構，以偵測及預防計畫性恐怖分子對美國在非洲的標的物爲攻擊對象。再者，美國亦強調：「藉由支持南非核武裁軍與加入『核不擴散條約』做爲一個非核國家，支持非洲爲非核武地區，鼓勵非洲國家加入生物武器公約與化學武器公約，我們尋求保持非洲免於大規模毀滅性武器的影響。」。[113]

由於受到「911」恐怖攻擊事件的影響，小布希政府2002、2006年「國家安全戰略」對本區安全的關注，主要防止區內國家由於治理不善淪爲恐怖主義的溫床，甚或變成恐怖分子的庇護所。美國對本區除了對恐怖活動的關切外，2006年「國家安全戰略」亦特別提及：「有關區內國家長久未決的衝突如：首先是蘇丹達佛（Darfur），由蘇丹政府幕後支持的殘暴民兵對抗各派系叛軍所引發的內戰，導致這個貧窮地區的人們成了種族大屠殺的受害者。其次是烏干達，一個名爲『聖主反抗軍』（Lord's Resistance Army）的野蠻叛亂團體，企圖利用區域衝突坐收漁翁之利，並欺壓當地無助的百姓。第三是伊索匹亞及厄利垂亞日益激烈的邊界衝突，極可能引爆另一場全面戰爭。」[114]雖然非洲對美國的安全不會產生立即的影響，但因本區國家治理不善，問題層出不窮，極易成爲恐怖主義的藏匿場所，對美國安全所造成的間接影響，仍不可小覷。

二、美國對於本區經濟發展的看法

由於非洲經濟的發展相對其他地區而言，是嚴重落後的。所以，如何協助本區各國解決因疾病、貪污腐敗所引起的各種困境，是美國首先要考量的。因此，柯林頓政府1995、1996年「接觸與擴大的國家安全戰略」對本區經濟的議題做了如下的聲明：「我們與區域組織、非政府組織及所有

[113] The White House, *A National Security Strategy for A Global Age* (Washington D.C.: The White House, 2000), p.104.

[114] The White House, *The National Security Strategy of the United States of America* (Washington D.C.: The White House, 2006), p.15.

非洲政府合作，以應對人口成長、疾病的擴散（包括愛滋病）、環境的惡化、提升婦女的角色與發展、消滅對恐怖主義的支持、軍事膨脹的復原減緩債務負擔，並擴大與非洲國家貿易與投資關係等緊急議題。美國與其他贊助國正緊密合作，以履行廣泛的管理及『非洲開發銀行』（African Development Bank, AfDB）的政策改革，該銀行在促進發展及降低貧窮上，扮演一個重要的角色。」。[115]

柯林頓政府1997、1998、1999年之「新世紀的國家安全戰略」對本區經濟議題的關注，曾做以下的表示：「從最廣的面向言，我們尋求一個穩定與經濟發展的非洲，除非非洲整合進入全球經濟，否則此目標難以達成。因此，我們的目標是協助非洲國家實踐經濟改革，創造貿易及投資有利環境，以利長久發展。再者，我們鼓勵美國公司對非洲的貿易與投資，爲達此目的，我們提議『非洲經濟成長與機會夥伴關係』（Partnership for Economic Growth and Opportunity in Africa），以支持目前在非洲進行的經濟轉型，行政部門會與國會密切合作以執行此一機制主要部分，特別是協助追求成長與發展爲導向的非洲國家。」。[116]

此外，美國亦認爲：「藉由檢驗新方式以改進非洲國家經濟政策與持續重要的雙邊與多邊發展協助，我們尋求激勵經濟成長及促進貿易與投資。進一步整合非洲加入全球經濟有明顯的政經利益，美國也可直接獲利，因其可持續擴大外銷到此重要的新市場。超過6億人口的次撒哈拉非洲（sub-Saharan Africa, SSA）是全世界尚未開發最大市場中的一個，美國外銷到次撒哈拉非洲超過前蘇聯的總合。然而，美國只有享有非洲7%市場的占有率，持續增加美國市場占有率及非洲市場的規模，將會爲美國工人及非洲創造財富等兩方面，帶來實際利益。」。[117]

---

[115] The White House, *A National Security Strategy of Engagement and Enlargement* (Washington D.C.: The White House, 1995), p.32, and The White House, *A National Security Strategy of Engagement and Enlargement* (Washington D.C.: The White House, 1996),p.66.

[116] The White House, *A National Security Strategy for A New Century* (Washington D.C.: The White House, 1997), p.51, The White House, A *National Security Strategy for A New Century* (Washington D.C.: The White House, 1998), p.90, and The White House, *A National Security Strategy for A New Century* (Washington D.C.: The White House, 1999), p.46.

[117] *Ibid*., p.51, pp.90-91, and p.46.

對本區經濟議題的關注，柯林頓政府1998年「新世紀的國家安全戰略」也強調：「爲了提升美國在非洲的貿易目標，總統於1998年3月28日爲約翰尼斯堡的容布朗商業中心（Ron Brown Commercial Center）舉行開幕式，此商業中心是由商務部所營運並提供資金援助，提供協助美國公司擴大次撒哈拉非洲市場之用，經由一系列的支持計畫及促使商業接觸及非洲和美洲商業的夥伴關係，提升美國對非洲的外銷，此商業中心也做爲其他機構如『外銷－內銷銀行』（Export-Import Bank）、『貿易發展署』（Trade Development Agency）與『美國貿易代表署』（United States Trade Representive, USTR）的基地，以擴大它們對商業界的協助。」。[118]

針對疾病常對本區各國經濟造成重大打擊，所以，柯林頓政府1999年「新世紀的國家安全戰略」也強調：「非洲國家也正從事與疾病的對抗，諸如瘧疾與肺結核，這些疾病削弱經濟生產與發展，更糟的疾病如愛滋病持續肆虐非洲大陸，威脅發展的進度、降低壽命與重創各國生產毛額，政府已優先採取國際行動及在非洲投資向愛滋病及其他疾病宣戰，我們的全球愛滋病機制特別關心非洲且籌撥專用物資運送至該地。」。[119]

柯林頓政府2000年「全球時代的國家安全戰略」，對本區經濟的發展除了賡續強調改善非洲經濟之外，並且強調：「藉由顯著擴大市場的開放、激勵成長與協助貧窮國家廢除或降低它們雙邊的債務、機制與立法，使我們較能協助非洲國家進行困難的經濟改革，與經由可維持的發展爲其人民建立較好的生活。我們正與非洲政府在世界貿易體系分享利益，諸如發展電子商務，改進世貿能力建構的功能（Improving WTO capacity-building functions），以及廢除農業外銷補償。我們也正追求提倡以鼓勵美國與非洲的貿易與投資，包括以技術協助、提高債務免除與增進雙邊貿易爲目標。此外，該戰略亦認爲糧食問題在非洲是非常嚴重的，所以美國聲明須協助非洲人民生產他們所需的食物，有了足夠的食物，非洲長期的

---

[118] The White House, *A National Security Strategy for A New Century* (Washington D.C.: The White House, 1998), p.91.

[119] The White House, *A National Security Strategy for A New Century* (Washington D.C.: The White House, 1999), p.47.

成長與發展才有可能。」。[120]

小布希政府2002年「國家安全戰略」，對如何協助非洲經濟發展，在此戰略中也進一步強調：「美國將提供更多機會給最貧窮的非洲大陸國家，第一步就是讓非洲國家全面適用『非洲經濟成長及機會法案』（African Growth and Opportunity Act, AGOA）所列的優惠措施，並引導其進入自由貿易市場。」[121]此外，2006年「國家安全戰略」則強調：「運用『非洲經濟成長及機會法案』，持續為次撒哈拉非洲國家創造更多的貿易機會，同時透過『普遍化優惠關稅制度』（Generalized System of Preference）為更多開發中國家創造機會。」[122]因此，如何防範傳染疾病的擴散，並且提高本區的教育水準，對振興非洲經濟有著密不可分的關係。

三、美國對本區民主與人權的展望

關於本區民主與人權的議題，柯林頓政府1995、1996年「接觸與擴大的國家安全戰略」曾說明：「美國須鼓勵本區國家建立容忍的文化、公民社會的開花與人權及人性尊嚴的保護。同時在白宮的支持下，結合來自政府、國會、商業、勞工界、學術界、宗教團體、救援及發展單位、人權團體等二百餘位專家，共同研商美國對非洲正面改變的支持。」。[123]

柯林頓政府1997、1998、1999年「新世紀的國家安全戰略」對本區民主與人權議題的關切曾做以下的表示：「非洲與其他地方一樣，民主已保證了一個更和平、穩定、可靠的夥伴國家及更可能追求完善的經濟政策，我們會持續致力於維持至今所獲之重要進展及擴大非洲民主政治的範圍。

[120] The White House, *A National Security Strategy for A Global Age* (Washington D.C.: The White House, 2000), pp.107-108.

[121] The White House, *The National Security Strategy of the United States of America* (Washington D.C.: The White House, 2002), p.18.

[122] The White House, *The National Security Strategy of the United States of America* (Washington D.C.: The White House, 2006), p.26.

[123] The White House, *A National Security Strategy of Engagement and Enlargement* (Washington D.C.: The White House, 1995), pp.31-32, and The White House, *A National Security Strategy of Engagement and Enlargement* (Washington D.C.: The White House, 1996), pp.65-66.

此外，我們會與盟邦合作在奈及利亞找出對促進穩定、民主及尊重人權有效率的方案，協助不安瀰漫及殺戮持續的中非，支持薩伊持續的民主轉型，以及藉由持續提供具體的雙邊援助，以協助南非達成其經濟、政治與民主的目標，透過雙邊國家會議（Binational Commission）提供協助與積極促進美國在南非的貿易與投資。」[124]而1999年「新世紀的國家安全戰略」則強調：「建立負責任的政府、建立支持文人領軍、保護人權，以及協助建立司法體系的公平、有效與可靠，對促進非洲的民主與人權是重要的。」。[125]

柯林頓政府2000年「全球時代的國家安全戰略」對本區國家如奈及利亞、肯亞、塞內加爾、辛巴威等國民主與人權的發展，除了賡續強調其對經濟發展的重要外，並且強調：「非洲的繁榮與安全有賴非洲的領導、堅實的國家制度與擴大的政治與經濟改革。美國將會持續支持與促進此種國家改革，並且建立非洲國家合作之區域協議的發展。」。[126]

小布希政府2002年「國家安全戰略」認爲，要促進非洲國家民主與人權的進展，美國必須：「全力強化非洲地區有能力改革的國家及專門區域組織的力量，使其成爲解決長期跨國威脅問題的主要手段。同時美國也認爲政治與經濟自由發展走向，最終將是推動次撒哈拉地區進步的必然道路，因爲該區的多數戰爭幾乎都是爲了物資資源，而參政權往往因爲種族與宗教差異，引發災難性的後果。新成立的『非洲聯盟』所揭櫫之致力良好治理與追求民主政治制度共同責任宗旨，正是強化非洲大陸民主制度的機會。」[127]2006年「國家安全戰略」則對非洲在民主與人權方面有更深入的說明，美國認爲：「非洲不僅在地緣戰略方面日益重要，且爲小布希政

---

[124] The White House, *A National Security Strategy for A New Century* (Washington D.C.: The White House, 1997), p.51, The White House, *A National Security Strategy for A New Century* (Washington D.C.: The White House, 1998), p.92, and The White House, *A National Security Strategy for A New Century* (Washington D.C.: The White House, 1999), p.47.

[125] The White House, *A National Security Strategy for A New Century* (Washington D.C.: The White House, 1999), p.47.

[126] The White House, *A National Security Strategy for A Global Age* (Washington D.C.: The White House, 2000), pp.108-109.

[127] The White House, *The National Security Strategy of the United States of America* (Washington D.C.: The White House, 2002), p.11.

府視為高度優先地區。除了充滿希望與機會之處，非洲更在歷史、文化、商業及戰略重要性方面與美國有著密切關係。我們的目標是一個瞭解自由、和平、穩定且日益繁榮的非洲大陸。過去殖民時代高壓統治留下的痛苦記憶和某些非洲領袖的錯誤選擇，一直是非洲揮之不去的陰影。美國現在瞭解，我們的安全端賴與非洲人民共同合作，強化某些脆弱與衰敗的國家，並將無人治理的區域納入民主政府有效的掌控之下。」。[128]

此外，美國也強調：「克服非洲所面對的挑戰，需要的是夥伴關係而非權威式的引導。我們的策略是促進經濟發展和擴大有效與民主的治理，使非洲國家在解決自己面臨的挑戰方面，扮演主導性地位。透過更好的治理、更少的貪腐與市場改革。非洲國家可以向上提升到更好的未來。我們致力與非洲國家合作強化其內政能力，並提升『非洲聯盟』（African Union, AU）在區域事務的力量，以支持後衝突時期的轉型措施，鞏固民主過渡期，以及改善維和與災難處理能力。」[129]故從美國的立場言，要提高非洲地區的民主與人權，政府須力行政治改革，而改革的基礎須奠基在教育及經濟的繁榮。以此觀之，再次呼應安全、經濟繁榮與民主為一體的三面，三者相互影響，共生共榮，缺一不可。

第七節　小　結

身為全球唯一的強權，美國在全世界當然有其不可分離的利益。因此，美國介入各地的事務實不足為奇，睽諸美國於第二次世界大戰後的歷史，可明顯看出美國的大戰略思維，亦即在其「國家安全戰略」所說明的安全、經濟與民主等三個主軸。

誠如美國國家安全戰略在第三大部分「整合區域的方法」中，開宗明義就說明：「在不同區域的政策反映出美國全盤戰略，而此全盤戰略也針

[128] The White House, *The National Security Strategy of the United States of America* (Washington D.C.: The White House, 2006), p.37.
[129] *Ibid*., pp.37-38.

對各區獨特的挑戰與機會。」易言之，美國希望在歐洲建立一個眞正整合、民主、繁榮與和平的歐洲，以共同應對全球的挑戰。在亞太地區，美國則希望強化盟邦的合作，提升區內國家如孟加拉、越南、北韓、中國等國家的民主與人權，促進中國軍事的透明度及要求其遵守國際規範，並且希望落實區域內國家對大規模毀滅性武器的管制。在西半球地區，由於南美洲是美國的後院，雖然本區國家在傳統安全上，不會對美國構成立即的威脅，但是在非傳統安全如毒品、疾病、非法移民等，都對美國造成相當大的困擾。因此，美國希望結合區域內友好國家力量，共同反制這些威脅。此外，本區國家民主的改革與鞏固，仍然是美國極度關心的議題。在中東地區，美國則冀望本區的和平、能源的自由流通、伊朗核武、恐怖攻擊活動、區域內國家民主化能有所進展。在非洲地區，美國希望本區持續其政治與經濟的改革，唯有如此，非洲的繁榮與安全才能確保，而這樣的發展與改革符合美國的利益。

值得一提的是，美國爲了有效增進對非洲地區的交流與影響，在2007年2月6日宣布成立「美國非洲指揮部」（U.S. Africa Command, AFRICOM），[130]其主要任務是提供非洲國家的安全協助，以及協助區域內國家建立軍事專業技能。此外，該指揮部也將會執行軍事行動及回應危機。[131]小布希總統爲保證對非洲地區的重視，特別利用造訪非洲國家之際，親臨該指揮部，同時也宣布以該指揮部爲基礎，統合協調政府各部門，如美國國際開發署（US Agency for International Development, USAID）、國務院、能源部、財政部、教育部，並且也強調國防部在該區的利益仍然是最優先的。[132]從美國宣布成立「非洲指揮部」的動機來看，美國已經意識深耕非洲的迫切性。

[130] United States Africa Command, internet available from http://www.africom.mil/AboutAfricom.asp, accessed July 10, 2008.

[131] New U.S. Africa Military Command to start work next month, internet available from http://rawstory.com/news/afp/New_US_Africa_military_command_to_s_09122007.html, accessed July 10, 2008.

[132] George Bush Visits Africa to promote the US Africa Command, internet available from http://www.pambazuka.org, accessed July 10, 2008.

第十章　結　論

America today has power and authority never seen before in the history of the world. We must continue use it, in partnership with those who share our values, to seize the opportunities and meet the challenges of a global age.

William J. Clinton

今日美國有世界史上前所未見的力量與權威，我們必須持續使用它，和那些與我們分享價值的夥伴通力合作，以把握機會及應付全球化時代的挑戰。

（柯林頓·2000年國家安全戰略）

We must maintain and expand our national strength so we can deal with threats and challenges before they can damage our people or our interests. We must maintain a military without peer - yet our strength is not founded on force of arms alone.

George W. Bush

我們必須維持並擴大國力，以便能在威脅及挑戰造成國家利益及人民傷害前加以因應。我們必須保持無與匹敵的軍事力量，但我們的力量絕非單靠武力而已。

（小布希·2006年國家安全戰略）

美國基於國家利益，對「國家安全戰略」的闡述，或因不同政黨執政，在表述的方式不同，但在大原則的論述仍是有其脈絡可循。特別是，911恐怖攻擊行動，使小布希政府在安全政策做了極大的轉變，從承襲柯林頓政府時期面面俱到的戰略觀，調整爲以先發制人、絕對安全、優勢攻擊的方式對恐怖組織及潛在敵人施加打擊，以確保美國海內外的利益，盟國及友邦的安全。此種思維的轉變連帶牽動整個國家政策的走向，而國家資源的分配亦隨之調整，然而此種轉變也間接埋下美國經濟困頓的潛在因子。本章就柯林頓及小布希政府在安全、經濟繁榮與民主等三個層面，區分核心目標的表述、核心目標的執行及核心目標與國家利益，分別論述如後。

第一節　核心目標的表述

依據「高尼法案」之規定，柯林頓政府任內共提出7份「國家安全戰略」報告。並將其區分爲提升安全、增進經濟繁榮與促進海外民主等三個核心目標，首先，在安全的面向上，具體論述傳統與非傳統安全對於提升美國安全的重要性。其次，在增進經濟繁榮方面，則指出可能影響繁榮的相關因素。另外，在有關促進海外民主方面，說明以外援協助非民主國家的轉型與鞏固。基於「民主和平理論」民主國家之間不會發生戰爭的理念，美國堅信只要透過促進各國在民主的轉型與鞏固，則世界將可以變得更和平與穩定。因此，在柯林頓政府「國家安全戰略」所論述有關整合區域的方法，亦是以前述三個核心目標爲其闡述的主軸。以柯林頓政府1996年「接觸與擴大的國家安全戰略」、1998年「新世紀的國家安全戰略」、2000年「全球時代的國家安全戰略」爲例，其內容摘述如表10.1。

表10.1　柯林頓政府國家安全戰略內容摘要對照表

年份	主要目次	內容摘要
1996 接觸與擴大的國家安全戰略	透過接觸與擴大提升美國的利益 　提升美國的安全 　促進美國的繁榮 　促進民主 整合區域的方法 　歐洲與歐亞 　東亞與太平洋 　西半球 　中東、西南亞與南亞 　非洲	該戰略首先指出在提升安全方面，要結合以下的措施才能竟全功，包括維持強大的防衛能力、主要區域的應變行動、海外部署、反恐、反毒與其他任務、打擊大規模毀滅性武器及飛彈的擴散、核子武力、武器管制、和平行動、強大的情報能力、打擊國際組織犯罪、國家安全應變準備、環境與永續發展。其次，在促進美國繁榮方面，要結合以下措施才能奏效，包括提升美國的競爭力、商業及勞工的夥伴關係、提升國外市場使用（北美自由貿易協定、亞太經濟合作組織、關貿總協、美日架構協議、美洲高峰會、擴大自由貿易領域）、總體經濟協調、提供能源安全、促進海外永續發展。第三，在促進民主方面，則是促進中、東歐及中、南美國家的民主轉型與鞏固。另外，在整合區域的方法方面，美國亦針對全球不同區域，以前述三項核心目標，分別闡述美國有關安全、經濟繁榮與民主的看法。
1998 新世紀的國家安全戰略	促進美國國家利益 　提升海內外安全 　促進繁榮 　促進民主 整合區域的方法 　歐洲與歐亞 　東亞與太平洋 　西半球 　中東、西南亞與南亞 　非洲	該戰略說明在提升安全方面，則要考量三個主要要素：形塑國際環境、回應威脅與危機、為不確定的將來未雨綢繆。形塑國際環境則要結合外交、國際援助、不擴散機制、軍事活動、國際執法合作、環境的倡議。在回應威脅與危機面向，則應結合應對跨國威脅、恐怖主義、國際犯罪、毒品非法交易、國內新興的威脅、處理大規模毀滅性事件的後果、保護重要的基礎設施、較小規模的應變行動、主要戰區的戰爭。在為不確定的將來未雨綢繆方面，美國必須持續在超越的能力、人員素質、情報、搜索與偵察、太空、飛彈防禦、國家安全緊急準備、海外駐軍與投射能力等方面予以強化，以面對持續變動與高度複雜的國際安全環境的新機會與威脅。其次，在促進美國繁榮方面，要結合以下措施

年份	主要目次	內容摘要
		才能奏效，包括強化總體經濟的協調、提升美國的競爭力、外國市場的開放、促進一個開放的貿易體系、外銷策略與支持計畫、加強外銷管制、提供能源安全、促進海外永續發展。第三，在促進民主方面，則包括新興的民主國家、信守普世人權與民主原則、人道行動。另外，在整合區域的方法方面，美國亦針對全球不同區域，以前述三項核心目標，分別闡述美國有關安全、經濟繁榮與民主的看法。
2000 全球時代的國家安全戰略	戰略的基本原則 　　接觸戰略的目標 　　戰略的要素 　　接觸戰略的指導原則 　　接觸的功效 戰略的實施 　　提升海內外的安全 　　促進繁榮 　　促進民主與人權 整合區域的方法 　　歐洲與歐亞 　　東亞與太平洋 　　西半球 　　中東、北非、西南亞與南亞 　　次撒哈拉非洲	該戰略提出在提升安全方面，需要考量三個主要要素：形塑國際環境、回應威脅與危機、為不確定的將來未雨綢繆。形塑國際環境則要結合外交、公眾外交、國際援助、武器管制與防止核武擴散、軍事活動、國際執法合作、環境與健康的倡議。在回應威脅與危機面向，則應結合保護國土、國家飛彈防禦、反制外國情報蒐集、打擊恐怖主義、反制大規模毀滅性武器、重要基礎設施的防護、國家安全緊急準備、打擊毒品走私及其他國際犯罪、較小規模的應變行動、主要戰區的作戰、運用部隊的決策。在為不確定的將來未雨綢繆方面，美國必須持續在外交、國防、情報、執法與經濟等層面進行改革，以面對持續變動與高度複雜的國際安全環境的新機會與威脅。其次，在促進美國繁榮方面，要結合以下措施才能奏效，包括加強金融的協調、促進一個開放的貿易體系、提升美國的競爭力（技術優勢、外銷的擁護、擴大外銷管制）、提供能源安全、促進海外永續發展。第三，在促進民主方面，則包括新興的民主國家、信守普世人權與民主原則、人道行動。另外，在整合區域的方法方面，美國亦針對全球不同區域，以前述三項核心目標，分別闡述美國有關安全、經濟繁榮與民主的看法。

資料來源：A National Security Strategy of Engagement and Enlargement, A National Security Strategy for a New Century, and A National Security Strategy for a Global Age.

從上表我們可得知，柯林頓政府「國家安全戰略」所論述的核心，即是如何提升安全、增進經濟繁榮與促進海外的民主。而其整合區域的方法亦是聚焦在此三個方面。以中國爲例，在安全的面向，柯林頓政府「國家安全戰略」聚焦於國防經費的成長、軍事現代化、武器管制、不擴散、區域安全問題的合作（北韓核武）、台海兩岸的和平對話、反恐、反麻醉藥品與非法移民等領域的合作。在經濟的層面，柯林頓政府強調消除貿易障礙、移除對經濟活動的限制、打開中國高度保護的市場、整合中國進入以市場爲基礎的世界經濟體系（如世界貿易組織）、促進中國的經濟改革。在促進海外民主方面，美國將運用一個建設性的方法使中國達成人權、宗教自由和法治議題的進展。簡言之，柯林頓政府「國家安全戰略」在核心目標的論述，可謂主軸明確、論述有據、直指問題核心、前後連貫，除有利於形成國內共識與民意支持外，另對讀者而言，亦能快速掌握美國「國家安全戰略」所要表達的深層戰略意涵。

小布希政府初期因911恐怖攻擊事件影響，「國家安全戰略」所強調的重點與柯林頓政府「國家安全戰略」表述不同，其任內分別於2002年及2006年出版兩份「國家安全戰略」報告，2002年「國家安全戰略」指出：「打擊恐怖份子與暴政就是我們保衛世界和平的手段，建立與所有強權國家的良好關係就是我們維護和平的方式，促進各大洲之自由與開放社會，則使和平得以延續。」[1]從小布希總統「國家安全戰略」之序言中可看出，渠所關切的是如何打擊恐怖組織與獨裁政府，而安全、和平、自由、經濟繁榮與民主，是其欲達成之目標，相關內容摘述如表10.2。

---

[1] The White House, The National Security Strategy of the United States of America (Washington D.C.: The White House, 2002).

表10.2　小布希政府國家安全戰略內容摘要對照表

年份	主要目次	內容摘要
2002國家安全戰略	美國國際戰略綜覽 支持追求人性尊嚴的理想 強化聯盟關係以擊敗全球恐怖主義，並致力防範美國及其盟邦遭受恐怖攻擊 與各國合作化解區域衝突 防範敵人以大規模毀滅性武器對美國、盟邦及友邦進行威脅 透過自由市場與自由貿易開創全球經濟成長的新時代 以開放社會及建立民主基本架構擴大發展範圍 配合全球主要權力核心發展合作行動的議程 推動美國國家安全機構轉型以因應21世紀之挑戰與機會	該戰略說明美國在世界上享有無可匹敵的軍事實力與強大的經濟與政治力。基此，美國必須保衛自由與正義，因為兩者都是不破的真理。由於恐怖主義邪惡勢力對美國的威脅，美國正進行一場全球反恐戰爭。面對恐怖主義與區域的衝突，美國須與各國合作共同承擔責任。冷戰後，因大規模毀滅性武器的擴散，對美國可能產生之危害，更勝以往，故美國須妥採對策加以防範。同時，該戰略亦指出強勁的世界經濟可以促進繁榮，提升美國國家安全的目標。為促進貧窮落後國家經濟的成長，美國與已開發國家合作提供相關援助。對於全球重要的議題，美國也會結合歐盟及加拿大共同完成。該戰略對威脅型態的轉變，提出美國須維持一支超越挑戰範圍的防衛力量。
2006國家安全戰略	美國國家安全戰略綜覽 支持追求人性尊嚴的理想 強化聯盟關係以擊敗全球恐怖主義，並致力防範美國及其盟邦遭受恐怖攻擊 與各國合作化解區域衝突 防範敵人以大規模毀滅性武器對美國、盟邦及友邦進行威脅 透過自由市場與自由貿易開創全球經濟成長的新時代 以開放社會及建立民主基本架構擴大發展範圍 配合全球主要權力核心發展合作行動的議程 推動美國國家安全機構轉型以因應21世紀之挑戰與機會	該戰略首先指出美國正處於一場長期抗戰的初期，正如冷戰時期所面對的一樣。美國必須捍衛自由與正義，因為這些都是放諸四海皆準的正確原則。要擊潰恐怖主義需要一套長遠的戰略，同時須打破舊框架。此外，為使夥伴國家有能力共同承擔區域衝突的責任，國會通過新的授權項目，以提供夥伴國家之訓練與裝備。對於毀滅性武器的擴散，美國已採諸般措施，但如伊朗、北韓

年份	主要目次	內容摘要
	迎接全球化機會並解決其挑戰	的威脅仍在，蓋達組織可能獲取生化武器對美國產生危害。為促進全球的經濟成長，美國認為以下三個步驟將可因應未來的挑戰，此措施包括開放市場及整合開發中國家，推動能源市場開放以確保能源自主，以及改革國際金融體系。為有效降低國家安全長期的威脅，美國將持續轉型外交作為與持續有效的民主制度，同時檢討如何更有效使用對外援助。美國與全球主要權力核心維持關係的策略包括：強調區域與全球現實問題的重要性、須獲得全球性機構的支持、推動健全的民主制度符合美國的利益、擁有適當的預備方案以防某些國家做出不智選擇、與夥伴國家合作更能產生效果。同時，該戰略亦說明為因應21世紀的挑戰，美國須針對國內外主要機構持續擴大與強化轉型作為。全球化使美國遭遇新的挑戰，這些挑戰包括大規模傳染疾病（愛滋病與禽流感）、毒品、人口、色情非法交易行為、人為或如水災、颶風、地震或海嘯等大規模天災所造成的破壞。

資料來源：The National Security Strategy of the United States of America 2002, 2006.

小布希政府任內所提出之「國家安全戰略」，雖然在論述內容上有所不同，但其核心的論述主軸（詳目次）則是連貫一致的。從表10.2得知美國今日所從事的全球反恐戰爭是為了捍衛自由與正義，然而美國也瞭解光憑一己之力，很難解決恐怖主義的問題，因此與各國合作才能有效解決恐怖主義與區域衝突的問題。冷戰結束後，美國在安全方面所要面對的最大威脅除了恐怖主義外，大規模毀滅性武器的擴散，亦可能造成美國安全的巨大威脅，因此，美國必須妥採具體有效的積極作為，俾有效控制上述武器的進一步擴散。此外，促進全球經濟的持續成長，有賴自由市場機制的建立。為促進各國的民主改革，美國將會善用援助及相關外交作為，以有效降低美國可能來自治理不善國家的潛在威脅。另強化與主要國家在相關議題的合作，亦符合美國國家利益，惟美國亦須妥擬備案，俾在需要時，採取適當的措施。為有效因應21世紀快速變動的國際環境，增進政府的效能與因應傳統與非傳統安全威脅挑戰的能力，也是「國家安全戰略」執行成功與否的重要因素。

綜合言之，小布希政府「國家安全戰略」雖然在內容上並未如柯林頓政府區分提升安全、增進經濟繁榮與促進海外民主，但檢視其內容，維護安全，促進經濟成長與利用外援方式推展民主，仍是其「國家安全戰略」論述的核心主軸。該戰略強調運用整體綜合國力（民主政治、人力、技術、資金、能源、天然資源）在各個層面上，以形塑國家最有利的戰略安全環境。並在安全的基礎上，逐步推動其經濟實力的發展，透過區域與國際組織的整合與經貿互動，建構一個自由開放的經貿體系，以促進美國及全球經濟的繁榮與發展，且在國際社會中發揮舉足輕重的影響力。再經由外援、維和與人道救援等方式，強調民主與人權的普世價值，藉以推動並深化全世界的民主，消弭恐怖主義的威脅，使世界更為穩定與和平。美國運用此簡單的概念，結合各項議題向外輻射，深入闡述美國的大戰略思維，此種深入淺出的表述方式具有兩項意義：對內統一全國的共識；對外則讓世人瞭解美國的全球觀。

第二節　核心目標的執行

柯林頓與小布希政府對「國家安全戰略」核心目標的執行上，亦可區分安全、經濟繁榮與促進民主等三方面分析如下。首先，在提升安全的作爲方面，柯林頓政府時期強調將國際的現實與威脅納入考量，具備適度規模的軍事力量以滿足安全的需求，同時與盟邦合作以贏得近乎同時的兩場主要衝突，並持續結合外交、經濟與國防等面向的努力，促進武器管制的協議，以降低大規模毀滅性武器對美國的危害。小布希政府因受911恐怖攻擊事件的影響，在安全的層面是以絕對優勢軍事力量打擊恐怖組織，以及藏匿恐怖份子的國家。此外，意圖擁有大規模毀滅性武器或擴散者，亦是美國鎖定的主要目標。小布希政府任內，基於消除潛在威脅的考量先後對阿富汗及伊拉克用兵，遏止塔利班（Taliban）政權的反撲，並將伊拉克獨裁者海珊（Sadden Hussein）繩之以法。簡言之，柯林頓政府對於相關安全議題傾向透過國際機制與盟邦共同解決，而小布希政府對於對美國可能產生威脅之政權或組織，則傾向單邊行動，以武力解決恐怖組織與大規模毀滅性武器的威脅。

美國慷慨提供國外援助，並努力促進全球穩定的歷史，從馬歇爾計畫（Marshall Plan）迄今，已成功擴大自由市場、促進民主與人權、遏制主要的健康威脅、促進環境保護與解除人道危機。此外，擴大債務的免除是美國國際援助議程一個主要因素。1999年，八大工業國同意降低會員國與重度債務貧窮國家的債務（Heavily Indebted Poor Countries, HIPC），此努力鼓舞國際金融組織，降低債務以減低貧窮並促進經濟發展，建立全世界較強的貿易與投資、安全與民主的夥伴關係。爲表示美國對此一協議的承諾，必須堅定支持此努力，以提供那些資金用於改善基本人性需求的國家，給予100%債務的免除。[2] 美國國際援助的做法，對於瀕於崩潰的第三世界國家而言是一大助力，適度減緩上述國家進行改革時所面對的國內外壓力。

小布希總統也表明美國須持續致力開放市場與整合全球經濟，運用「自由貿易協定」打開市場，並且致力推動市場開放、金融穩定與世界經濟的進一步整合。[3] 而兩位總統在增進經濟繁榮的政策上，仍是希望與

---

[2] The White House, *A National Security Strategy for A Global Age* (Washington D.C.: The White House, 2000), p.21.

[3] The White House, *The National Security Strategy of the United States of America* (Washington D.C.:

各國合作，在「國際貨幣基金」（International Monetary Fund, IMF）、「世界銀行」（World Bank, WB）與「世界貿易組織」（World Trade Organization, WTO）等國際組織的規範下，共同開創經濟的繁榮。例如，柯林頓政府時期成立的「亞太經濟合作組織」對於促進亞太地區整體經濟自由與貿易，產生深遠的影響。又如，中國在美國的協助下於2001年12月11日加入世界貿易組織，[4]加速中國融入國際社會。柯林頓政府任內中國外銷美國的貿易高達4,820餘億，從美國進口980餘億，在柯林頓任期的八年中，中國享有3,840餘億美元的貿易順差。在小布希任期內，美中兩國貿易日益擴大，在小布希執政的八年中，兩國貿易逆差進一步擴大爲14,354餘億，[5]小布希政府時期貿易逆差與柯林頓政府時期比較，擴大近乎四倍。

第三，就促進民主言，柯林頓總統認爲冷戰後民主國家數量已經增加，但是部分國家仍徘徊於轉型的陣痛。所以，美國的戰略須聚焦於強化國家履行民主改革、保護人權、打擊貪腐、增加政府透明度的承諾與能力。[6]故美國民主戰略的優先要素，係與這些新興民主國家合作，並促進美國與這些國家在經濟與安全議題的合作，同時尋求他們的支持，以擴大民主國家的範圍。基於民主國家之間不會發生戰爭的理念，其對外的戰略思維及決策模式，較傾向透過國際間經濟的整合與民主的促進與發展，來達到國家安全與全球和平穩定的最終利益。因此，美國將民主、和平與自由的核心價值及理念推廣於全世界，對其「國家安全戰略」的影響是深遠的，因此核心戰略思維持續的推展與擴大，進而帶給世界和平穩定與經濟繁榮更美好的願景與機會。

此外，促進各國的民主化，一直是小布希政府的政策，對此，渠再三

The White House, 2006), p.26.

[4] World Trade Organization, China and the WTO, internet available from http://www.wto.org/english/the wto_e/countries_e/china_e.htm, accessed January 18, 2010.

[5] U.S. Census Bureau "Trade in Goods (Imports, Exports and Trade Balance) with China, internet available from http://www.census.gov/foreign-trade/balance/c5700.html, accessed January 8, 2010.

[6] The White House, *A National Security Strategy for a Global Age* (Washington D.C.: The White House, 2000), p.61.

強調：「使每一個國家與文化尋求及支持民主運動與制度，是美國的政策，最終目的即在於結束暴政。在今日的世界，政權的基本地位與權力分配同等重要，美國運籌帷幄的目標，就是要促成一個由民主與善政國家所構成的世界，可充分滿足百姓的需要，同時在國際體系內負起應有之責任。」[7]爲擴大與民主國家之間建立更緊密的關係，2006年「國家安全戰略」強調：「美國最密切的聯盟與友誼關係，都是和那些與我們擁有共同價值與原則的國家所建立。美國將會與所有愛好自由的國家共同追求自由的責任，因爲闡揚自由是所有自由國家共同的利益。」[8]這種將確保國家安全、增進經濟繁榮與擴大民主國家之間的合作，是小布希政府對外戰略思維與創造國家戰略最大利益的施政核心主軸。可見其對「民主」理念推廣的重視程度，及日後對國家安全與穩定產生深遠的影響。故從民主和平理論的觀點，如果其他國家能改善治理方式，並尊重人權與自由，則民主社群的範圍便能持續擴大，國際間之和平與穩定便可獲得較大的保障。

由此觀之，安全、經濟繁榮與民主不但是柯、布政府時期「國家安全戰略」的三大核心目標，更是兩任政府整體施政的主軸。因此，「安全」是攸關國家生存至關重要的利益，唯有安全的確保，才能促進經濟的繁榮與發展；而「經濟」則是促進海外非民主國家轉型及發揮國際影響力的原動力；「民主」更是全球和平、穩定及確保國家整體安全最有力的支撐，三者環環相扣，形成國家大戰略的一體三面，從中也可看出，美國「國家安全戰略」所訂定的戰略目標不僅周延具前瞻性，而且也能對其「國防戰略／QDR」與「國家軍事戰略」未來的規劃與執行，有一明確的戰略指導；使得國家長遠的戰略走向與政策的延續性得以貫徹與落實，不因主政者的更迭而有大幅度的調整與變動。

[7] The White House, *The National Security Strategy of the United States of America 2006* (Washington D.C.: The White House, 2006), p.1.
[8] *ibid.*, p.7.

第三節　核心目標與國家利益

美國「國家安全戰略」對於提升安全、增進經濟繁榮與推展民主三者，在論述上雖有前後之分，然三者實為一體，關係密切並互為影響。亦即在安全能獲得確保前提下，然後才能進一步推動各項經濟建設，促進美國與其他國家的經濟繁榮，同時在經濟的基礎之上，促進各國政治制度的轉型。簡言之，該戰略冀望在此三個面向的努力，能夠在未來開創一個有利於美國，持續領導全球國際環境與政治體系。而這樣的三個核心目標，在檢驗柯林頓與小布希政府「國家安全戰略」核心目標後，我們可以很清楚發現，在「國家安全戰略」的考量要素中，國家利益永遠都是首要考量因素，因為國家利益決定基本需求和具體的國家目標，亦即與國家安全、生存與人民福祉有關事項。美國在「國家安全戰略」報告中，對國家利益的界定共區分三個層次，分別為至關重要的利益（vital interests）、重要的利益（important interests）與人道救援利益（humanitarian relief）。綜合分析柯林頓與小布希政府「國家安全戰略」有關國家利益的論述，與三項核心目標結合，則為攸關國家「安全」與生存的至關重要利益；促進「經濟繁榮」發展與人民生活福祉的重要利益；重視「民主」、自由與人權普世價值理念推廣的「人道救援利益」。由此我們可以看出，美國「國家安全戰略」的三項核心目標與其國家利益可謂一體兩面，而這些利益毫無疑問就是美國的全球利益。

柯林頓政府採多邊合作的架構來解決國際間的各項衝突，此種作法即是奠定在安全環境的基礎下，俾擴展經濟的繁榮與發展，以及推動海外的民主。柯林頓政府確實帶動美國經濟的蓬勃發展，然不可諱言，在其主政期間，美國對海地、波士尼亞與索馬利亞等地的衝突，並未積極介入，以致引來非議。例如卡根（Robert Kagan）對於柯林頓政府安全政策提出的批評，包括：無法有效圍堵中國、無法有效除去伊拉克獨裁者海珊、無法維持美國適當的軍事力量，以及無法完成飛彈防禦的部署。另沃特（Stephen Walt）則提出較為中肯的評論，包括：降低安全領域的競爭及戰爭的風險、降低大規模毀滅性武器的威脅、促進一個開放的世界經濟，以及建立一個符合美國價值的世界秩序。小布希總統則依循其國家安全戰略的兩大主軸推動政務，即致力於結束暴政、推廣有效的民主政治、擴大繁榮的範圍，以及領導其他國家對抗傳統與非傳統安全的威脅。為對抗恐怖主義的威脅，小布希總統發動全球反恐戰爭，打擊蓋達組織及其黨羽，對阿富汗及伊拉克用兵，去除威脅美國安全的心腹大患。由於資源耗費過巨，嚴重影響經濟的發展，美國在小布希主政期間經濟的表現每況愈下，因此引起美國民眾的反感，造成政黨再次輪替。柯林頓及小布希政府因政策路線不同，所產生的結果也不一樣，柯林頓政府重視經濟發展，但在安全作為上飽受批評。反之，小布希總統發動反恐戰爭，投入龐大資源積極防衛美國的安全，由於經濟積弱不振，以及全球金融風暴的衝擊，小布希政府的反恐戰爭同樣備受批評。

綜合言之，美國「國家安全戰略」對於提升安全、增進經濟繁榮與推展民主三者，在論述上，兩位政府有別，例如柯林頓政府清楚提出上述三者，而小布希政府對三者表述的方式迥異前任政府。在執行手段上，兩任政府亦有所不同，例如柯林頓政府希望經由多邊合作共同解決國際間的爭端，透過有效的國際機制增進經濟繁榮，並經由外援來推展民主。而小布希政府因911恐怖攻擊行動，單邊主義超越多邊主義，對伊拉克用兵推翻海珊政府與促進該國的民主轉型即為顯著例子。

參考書目

中文

Jack Donnelly著，高德源譯，《現實主義與國際關係》（台北：弘智文化，2002年9月）。

James Macpherson著，伊宏毅等譯，《總統的力量——從殖民地到超級大國》（北京：中國友誼出版公司，2007年6月）。

Joshua S. Goldstein著，歐信宏、胡祖慶譯，《國際關係》（台北：雙葉書廊有限公司，2006年）。

Lynn E. Savys、Jeremy Shapiro著，高一中譯，《美國陸軍與新國家安全戰略》（台北：國防部軍備局生產製造中心北部印製廠，2006年9月）。

Sam Sarkesian著，郭家琪等譯，《美國國家安全》（台北：國防部史政編譯室，2005年）。

Samuel P. Huntington著，劉平寧譯，《第三版》（台北：五南，2007年）。

William Blum著，羅會鈞等譯，《誰是無賴國家》（北京：新華出版社，2000年10月）。

大衛・鮑德溫（David A.Baldwin）主編，肖歡容譯，《新現實主義和新自由主義》（浙江：浙江人民出版社，2001年5月）。

中華民國國防部，《國軍軍語辭典》（台北：國防部軍備局北部印刷廠，2004年）。

中華民國國家安全會議，《2006國家安全報告》（台北：國安會，2006年）。

比爾・柯林頓（Bill Clinton）著，尹德瀚譯，《我的人生——柯林頓回憶錄》（台北：時報文化，2004年8月）。
孔令晟，《大戰略通論：理論體系和實際作爲》（台北：好聯出版社，1995年）。
朱明權，《領導世界還是支配世界？——冷戰後的美國國家安全戰略》（天津：天津人民出版社，2005年8月）。
李少軍主編，《國防戰略報告——理論體系、現實挑戰與中國的選擇》（北京：中國社會科學出版社，2005年1月）。
李勝凱，《白宮200年內幕》（濟南：山東人民出版社，2006年1月）。
岳西寬、張衛星譯，《美國歷屆總統就職演說集》（北京：中央編譯出版社，2002年4月）。
林嘉程、朱浤源，《政治學辭典》（台北：五南圖書，1990年）。
肯尼思・華爾茲（Kenneth Waltz）著〈政治結構〉，羅伯特・基歐漢（Robert Keohane）主編，郭樹勇譯，《新現實主義及其批判》（北京：北京大學出版社，2003年8月）。
肯尼思・華爾茲（Kenneth Waltz）著〈無政府秩序和均勢〉，羅伯特・基歐漢（Robert Keohane）主編，郭樹勇譯，《新現實主義及其批判》（北京：北京大學出版社，2003年8月）。
肯尼思・華爾茲（Kenneth Waltz）著，信強譯，《國際政治理論》（上海：人民出版社，2003年11月）。
約翰・加迪斯（John Lwwis Gaddis）著，時殷弘譯，《遏制戰略：戰後美國國家安全政策評析》（北京：世界知識出版社，2005年3月）。
胡鞍鋼主編，《解讀美國大戰略》（浙江：浙江人民出版社，2003年2月）。
倪世雄，《當代國際關係理論》（台北：五南圖書，2003年，3月）。
姚有志主編，《戰爭戰略》（北京：解放軍出版社，2005年）。
鈕先鍾，《戰略研究入門》（台北：麥田出版股份有限公司，1998年）
翁明賢、吳建德、江春琦總主編，《國際關係》（台北：五南圖書，2006，8月）。
國防大學編，《國軍軍語辭典——國軍準則：通用001》（台北：國防部軍備局北部印製廠，2004年3月）。
張亞中主編，《國際關係總論》（台北：揚智文化，2003年1月）。
張亞中主編，《歐盟全球戰略與對外關係》（台北：晶典文化事業出版社，2006）。
許嘉，《美國戰略思維研究》（北京：軍事科學出版社，2003）。
陳舟，《美國安全戰略與東亞》（北京：世界知識出版社，2002年1月）。
陳欣之，〈國際關係學的發展〉，張亞中主編《國際關係總論》（台北：揚智文化，2007）。
陳欣之，〈新自由制度主義、社會建構主義及英國學派〉，張亞中主編，《國際關係總論》（台北：揚智文化，2007）。
陳漢文，《在國際舞台上》（台北：谷風出版社，1987年5月）。
彭懷恩，《國際關係與國際現勢Q & A》（台北：風雲論壇有限公司，2005年）。
楊國樞等編，《社會及行爲科學研究法》（台北：台灣東華，1989年）。
葉至誠、葉立誠合著，《研究方法與寫作》（台北：商鼎文化出版社，2001年）。
趙明義，《國際區域研究》（台北：黎明文化事業公司，1996年）。
劉阿明，《布希主義與新帝國論》（北京：時事出版社2005年12月）。
蔡政文，《當前國際關係理論發展及其評估》（台北：三民書局，2000年2月）。
蔣緯國，《大戰略概說》，（台北：三軍大學，1976年7月）。
羅伯特・阿特（Robert J. Art）著，郭樹勇譯，《美國大戰略》（北京：北京大學出版社，2005年7月）。
羅伯特・基歐漢（Robert Keohane）主編，郭樹勇譯，《新現實主義及其批判》（北京：北京大學出版社，2003年8月）。
羅伯特・基歐漢著，蘇長和、信強、何曜譯，《霸權之後——世界政治經濟中的合作與紛爭》（上海：上海人民出版社，2001年5月）。

英文

Axelord, Robert. *The Evolution of Cooperation* (New York: Basic Books (New York: Basic, 1984), in Dougherty and Pflatzgraff (2001).

Ayton-Shenker, Diana (ed.). *A Global Agenda: Issues Before the 7th Assembly of the United Nations* (U.S.: Rowman & Littlefield Publishers, 2002).

Bartholomees, J. Boone Jr., A Survey of the Theory and Strategy, U.S. Army War College Guide to National Security issues, Volume 1: *Theory of War and Strategy*, 2008.

Baylis, John and Smith, Steve. *The Globalization of World Politics* (New York: Oxford University Press, 1997).

Bealey, Frank. *The Blackwell Dictionary of Political Science* (Massachuetts: Blackwell, 1999).

Betts, Richard K. *U.S. National Security Strategy: Lenses and Landmarks* (U.S.: Princeton University, 2004).

Bowers, J.W. (1970) Content analysis. In Emment, P. and Brooks, W. (eds.), *Methods of Research in Communication*. Boston: Hougton Miffinco Press. 引自楊國樞等編，《社會及行爲科學研究法》（台北：台灣東華，1989年）。

Bush, George W. "President Delivers State of the Union Address", internet available from http://www.whitehouse.gov/news/releases/2002/01/20020129-11.html, accessed April 13, 2008.

Clinton, William J. 1996 State of the Union Address, internet available from http://www.washingtonpost.com/wp-srv/politics/special/states/docs/sou96.ht,#defense, accessed April 14, 2008.

Clinton, William J. Text of President Clinton's 1998 State of the Union Address, internet available from http://www.washingtonpost.com/wp-srv/politics/special/states/docs/sou98.htm, accessed April 13, 2008.

Clinton, William Jefferson. *My Life* (Alfred A Knopf: New York, 2004).

Clinton, William. State of the Union 1997, internet available from http://

partners.nytimes.com/library/politics/uniontext.html, accessed January 22, 2008.

Cohen, William S. *Annual Report to the President and the Congress* (Washington D.C.: Government Printing Office, 1998).

Cohen, William S. *Annual Report to the President and Congress* (Washington D.C.: DOD, 1999).

Cohen, William S. *Annual Report to the President and Congress* (Washington D.C.: DOD, 2000).

Congress, Congressional Record-House Sec.901. Permanent Requirement for Quadrennial Defense Review, accessed from internet http://www.qr.hp.af.mil/QDR_Library_Legislation.htm, accessed July 24, 2008.

Daivd Mitrany, A Working Peace System (London:Royal Institute of International *Commitment* (New Haven, CT:Yale University Press, 1933), in Dougherty and Pflatzgarff (2001).

Davis, Lynn & Shapiro, Jeremy. *The U.S. Army and the New National Security Strategy* (U.S.: Rand, 2003).

Department of Defense, *Dictionary of Military and Associated Terms* (U.S.: DOD, 1998).

Department of Defense, *Quadrennial Defense Review*, internet available from http://www.comw.org/qdr/01qdr.html, accessed March 25, 2008.

Deutsch, Karl W. et. al. *Political Community and North Atlantic Area* (Princeton, NJ: Princeton University Press, 1957), in Dougherty and Pflatzgarff (2001).

Diamond, Larry. *Developing Democracy: Toward Consolidation* (John Hopkins University Press: Maryland, 1999).

Dougherty, James E. and Pfaltzgraff, Robert L. Jr. *Contending Theroies of International Relations: A Comparative Survey* (U.S.: Priscilla McGeehon, 2001).

Doyle, Michael W., Kant. *Liberal Legacies and Foreign Affairs*, Part 2, Philosophy and Public Affairs (Vol 12, No.4) Autumn, 1983.

Doyle, Michael, "On the Democratic Peace", *International Security*, 1995, pp.180-184.

Freedom House, *Country Report, China* (2007), internet available from http://www.freedomhouse.org/template.cfm?page=22&year=2007&country=7155, accessed April 8, 2008.

George Bush Visits Africa to promote the US Africa Command, internet available from http://www.pambazuka.org, accessed July 10, 2008.

Hague, Rod & Harrrop, Martin. *Political Science: A Comparative Introduction* (Palgrave: New York, 2001).

Handleman, Howard (3rd edition). *The Challenge of Third World Development* (New Jersey: Upper Saddle River, 2003).

Haas, Ernst B. *The Uniting of Europe* (Stanford, CA: Stanford University Press, 1958) in Dougherty and Pflatzgarff (2001).

Hastedt, Glenn P. *American Foreign Policy: Past, Present, Future* (New Jersey: Paerson, 2003).

Jackson, Robert & Sorenson, Georg, *Introduction to International Relations: Theories and Approaches* (New York: Oxford University Press, 2003).

Kant, Immanuel. *Perpetual Peace: A Philosophical Sketch* (1975).

Katzenstein, Peter (ed). *The Culture of National Security: Norms and Identity in World Politics* (Columbia University Press: New York, 1996).

Keohane, Robert O. and Nye, Joseph S. *Power and Interdependence: World Politics in Transition* (Little Brown and Company: Boston, 1977).

Krasner, Stephen D. "Global Communications and National Power: Life on the Pareto Frontier," *World Politics*, 43 (April 1991).

Krieger, Joel (ed). *The Oxford Companion to Politics of the World* (New York: Oxford University Press).

McCain, John. John McCain's Summary of Positions, internet available from 2008 Election ProCon. Org, accessed March 18, 2008.

Milner, Helen. "International Theories of Cooperation Among Nations:

Strengths and Weaknesses", *World Politics*, 44 (1992), esp.467-470) in Dougherty and Pflatzgraff (2001).

Mitrany, David. *A Working Peace System* (London: Royal Institute of International Affairs, 1943).

Morgenthau, Hans J. *Politics Among Nations: The Struggle for Power and Peace* (Alfred A.: New York, 1968).

Murdock, Clark A. and Flournoy, Michele A., Beyond Goldwater-Nichols: US Government and Defnese Reform for a New Strategic Era, Phase 2 Report, p.28, internet available from http://www.csis.org/media/csis/pubs/bgn_phz_report.pdf, accessed September 12, 2008.

Myers, Richard B. *The National Military Strategy of the United States of America: A Strategy for Today; A Vision for Tomorrow*, internet available from http://www.defenselink.mil/news/Mar2005/d20050318nms.pdf, accessed April 21, 2008.

National Military Strategy of the United States of America 1995: A Strategy of Flexible and Selective Engagement, internet available from http://www.au.af.mil/au/awc/awcgate/nms/nms_feb95.htm, accessed February 19, 2008.

New U.S. Africa Military Command to start work next month, internet available from http://rawstory.com/news/afp/New_US_Africa_military_command_to_s_09122007.html, accessed July 10, 2008.

Obama, Barack. President Obama Celebrates Independence Day and the American Spirit, internet available from http://www.whitehouse.gov, accessed November 20, 2009.

Office of the Secretary of Defense, *Quadrennial Defense Review*, internet available from http://www.comw.org/qdr/06qdr.html, accessed April 16, 2008.

Perry, William. *Annual Report to the President and the Congress* (Washington D.C.: Government Printing Office, 1995).

Perry, William. *Annual Report to the President and the Congress* (Washington D.C.: Government Printing Office, 1996).

QDR Legislation, internet available from http://www.qr.hq.af.mil/QDR_Library_Legislation.htm, accessed January 22, 2008.

Quadrennial Defense Review Report, internet available from http://www.defenselink.mil/pubs/pdfs/qdr2001.pdf, accessed January 4, 2008.

Quadrennial Defense Review, accessed from internet http://www.qr.hp.af.mil/QDR_Library_Legislation.htm, accessed September 23, 2008.

Quadrennial Defense Review, internet available from http://www.comw.org/qdr/06qdr.html, accessed January 4, 2008.

Reilly, Thomas P. *The National Security Strategy of the United States: Development of Grand Strategy* (Pennsylvania: U.S. Army War College, 2004).

Rumsfeld, Donald H. *Annual Report to the President and the Congress* (Washington D.C.: Government Printing Office, 2001).

Rumsfeld, Donald H. *Annual Report to the President and the Congress* (Washington D.C.: Government Printing Office, 2002).

Rumsfeld, Donald H. *The National Defense Strategy of the United States of America* (Washington D.C.: Government Printing Office, 2005).

Rumsfeld, Donald H. *The National Defense Strategy of the United States of America*, internet available from http://www.defenselink.mil/news/Mar2005/d20050318ndsl.pdf, accessed April 21, 2008.

Russett, Bruce, "The Democratic Peace", *International Security*, 1995, p.175.

Russett, Bruce "Controlling the Sword", in Marc A. Genest ed., *Conflict and Cooperation: Evolving Theories of International Relations* (Beijing: Peking University Press, 2003).

Sarkesian, Sam. *U.S. National Security: Policymakers, Processes,* and Politics (Colorado: Lynne Rienner Publishers, 1995).

Schnitzer, Martin C. (7th Edition). *Comparative Economic Systems*, (Ohio,

South-Western College Publishing, 1997).

Simmons, P. J. & Chantal De Jonge Oudraat, ed. *Managing Global Issues: Lessons Learned* (Washington D.C: The Brookings Institution Press, 2001).

Simon, Sheldon W., ed, *East Asian Security in the Post-Cold War Era* (U.S.: Library of Congress, 1993).

Snider,Don M., The National Security Stratey: Documenting Strategic Vision, internet available from http://www.dtic.mil/doctrine/jel/research_pubs/natlsecy.pfd, accessed August 12, 2008.

Sodaro, Michael J. *Comparative Politics: A Global Introduction* (McGraw-Hill Higher Education:Boston, 2001).

The Freedom House, *Combined Average Rating-Independent Countries 2001-2002*, internet available from http://www.freedomhouse.org/template.cfm?page=220&year=2002, accessed August 23, 3008.

The Freedom House, *Combined Average Rating-Independent Countries 2007*, internet available from http://www.freedomhouse.org/template.cfm?page=366&year=2007, accessed August 23, 2008.

The Information Warfare, *National Security Act*, internet available from http://www.iwar.org.uk/sigint/resources/national-security-act/1947-act.htm, accessed December 26, 2007.

The Military Strategy of the United States of America, internet available from http://www.defenselink.mil/news/Mar2005/d20050318nms.pdf, accessed January 21, 2008.

The National Defense Strategy of the United States of America, internet available from http://www.defenselink.mil/news/Mar20050318ndsl.pdf, accessed January 4, 2008.

The Report of the Quadrennial Defense Review, internet available from http://www.fas.org/man/docs/msg/html, accessed January 3, 2008.

The White House, *9/11 Five Years Later: Successes and Challenges* (Washington D.C.: The White House, 2006).

The White House, *A National Security Strategy for a Global Age* (The White House: Washington D.C., 2000).

The White House, *A National Security Strategy for a New Century* (The White House: Washington D.C., 1997).

The White House, *A National Security Strategy for a New Century* (Washington D.C.: The White House, 1998).

The White House, *A National Security Strategy for a New Century* (Washington D.C.: The White House, 1999).

The White House, *A National Security Strategy of Engagement and Enlargement* (Washington D.C.: The White House, 1995).

The White House, *A National Security Strategy of Engagement and Enlargement* (Washington D.C.: The White House, 1996).

The White House, *National Strategy for Combating Terrorism*, internet available from http://www.whitehouse.gov/nsc/nsct/2006/, accessed April 14, 2008.

The White House, *The National Security Strategy of the United States of America* (Washington D.C.: The White House, 2002).

The White House, *The National Security Strategy of the United States of America* (Washington D.C.: The White House, 2006).

The World Trade Organization, *10 benefits of the WTO trading system*, internet available from http://cwto.trade.gov.tw/webpage.asp?ctNode=632&CtUnit=127&BaseDSD=7&Cultem=11541, accessed March 12, 2008.

The World Trade Organization, China and the WTO, internet available from http://www.wto.org/english/the wto_e/countries_e/china_e.htm, accessed January 18, 2010.

U.S. Census Bureau "Trade in Goods (Imports, Exports and Trade Balance) with China, internet available from http://www.census.gov/foreign-trade/balance/c5700.html, accessed January 8, 2010.

U.S. Department of State, *European Union Profile*, internet available from http://www.state.gov/p/eur/rls/fs/54126.htm, accessed March 12, 2008.

United Nations, *Membership of Principal United Nations Organs in 2007*, internet available from http://www.un.org/News/Press/docs//2007/org1479.doc.htm, accessed March 12, 2008.

United States Africa Command, internet available from http://www.africom.mil/AboutAfricom.asp, accessed July 10, 2008. University Press, 1997).

Viotti, Paul & Kauppi, Mark. *International Relations Theory: Realism, Pluralism, Globalism* (New York: Macmillan Publishing Company, 1987).

Viotti, Paul R. *American Foreign Policy and National Security; A Documentary Record* (New Jersey: Longman, 2005).

Waltz, Kenneth. *Theories of International Politics* (New York: Little Brown, 1979).

Weeks, Stanley B. *Change and Its Reflection in National Security Strategy and Force Structure.*

World Trade Organization, *Members and Observers*, internet available from, http://www.wto.org/english/thewto_e/whatis_e/tif_e/org6_e.htm, accessed March 12, 2008.

World Trade Organization, *What is the WTO?*, internet available from http://www.wto.org/english/thewto_e/whatis_e/whatis_e.htm#intro, accessed March 12, 2008.

Yarger Harry, The Strategic Appraisal: The Key to Effective Strategy, J. Boone Bartholomees, Jr. (ed), U.S. Army War College Guide to National Security Issues, Volume 1: *Theory of War and Strategy*, p.51.

Zagoria, Donald S. *The Changing U.S. Role in Asian Security in the 1990s*, in Sheldon W. ed, *East Asian Security in the Post-Cold War Era* (U.S.: Library of Congress, 1993).

國家圖書館出版品預行編目資料

戰略解碼：美國國家安全戰略的佈局／曹雄源著. -- 三版. -- 臺北市：五南，2013.09
面；　公分

ISBN 978-957-11-6154-9（平裝）

1.國家安全 2.美國外交政策

599.952　　99022473

1PU5

戰略解碼：美國國家安全戰略的佈局

作　　者— 曹雄源(227.3)

發 行 人— 楊榮川

總 編 輯— 王翠華

主　　編— 劉靜芬

責任編輯— 蔡惠芝

封面設計— P.Design視覺企劃

出 版 者— 五南圖書出版股份有限公司

地　　址：106台北市大安區和平東路二段339號4樓

電　　話：(02)2705-5066　　傳　　真：(02)2706-6100

網　　址：http://www.wunan.com.tw

電子郵件：wunan@wunan.com.tw

劃撥帳號：01068953

戶　　名：五南圖書出版股份有限公司

台中市駐區辦公室/台中市中區中山路6號

電　　話：(04)2223-0891　　傳　　真：(04)2223-3549

高雄市駐區辦公室/高雄市新興區中山一路290號

電　　話：(07)2358-702　　傳　　真：(07)2350-236

法律顧問　林勝安律師事務所　林勝安律師

出版日期　2009年1月初版一刷

2009年9月二版一刷

2013年9月三版一刷

定　　價　新台幣350元